C000166068

1 MONTH OF
FREE
READING

at
www.ForgottenBooks.com

By purchasing this book you are eligible for one month membership to ForgottenBooks.com, giving you unlimited access to our entire collection of over 1,000,000 titles via our web site and mobile apps.

To claim your free month visit:
www.forgottenbooks.com/free708061

* Offer is valid for 45 days from date of purchase. Terms and conditions apply.

ISBN 978-0-483-18129-8
PIBN 10708061

This book is a reproduction of an important historical work. Forgotten Books uses state-of-the-art technology to digitally reconstruct the work, preserving the original format whilst repairing imperfections present in the aged copy. In rare cases, an imperfection in the original, such as a blemish or missing page, may be replicated in our edition. We do, however, repair the vast majority of imperfections successfully; any imperfections that remain are intentionally left to preserve the state of such historical works.

Forgotten Books is a registered trademark of FB &c Ltd.
Copyright © 2018 FB &c Ltd.
FB &c Ltd, Dalton House, 60 Windsor Avenue, London, SW19 2RR.
Company number 08720141. Registered in England and Wales.

For support please visit www.forgottenbooks.com

TRAITÉ
ÉLÉMENTAIRE
DE
MINÉRALOGIE,

AVEC DES APPLICATIONS AUX ARTS;

OUVRAGE DESTINÉ A L'ENSEIGNEMENT
DANS LES LYCÉES NATIONAUX.

Par ALEXANDRE BRONGNIART,

Ingénieur des Mines, Directeur de la Manufacture impériale
de Porcelaine de Sèvres.

TOME SECOND.

WITHDRAWN

DE L'IMPRIMERIE DE CRAPELET.

A PARIS,

Chez DETERVILLE, Libraire, rue Hautefeuille, n° 8,
au coin de celle des Poitevins.

1807.

THE NEW YORK
PUBLIC LIBRARY
236139B
ASTOR, LENOX AND
TILDEN FOUNDATIONS
R   1944   L

ÉLÉMENS

DE

MINÉRALOGIE.

CLASSE QUATRIÈME.

LES COMBUSTIBLES.

Tous les corps combustibles sont pour nous, ou des corps simples, ou des corps composés qui résultent de la réunion de deux ou de plusieurs combustibles simples. Puisqu'on ne peut les caractériser ni les classer d'après leur composition, il faut avoir égard aux propriétés les plus remarquables dont ils jouissent. Celle de brûler, c'est-à-dire de se combiner immédiatement avec l'oxigène, est un caractère chimique suffisant pour servir à réunir les corps qui le possèdent.

Mais parmi les corps combustibles il y en a qui présentent des propriétés extérieures assez différentes les unes des autres, pour faire soupçonner qu'ils diffèrent aussi par leur nature ; tels sont les métaux et les combustibles proprement dits. Ces derniers qui forment la quatrième classe du règne minéral, se distinguent des métaux par des caractères négatifs, et se rapprochent un peu des pierres par quelques caractères extérieurs.

La plupart de ces combustibles sont faciles à casser, translucides et même transparens ; ils n'ont ni l'opacité, ni le brillant, ni la pesanteur des métaux ; ils brûlent

II.   A avec plus de facilité qu'eux ; le produit de leur combustion est fluide, liquide ; ou s'il est solide, il jouit d'une grande dissolubilité dans l'eau.

Nous diviserons cette classe en deux ordres.

ORDRE PREMIER.

LES COMBUSTIBLES COMPOSES.

Nous commençons par ces combustibles, parce que ce sont ceux qui ont le plus d'analogie avec les pierres dont nous venons de terminer l'histoire. Leur caractère n'est pas seulement d'être formés par la combinaison de plusieurs combustibles simples entr'eux, et même avec d'autres corps, il consiste encore dans la nature du produit qu'ils donnent en brûlant.

Tous ces combustibles sont ou liquides, ou mous, ou solides, mais tendres et même friables ; ils brûlent avec assez de facilité, en donnant une flamme blanche ; ils dégagent en brûlant de la fumée, c'est-à-dire une vapeur visible, noire, huileuse et odorante, qui est principalement composée d'acide carbonique et d'eau ; ce qui indique que leur base est le carbone et l'hydrogène huileux. Ils appartiennent tous aux terrains secondaires.

** 1ʳᵉ Esp. HOUILLE. Haür. [1]

Caractères. La Houille est d'un noir presque pur et presque toujours éclatant ; elle est peu dure, quelquefois friable, mais jamais assez tendre pour se laisser rayer avec l'ongle. Sa pesanteur spécifique moyenne est de 1,3.

Elle brûle assez facilement, en répandant une flamme blanche, une fumée noire, et une odeur bitumineuse particulière qui n'a rien de piquant ; elle laisse après sa

---

[1] *Steinkohle*, la Houille. BROCH. — *Lithantrax*. WALL. — *Vulgairement* charbon de terre ou charbon de pierre.

Dans quelques pays on désigne exclusivement par le nom de *Houille* ou de *terre houille*, une terre imprégnée de bitume et susceptible de brûler.

combustion un résidu quelquefois très-abondant, et qui est au moins de 3 p. $\frac{0}{0}$.

La cendre de la Houille n'est presque jamais complétement pulvérulente; elle se présente sous la forme d'une scorie légère, ou au moins sous celle d'une poussière mêlée de scories.

Ce combustible donne par la distillation de l'huile empyreumatique, de l'ammoniaque, et quelquefois de l'acide sulfureux sans ammoniaque. (*HERICART-THURY*.)

La Houille n'a jamais été trouvée cristallisée; elle se présente toujours en masses, dont la texture est quelquefois schisteuse et la cassure souvent conchoïde, mais plus ordinairement droite; dans ce cas la masse se divise en parallélipipèdes assez réguliers; enfin, dans quelques variétés, la surface des fragmens est ornée des couleurs les plus vives et les plus variées.

Tels sont les caractères et les principales propriétés communes aux variétés de la Houille. Ces caractères suffisent pour la faire distinguer de tous les combustibles. La facilité avec laquelle on la fait brûler et la fumée qu'elle répand, la distinguent de l'anthracite. Sa solidité ne permet pas de la confondre avec le bitume asphalte, qui se laisse entamer par l'ongle, et qui répand par le frottement entre les doigts une odeur bitumineuse très-sensible. Enfin le lignite qui se rapproche beaucoup de la Houille, donne à la distillation une liqueur acide et empyreumatique.

Les variétés de la Houille diffèrent les unes des autres par des nuances si légères, et se touchent d'ailleurs par dés points de contact si nombreux, qu'il est très-difficile de les déterminer avec exactitude. Cependant ces variétés ayant dans les arts des usages très-différens, nous devons les étudier avec un soin particulier.

1. HOUILLE COMPACTE. *Häüy.* [1] Cette Houille est d'un *Variétés.*

[1] *Keenelkohle*, la Houille de Kilkenny. *BROCH. — Cannel-coal. LINN.*

noir un peu grisâtre et terne ; sa cassure est tantôt largement conchoïde, tantôt droite, à surfaces planes. Elle est solide sans être dure, et quoique compacte, elle est fort légère ; sa pesanteur spécifique est de 1,23, d'après Kirwan. Elle se laisse tailler et même polir assez facilement.

Elle brûle fort bien avec une flamme brillante, produit peu de chaleur, et laisse au plus 0,03 de son poids de résidu.

Cette Houille a beaucoup de ressemblance avec le jayet ; mais elle ne donne point en brûlant l'odeur piquante et désagréable que répand celui-ci.

Lieux. On trouve principalement cette variété dans le Lancashire ; elle y porte le nom de *cannel-coal*, qui veut dire *charbon chandelle* [1].

On en cite aussi à Vigan et à Kilkenny en Irlande.

On fait avec cette Houille des vases et autres ornemens d'un assez beau noir.

2. Houille grasse [2]. Elle est légère, assez friable, très-combustible, brûlant avec une flamme blanche et longue ; elle se gonfle et semble presque se fondre ; elle s'agglutine facilement et laisse peu de résidu. Cette Houille donne par la distillation du bitume et de l'ammoniaque.

Gissement. Elle se trouve principalement dans les terreins de schistes, et peut-être dans ceux de trapp ; on ne l'a jamais vue dans les terreins calcaires ; elle renferme quelquefois des débris d'animaux marins.

Lieux. La Houille du Creusot, celle du Forez, celle de Pommier près de Grenoble, celle de Valenciennes, &c. appartiennent à cette variété.

---

[1] Dans cette province *cannel* est synonyme du mot *candle*, qui veut dire *chandelle* en anglais.

[2] Il paroît qu'on peut rapporter à cette espèce la Houille lamelleuse, BROCH. (*blætterkohle*), et la Houille schisteuse, BROCH. (*schieferkohle*).

3. HOUILLE SÈCHE [1]. Cette Houille est beaucoup plus lourde, beaucoup plus solide que la première ; elle est souvent d'un noir moins foncé, qui approche du gris de fer ; elle brûle moins facilement, sans se gonfler ni s'agglutiner, et laisse aussi plus de résidu ; la flamme qu'elle produit est bleuâtre ; elle ne donne dans sa combustion ni ammoniaque ni bitume, mais seulement de l'acide sulfureux. (HÉRICART-THURY.)

Gissement et lieux. — Toutes les Houilles que l'on trouve dans la chaux carbonatée compacte, appartiennent à cette variété. Telles sont celles des environs de Marseille, d'Aix et de Toulon. Elles se trouvent aussi dans les schistes. La Houille sèche de la Mothe, celle du Peschanard près de Grenoble, &c. appartiennent à ce terrain.

Les schistes qui recouvrent cette Houille, renferment plutôt des empreintes de fougères que des empreintes de graminées [2].

Gissement général. — La Houille se trouve toujours en masses, quelquefois en amas, le plus ordinairement en couches, et rarement en filons. Ses couches ont des inclinaisons variées, et présentent toutes les directions et toutes les sinuosités possibles.

La Houille a d'ailleurs des gissemens assez bien déterminés, dont la connoissance est extrêmement utile

[1] On peut rapporter à cette variété la Houille piciforme (*pechkohle*) et la Houille éclatante (*glanzkohle*). BROCH.

[2] M. Werner a établi six sous-espèces de Houilles, que nous rapporterons, de la manière suivante, aux minéraux de notre système.

La Houille piciforme (*pechkohle*) à la Houille sèche.
— éclatante (*glanzkohle*) à la Houille sèche ?
— scapiforme (*stangenkohle*) au lignite.
— schisteuse (*schieferkohle*) à la Houille grasse.
— de Kilkenny (*kennelkohle*) à la Houille compacte.
— lamelleuse (*blatterkohle*) à la Houille grasse.

Les combustibles du genre *bitume* de M. Werner, qui forment les sous-espèces de l'espèce qu'il appelle *braunkohle*, seront rapportés presque tous aux variétés du lignite.

pour diriger dans la recherche de ce précieux combustible, et pour faire éviter des tentatives inutiles et toujours dispendieuses.

' On ne trouve jamais de Houille proprement dite, ni dans les terreins primitifs, ni dans ceux d'une formation qui paroît très-récente ; tels que la chaux carbonatée grossière, la craie, le sable, le grès blanc et homogène, &c. On rencontre dans ces terreins quelques combustibles minéraux qu'il ne faut pas confondre avec la Houille.

Première formation. Les terreins à Houille ont une composition générale assez constante. On y observe dans l'ordre suivant, 1°. des psammites (grès micacés et ferrugineux) à grains souvent très-gros ; ils sont composés non-seulement de quartz et de mica, mais de fragmens de pierres de toute nature, notamment de felspath ; 2° des schistes argileux et des micaschistes, offrant sur leurs feuillets des empreintes de poissons et de végétaux qui appartiennent ordinairement aux familles des fougères et des graminées ; 3°. des couches de marne, de chaux carbonatée, ou d'argile endurcie ; 4°. une espèce de porphyre argileux secondaire qui renferme des branches, des racines, et même des arbres entiers pétrifiés ; 5°. du fer argileux ; 6°. des cailloux roulés enveloppés dans un sable ferrugineux.

La Houille forme presque toujours dans ces terreins plusieurs couches, dont le nombre varie depuis deux jusqu'à soixante et au-delà peut-être. Ces couches sont aussi d'une épaisseur très-inégale, selon les lieux, et ont depuis 1 décimètre jusqu'à 12 mètres de puissance. Non-seulement ces couches alternent avec une ou plusieurs des couches pierreuses que nous venons d'énumérer, mais on remarque quelquefois une sorte de périodicité dans leur manière d'alterner ; en sorte que la même succession de couches de Houille et de roche revient plusieurs fois de suite, en conservant des épaisseurs toujours à-peu-près les mêmes. On a fait cette observation en Angleterre, dans les mines qui sont entre Newcastle et Durham, dans celles de Burnex et de Bresleton, &c.

Les couches pierreuses que nous avons citées plus haut, servent indistinctement de toit et de lit à la Houille. Mais il paroît que ce combustible ne se trouve jamais au milieu même des cailloux roulés, et qu'en général le toit et le mur sont des schistes ; cependant le toit est quelquefois d'une nature différente de celle du mur. On a remarqué que les schistes qui recouvrent les bancs de Houille, sont imbibés de bitume, tandis que ceux sur lesquels ils reposent n'en contiennent pas.

Tel est le gissement principal des Houilles, celui qui renferme la meilleure qualité de ce combustible. Les Houilles se trouvent encore dans deux autres sortes de terrains, ou, comme le dit M. Werner, dans deux autres sortes de formation.

On en trouve dans le terrein de trapp secondaire ou *Deuxième formation.* de basalte, en couche très-épaisse et très-étendue, et cette disposition est un des plus puissans argumens que l'on puisse apporter en faveur de l'origine aqueuse de cette roche.

Les bancs de Houille qui appartiennent à cette formation, sont quelquefois coupés par des filons de basalte ; on a remarqué que la Houille immédiatement contiguë à la pierre, est incapable de brûler avec flamme ; nous pouvons donner comme exemple de cette formation, quelques houillères du Vivarais, de l'Auvergne, de l'Irlande et celles de la Bohême citées par Reuss ; elles sont toutes exploitées sous des masses de basalte ; celles de la vallée de Chiampo, dans le Vicentin, et celles du Véronais sont supportées et recouvertes par des basaltes, que Fortis appelle *laves basaltiques* et *fonds volcaniques* ; enfin celle du Meissner, dans la Hesse ; dans ce dernier lieu, la couche de Houille est placée sur des bancs alternatifs d'argile et de sable qui sont

supportés par un grès rouge dont on ne connoît pas
le fond : elle est recouverte par un massif considérable
de basalte ; cette couche de Houille est très-bitumineuse
dans sa partie supérieure [1].

Troisième formation.   Le calcaire compacte à bancs épais et presque horizontaux, renferme quelquefois des couches de Houille très-
puissantes et très-étendues ; ce calcaire contient souvent beaucoup de coquilles fossiles ; il devient noir à
cause du bitume dont il est pénétré aux environs des
couches de Houille , mais les coquilles qu'il renferme
conservent une blancheur éclatante qui produit sur ce
fond noir., un effet remarquable. J'ai observé cette disposition dans les mines de Houille des environs de
Marseille et de Toulon.

Houille en filon.   On a dit plus haut, qu'on trouvoit quelquefois la
Houille en filon. On en cite, de 8 mètres d'épaisseur, à
Dysart dans le Fifeshire en Ecosse, et près de Wehrau
dans la Haute-Lusace ; ces derniers filons sont dans
du grès.

*Dérange-
ment des
couches.*   Les couches de Houille sont souvent interrompues
par des masses pierreuses de diverses natures , qu'on
nomme *crein* , *faille* ou *voile* ; ces failles sont de véritables filons qui dérangent les couches de Houille ,
comme les filons métalliques dérangent les couches pierreuses.

  On donne plus particulièrement le nom de *crein* ou
de *faille irrégulière* , au petit filon qui ne traverse
qu'une couche ; il est ordinairement de la même nature
que le toit de cette couche, et on appelle spécialement
faille , les grands et puissans filons pierreux qui coupent toutes les couches. On remarque qu'à l'approche
des failles, la Houille devient plus friable , plus irisée
et beaucoup moins combustible ; elle est aussi moins

---

[1] Il est possible que plusieurs de ces prétendues Houilles ne soient
que des lignites. Il est même probable que les vraies Houilles sont
d'une formation trop ancienne pour être immédiatement au-dessous
du basalte.

paraissent toujours mélangée avec la pierre dont la faille.
....

Les mines de Houille sont encore susceptibles d'autres
dérangemens, qui appartiennent à presque toutes les
couches ; nous les indiquerons ici succinctement, et
nous les ferons connoître avec plus de développemens
en traitant des couches : ce sont, 1°. le cas dans lequel
le toit se rapproche du mur ou le mur du toit, de manière à faire disparoître presque entièrement la couche
de Houille ; cette disposition se rencontre dans les mines
de Houille du Boulonais ; 2°. celui où les couches
éprouvent une espèce de bouleversement, en sorte qu'on
ne trouve plus à la place d'une couche régulière, que
des fragmens épars de Houille, mêlés avec la roche qui
lui sert de toit ou de mur ; on retrouve quelquefois la
Houille à une grande distance, mais la couche est rejetée sur la droite ou sur la gauche ; M. Duhamel croit
avoir remarqué que ce dérangement est ordinairement
causé par les angles des montagnes primitives qui s'approchent de la couche ou la dépassent même ; il donne
la mine de Fins en Bourbonnais, pour exemple de cette
disposition.

Tels sont les faits généraux relatifs aux terreins qui *Niveau des*
renferment ou peuvent renfermer de la Houille. Ces *mines de*
terreins sont ordinairement dans le passage des mon- *Houille.*
tagnes primitives aux montagnes secondaires ; on voit
rarement des mines de Houille dans le centre même
des montagnes primitives ; dans ce cas on remarque
qu'elles sont appliquées sur la pente de ces montagnes,
à une grande hauteur. Nous citerons celles de Santafé
de Bogota, dans les Cordilières, elles sont situées à 4,400
mètres environ d'élévation ; celle de Saint-Ours près
Barcelonette, qui est à 2,160 mètres au-dessus du niveau
de la mer ; celle d'Entreverne en Savoie, qui est à
2,000 mètres, &c. Les mines de Houille sont assez rares
dans les plaines éloignées des chaînes de montagnes,
et lorsqu'elles y existent, elles sont situées à une grande

profondeur toujours dans le terrain schisteux , et au-
dessous de la chaux carbonatée qui le recouvre ; telles
sont les mines de Valenciennes , celles des environs
de Namur , qu'on exploite à 650 mètres de profondeur, &c.

On avoit cru remarquer une loi générale de direction dans les couches de Houille, mais il paroît qu'elles
n'en suivent d'autres que la direction de la vallée sur
les flancs de laquelle elles sont appliquées.

Ce qu'on trouve dans la Houille. La Houille renferme quelquefois des substances métalliques. On cite du cuivre oxidé dans celle de Schem-
nitz en Saxe ; du mercure sulfuré , dans celle d'Idria
en Carniole ; de l'argent natif, dans celle de Hesse ; de
l'or dans celle de Reichenstein en Silésie ; du plomb sulfuré dans celle de Buckingam en Angleterre; de l'antimoine dans celle de l'île Bras-D'or, près du cap Breton,
en Amérique ; mais le sulfure métallique le plus commun dans les bancs de Houille , c'est celui de fer ; il
nuit à la Houille de diverses manières, premièrement
en la rendant moins propre au traitement métallurgique du fer, en second lieu, en faisant naître quelquefois dans ces mines, des incendies violens et dé-
sastreux ; en effet ces sulfures de fer, exposés à l'action
de l'air et de l'eau , se décomposent en dégageant une
chaleur considérable et quelquefois suffisante pour enflammer la Houille ; les bancs de Houille enflammés,
produisent des phénomènes qui ont , en petit, de l'analogie avec ceux des volcans.

Il se dégage assez communément dans les mines de
Houille, des gaz méphitiques ou inflammables qui rendent l'accès , dans les puits ou galeries, difficile et même
dangereux ; ces gaz inflammables détonnent quelquefois
avec violence , par l'approche des lumières qu'employent les mineurs. On traitera à l'article de l'exploitation des mines, de ces accidens et des moyens de s'en
garantir.

Lieux. En faisant connoître actuellement les principales

mines de Houille exploitées , nous ajouterons aux faits généraux que nous venons d'exposer , les faits particuliers les plus remarquables qui doivent compléter l'histoire naturelle de ce combustible.

Nous commencerons par la France , elle est riche *France.* en mines de Houille. Nous ne citerons que les plus importantes.

Dans le midi , on doit distinguer celles des départemens du Var et des Bouches-du-Rhône , elles sont dans de la chaux carbonatée compacte , en couches peu inclinées ; la pierre calcaire brune qui les recouvre est pénétrée d'une grande quantité de coquilles fossiles, d'un blanc éclatant. Cette Houille appartient à la houille sèche. Il y a près de Grenoble des mines nombreuses qui appartiennent la plupart à cette variété.

Sur la rive droite du Rhône , on cite celles des environs d'Alais ; celles de Carmeaux , département du Tarn ; les fameuses mines de Saint-Etienne et de Rives-de-Gier , département de la Loire ; celles du département de l'Allier, &c.

L'ouest de la France est un peu moins riche en mines de Houille. On y remarque celles de Montrelais , département de la Loire-Inférieure ; et au nord-ouest, celle de Litry, dans le département du Calvados.

Mais le nord et le nord-est offrent des mines de Houille grasse en grande abondance et d'une excellente qualité. Nous citerons principalement celles des environs de Liége ; celles des départemens de la Roer et du Mont-Tonnerre ; et sur-tout celles de Saarbruck , département de la Saare, et d'Anzin près Valenciennes, département de la Moselle.

Les Houillères des environs de Liége , sont situées dans la montagne de Saint-Giles. Genneté a décrit dans cette montagne, soixante-une couches de Houille, qu'il a supposées toutes les unes au-dessous des autres ; mais on n'en connoît, par l'exploitation, que vingt-trois réellement superposées. Leur disposition et celle des couches

d'Anzin, décrites par M. Daubuisson, donnent une idée
des directions différentes et des sinuosités que peuvent
présenter les couches de Houille. Comme il seroit trop
long de les décrire, nous en donnerons plus facilement
une notion exacte par une figure (*pl. 7 , fig. 1 et 2*).

Les schistes des houillères des environs de Thionville,
département de la Moselle , sont riches en impressions
de fougères et de roseaux.

Angleterre. L'Angleterre doit en partie l'état florissant de la plupart de ses manufactures , à l'abondance , à la qualité
et au prix modique de ses Houilles ; les mines principales de ce combustible sont situées près de Newcastle ,
sur la côte orientale d'Angleterre , et près de White-
Haven , sur la côte occidentale. Ce qu'il y a de plus
remarquable et en même temps de plus heureux dans
la position de ces houillères , c'est que la plupart d'entr'elles sont accompagnées de mines de fer, telle est au
moins la manière d'être des houillères des comtés de
Glamorgan, de Monmouth ; de celles du Staffordshire,
du Shropshire ; de celles de Carron , près de Falkirck
en Ecosse , &c. [1].

La Houille de Newcastle est exploitée à environ 30
mètres de profondeur , les couches qui la recouvrent
sont les mêmes que celles que l'on retrouve dans toutes
les mines de Houille. Le produit de ces mines est conduit au port , et jusqu'au-dessus des vaisseaux , dans de
grands chariots qui contiennent 8 milliers pesant de
Houille. Ces chariots roulant sur des chemins ou *limandes* de fer , peuvent être traînés par un seul cheval.
Le chemin avance au-dessus de la mer , il est percé , à
son extrémité, d'une ouverture à laquelle est ajustée
une trémie. Les vaisseaux viennent se placer au-dessous
de cette trémie pour recevoir leur chargement.

Les mines de White-Haven se continuent sous la
mer , l'espace de 1,200 mètres et au-delà. Leur plus

---

[1] Voyez l'article FER, §. des *localités.*

grande profondeur est 390 mètres environ ; elles renferment à cette profondeur, une très-grande quantité
de gaz hydrogène, en sorte qu'on a été obligé d'employer la machine à briquet pour éclairer les ouvriers.

On réduit en *coke* le poussier considérable que donnent ces exploitations, et on prépare du sulfate de fer
avec le fer sulfuré qu'elles contiennent.

Il y a aussi des mines de Houille assez abondantes
dans les environs de Glascow, d'Edinburg et de Carron ;
les premières sont sous des bancs d'argile mêlés de blocs
de basalte, et recouverts d'un mètre environ de tourbe ;
les secondes sont entre des bancs de grès, et touchent
immédiatement à cette roche. Celles de Carron offrent
trois couches en exploitation ; la troisième couche fournit
la Houille connue sous le nom de *splint-coal,* que l'on
brûle à Londres dans quelques appartemens.

On cite encore des houillères en Silésie, dans la *Allemagne,* Hesse, au mont Meissner, au Mittelgebirge en Bohème. &c. Ces dernières appartiennent à la formation des trapps.
Enfin il y a de la Houille dans presque tous les pays ;
nous avons cité les mines les plus renommées et celles
sur-tout qui nous intéressent le plus, soit par leur gisement, soit par leur influence sur nos arts.

Il est cependant quelques pays qui semblent être
privés de ce combustible précieux, ou au moins n'en
avoir qu'une très-petite quantité ; tels sont l'Italie, l'Espagne et sur-tout la Suède d'ailleurs si riche en mines
métalliques.

L'origine de la Houille a été l'objet des recherches *Annotations.*
des géologistes. Quelques-uns d'entre eux regardent ce
combustible comme un produit de la décomposition
des parties molles de cette immense quantité de corps
organisés dont on trouve presque par-tout les dépouilles
solides. Mais cette hypothèse qui paroît si naturelle,
est susceptible de quelques objections tirées, les unes de
la présence des végétaux à peine décomposés, qu'on

trouve souvent au milieu des couches de Houille ; les autres du défaut d'observations directes, qui aient fait voir que les corps organisés donnoient du bitume par leur décomposition.

Sans nous arrêter à discuter ces hypothèses, nous devons seulement conclure des faits généraux et particuliers que nous avons rapportés plus haut ;

1°. Que la Houille est d'une formation contemporaine ou postérieure à l'existence des corps organisés ;

2°. Que ce combustible, lorsqu'il s'est déposé ou formé, étoit liquide, homogène et dans un grand degré de finesse, ce que prouve sa texture souvent parallélipipédique, et la manière dont il imbibe les couches qui l'enveloppent ;

3°. Que la cause qui l'a déposé ou produit, s'est renouvelée plusieurs fois dans le même lieu, avec des circonstances à-peu-près les mêmes ;

4°. Que cette cause a été à-peu-près la même pour toute la terre, puisque les couches de Houille présentent dans leur structure et leurs circonstances accessoires, toujours à-peu-près les mêmes phénomènes ;

5°. Que ces couches ont été déposées sans révolutions violentes, mais au contraire avec tranquillité, puisque les corps organisés qu'on y trouve, sont souvent entiers, et que les feuilles des végétaux imprimés dans les schistes qui recouvrent les Houilles, sont développées et ne sont presque jamais ni froissées ni même plissées.

Exploitation.   Les principes généraux de l'exploitation des mines de Houille, sont les mêmes que ceux que l'on suit pour l'exploitation des mines en couche ou en masse ; ils seront exposés à l'article MINE. Mais il est une circonstance propre aux mines de Houille, qui mérite une attention et des détails particuliers.

Ce sont les anomalies et les dérangemens apportés par les filons pierreux nommés *faille*, qui traversent les couches, les coupent et les dérangent. Nous avons fait connoître plus haut leur nature et leurs *allures*. Il faut

Indiquer brièvement la conduite que doit tenir le mineur lorsqu'il les rencontre.

Lorsqu'on rencontre une faille régulière et étendue, on doit supposer que la couche se continue de l'autre côté, le but du mineur est d'aller l'y chercher. Il doit donc percer la faille ; et pour ne pas faire dans son épaisseur plus de chemin qu'il n'est nécessaire, il faut la percer perpendiculairement à sa direction et à son inclinaison. Arrivé de l'autre côté de la faille, on rencontre rarement la couche. Il s'agit donc de savoir si on doit la chercher au-dessus ou au-dessous du point où l'on est. Il y a des règles fondées sur l'observation qui dirigent utilement dans ce cas.

Si l'on connoît exactement la nature des couches superposées à la Houille, et si ces couches sont toutes différentes de celles qui sont inférieures à ce combustible, on peut juger, par celle que l'on rencontre après avoir traversé la faille, si l'on est au-dessus ou au-dessous de la couche qu'on cherche.

Mais il y a une règle plus générale que celle-ci et d'une application plus commune.

On a remarqué que les couches situées sur le toit de la faille, étoient presque toujours celles qui avoient glissé et qui se trouvoient par conséquent plus basses que les couches situées sous le mur ; d'où il résulte que si on est arrivé à la faille par le mur, il faut, après l'avoir traversée, chercher la couche en descendant ; et si on y est arrivé par le toit, il faut, après l'avoir traversée, chercher la couche en remontant. Cette règle paroît constante, quelle que soit l'inclinaison et la direction des couches qui sont des deux côtés de la faille.

D'après ce qu'on a dit sur la qualité de la Houille qui avoisine les failles, on doit tâcher de regagner la couche dans un point déjà éloigné de la faille ; mais il faut arriver à la couche par la ligne la plus droite. Les figures indiqueront mieux qu'une plus longue description, les règles à suivre dans ce cas (*pl. 7, fig. 3*).

Il y a presque autant de difficulté à exploiter, sans perte, les grandes masses de Houille que les couches très-minces. Parmi ces dernières, on exploite avec avantage des couches qui n'ont pas plus de 20 centimètres d'épaisseur. Telles sont celles de Meisenheim, dans le département du Mont-Tonnerre ; celles de Dauphin, près de Manosque, département des Basses-Alpes, &c.

Usages. Les principaux usages de la Houille peuvent se réduire à trois, qui exigent des qualités de Houille assez différentes.

1. Elle est employée dans les cheminées : celle qui est destinée à cet usage économique, doit brûler facilement avec une flamme brillante, et ne répandre aucune odeur désagréable. Il faut qu'elle soit en morceaux d'une moyenne grosseur.

Lorsqu'on veut employer du poussier pour cet usage, on en fait, comme dans la Belgique et le département de la Roër, des boules ou des briques. On délaie de l'argile, on verse cette bouillie d'argile sur un tas de poussier de Houille, on mêle le tout avec un rable ; on façonne ensuite cette pâte en boule, ou bien on la moule en brique. Ces boules ou briques de Houille, brûlent bien, mais moins vite que la Houille pure.

2. La Houille que l'on nomme *maréchale*, est employée à la forge. On ne peut faire usage que de la Houille grasse, légère, qui se boursoufle et se colle en brûlant ; elle forme alors une voûte au-dessus du fer forgé et y concentre la chaleur. La Houille, quoique réduite en poussière, peut être employée à cet usage.

3. La Houille destinée pour les grilles des fourneaux, et sur-tout pour les fourneaux à réverbère, doit être en gros morceaux et brûler avec flamme. Les diverses espèces de Houille peuvent être employées à cet usage ; mais elles donnent des degrés de chaleur bien différens selon leur qualité.

La Houille, qui est le combustible dont l'usage est le

plus économique, ne peut cependant pas être employée dans tous les travaux des arts et de la métallurgie.

On augmente le nombre de ses applications, en lui faisant subir l'opération que l'on appelle improprement *désoufrage*, et qui consiste à lui enlever son bitume et même le soufre qu'elle contient, par une sorte de carbonisation ou de distillation.

Il y a plusieurs manières de désoufrer la Houille ou de la réduire à l'état que les Anglais appellent *coke* [1].

Une des méthodes qui nous semble la plus simple, consiste à réunir en cône de 4 à 5 mètres de diamètre sur 8 décimètres de hauteur au centre, des morceaux de Houille d'un décimètre cube environ. On recouvre ce cône avec de la paille ou de la Houille en poussière, et on y pratique dans le milieu un trou, par lequel on met le feu à la Houille. Il faut conduire cette demi-combustion avec soin. Le feu dure près de quatre jours, et le refroidissement quinze heures, on carbonise par ce procédé environ 50 à 60 quintaux, le déchet est de 35 à 40 pour cent. (*JARS.*)

On carbonise aussi la Houille dans des fourneaux presque fermés, semblables aux fours des boulangers. La Houille carbonisée par ce procédé, porte plus particulièrement le nom de *cinder*.

Dans quelques circonstances on carbonise la Houille en grillant du minerai de fer, on mêle ces deux substances et on les dépose en tas. On arrête la combustion de la Houille avant qu'elle soit complète, en la recouvrant de poussier. Ce procédé économique se pratique à Carron en Ecosse.

Enfin on a proposé de faire cette opération dans de grandes cucurbites, et de recueillir l'huile bitumineuse, l'eau acide, et l'ammoniaque qui se dégagent

[1] Tous les Minéralogistes français écrivent *cosk*, ou *keak*, ou même *coack*, &c.; mais Johnson écrit *coks*.

Ces produits dédommagent et au-delà, des frais et des déchets de la carbonisation.

La Houille grasse et très-bitumineuse, n'est pas celle qui se réduit le plus facilement en coke.

La Houille carbonisée ou le *coke*, est légère, spongieuse, brillante et d'un gris d'acier ; elle brûle assez facilement, et sans se coller ni répandre de fumée.

La Houille pure ne peut être employée au traitement du fer dans les hauts fourneaux, ni à celui des autres métaux dans les fourneaux à manche, il faut qu'elle soit carbonisée.

Ce n'est qu'avec difficulté qu'on peut l'employer dans l'affinage du fer, encore faut-il la mêler avec deux tiers de charbon de bois, et user de beaucoup de précaution.

La Houille est employée avec avantage, pour cuire la faïence fine ; il faut seulement changer un peu la construction du four, qui est destinée à cuire avec le bois. Mais ni la Houille pure ni la Houille carbonisée n'ont pu, jusqu'à présent, être appliquées à la cuisson de la porcelaine dure.

La Houille est d'autant meilleure ou plus forte, qu'elle contient plus de carbone et moins de cendre. On évalue la quantité de cendre en brûlant complètement la Houille ; et Kirwan dit qu'on peut apprécier celle du carbone qu'elle contient, en la faisant détoner avec du nitre qui brûle le carbone, sans agir sur le bitume. ?

La Houille qui contient beaucoup de sulfure de fer, a l'inconvénient de ne pouvoir se conserver sans se réduire en poussier. Elle s'enflamme spontanément lorsqu'on la réunit en tas trop considérable, et est d'un usage désagréable dans les foyers.

On retire de la Houille du noir de fumée en conduisant la fumée qu'elle donne dans des chambres voûtées, elle s'y condense et tapisse les parois de noir que l'on recueille avec des balais. On fabrique ce noir de fumée aux environs de Saarbruck. (*DUHAMEL.*)

BITUME.

* 2ᵉ *Esp.* BITUME. *Haüy.*

Les Bitumes sont friables, mous ou liquides, ils *Caractères* répandent tous une odeur très-forte lorsqu'ils sont un peu échauffés ; cette odeur n'a rien de piquant ou d'âcre, elle n'est même pas désagréable pour certaines personnes. Ils sont tous liquéfiables par la chaleur : mais ils deviennent très-friables, lorsqu'ils sont secs et froids.

Les Bitumes solides sont noirs ou au moins bruns, les liquides sont quelquefois jaunâtres, transparens et même limpides.

Tous brûlent facilement en répandant une fumée épaisse très-odorante, qui n'a pas le piquant ou l'âcreté de celle du jayet. Il ne reste, après cette combustion, que très-peu de résidu terreux, tandis que la houille la plus pure en laisse au moins 0,03 de son poids.

Enfin, ils ne donnent point, comme la houille, de l'ammoniaque par la distillation.

Tels sont les caractères communs à toutes les variétés qui composent cette espèce. Leur pesanteur spécifique est trop variable pour que nous l'indiquions ici exactement ; on en trouve qui nagent sur l'eau, et d'autres dont la pesanteur va jusqu'à 1,104, qui est le *maximum*. Ils s'électrisent par frottement et sans être isolés, à la manière des corps résineux.

Les variétés de cette espèce sont la plupart peu dis- *Variétés* tinctes et passent de l'une à l'autre, par des nuances insensibles.

1. BITUME NAPHTE [1]. Il est parfaitement fluide et diaphane, d'un blanc un peu jaunâtre ; il répand continuellement une odeur très-forte qui a quelqu'analogie avec celle de l'huile volatile de thérébentine. Il est un peu onctueux au toucher, et assez léger pour nager sur l'eau, sa pesanteur spécifique étant de 0,80 au plus.

---

[1] Bitume liquide blanchâtre. *Haüy.* — *Naphta*, le Naphte. BROCH.

Il est tellement combustible qu'il prend feu par la seule présence d'un corps enflammé que l'on tient près de lui, sans cependant le toucher. Il répand en brûlant, une flamme bleuâtre et une fumée très-épaisse ; il ne laisse aucun résidu.

Gisement. Lieux et usages.

Le Naphte est le plus rare des Bitumes ; on ne le trouve presque jamais dans la nature, à l'état de pureté que nous lui avons supposée ; il est même très-difficile de l'avoir parfaitement exempt de l'huile essentielle de térébenthine qu'on y mêle dans le commerce. On prétend qu'il est assez commun en Perse, sur les bords de la mer Caspienne, près de Bakou, dans la presqu'île d'Apcheronn ; les environs de ce lieu sont calcaires, et le sol qui donne le Naphte, est marneux et sablonneux. Il s'en dégage perpétuellement des vapeurs très-odorantes et très-inflammables ; les gens du pays les allument et se servent de ce feu naturel pour cuire leurs alimens en le concentrant et le dirigeant au moyen de tuyaux de terre ; ils l'employent aussi à cuire de la chaux, ce qui doit faire supposer qu'il a beaucoup d'activité.

On creuse, à 600 mètres environ de ces feux perpétuels, des puits de 10 mètres de profondeur au fond desquels se rassemble le Naphte qui n'est pas parfaitement limpide, mais d'une couleur ambrée. On le distille pour en extraire le Naphte pur employé en médecine. Les Persans se servent du résidu noir pour le brûler au lieu d'huile, dans leurs lampes ; ce Naphte et le pétrole qui l'accompagne, forment un revenu de 200,000 fr. pour le Khan de Bakou.

On trouve aussi du Naphte en Calabre, — sur le mont Zibio, près de Modène, — en Sicile, — en Amérique, &c. ; mais il faut observer que les voyageurs le confondent souvent avec la variété suivante.

Il sert aussi dans l'Inde, à faire du vernis. Kempfer rapporte qu'on l'ajoute au vernis composé d'huile de lin et de sandaraque, et qu'on fait fortement mousser ce mélange avant de l'appliquer.

Quoique le Naphte pur soit le plus rare des Bitumes, on cite cependant des sources qui en produisent une assez grande quantité. Il existoit dans le quinzième siècle, à Waldsbrunn, département de la Moselle, une source dont les eaux étoient recouvertes de pétrole blanc (c'est le Naphte); elles étoient recueillies dans un bassin situé dans la cour du château de Bitsche. (HXBON.)

On a découvert en 1802, près du village d'Amiano, dans l'état de Parme, et sur les confins de la Ligurie, une source de Naphte jaune de topaze, brûlant facilement, sans laisser de résidu, et pesant 0,83. Cette source nouvelle est assez abondante pour fournir la quantité de Naphte nécessaire à l'illumination de la ville de Génes. Pour employer le Naphte à cet usage, il faut avoir soin que le réservoir qui le contient soit exactement fermé et suffisamment éloigné de la flamme ; sans cette précaution, ce bitume volatil et très-inflammable, s'allumeroit entièrement. (POGGT.)

Le Naphte étoit employé autrefois cómme vermifuge.

2. BITUME PÉTROLE [1]. Cette variété, très-voisine de la précédente, paroît même n'en être qu'une altération. Le Pétrole est liquide, mais moins que le naphte, et souvent d'une consistance huileuse et onctueuse au toucher ; il est d'un brun noirâtre presque opaque et quelquefois même d'un brun rougeâtre ; son odeur bitumineuse est forte et très-tenace. Il est plus léger que l'eau, mais sa pesanteur spécifique va jusqu'à 0,854.

Il est très-combustible, répandant dans sa combustion une fumée noire fort épaisse ; il laisse un peu de résidu.

Lorsqu'on abandonne du naphte au contact de l'air et de la lumière, il brunit, s'épaisit et semble passer à l'état de Pétrole ; lorsqu'on distille du Pétrole, on en

[1] Bitume liquide brun ou noirâtre. HAUY. — Gemeiner erdoel, le Pétrole. BROCH.

retire une huile semblable au naphte, et enfin lorsqu'on expose du Pétrole au contact de l'air, il s'épaissit et passe à la troisième variété ; ces espèces de transitions prouvent la grande ressemblance qui existe entre les variétés de Bitume, et font voir les difficultés qu'il y a de les distinguer dans bien des cas.

Le Pétrole est beaucoup plus abondant dans la nature que le naphte. On a souvent confondu ses localités et ses usages avec ceux de la variété suivante qui lui ressemble beaucoup.

Lieux et gissement.

Il paroît que le Pétrole proprement dit se trouve :

En France, à Begrède près d'Anson, en Languedoc ; — à Gabian, dans les environs de Beziers ; il sort de terre avec une assez grande quantité d'eau sur laquelle il flotte ; on le connoît, dans le commerce, sous le nom *d'huile de Gabian ;* cette source ne produit plus autant de Pétrole qu'autrefois. — En Auvergne près de Clermont ; — dans les Landes, près de Dax ; — à Beckelbronn, commune de Lampertsloch, près de Weissembourg, et des sources salées de Sultz, dans le département du Bas-Rhin ; il est mêlé avec du sable que l'on extrait dans ce lieu, par des puits qui ont 43 mètres de profondeur. On place ce sable, qui tient environ dix pour cent de Pétrole, dans des chaudières, et on en retire par l'ébullition dans l'eau, un bitume visqueux qui appartient à la variété suivante ; mais on en sépare par distillation, un véritable Pétrole. — On trouve également une couche de sable bitumineux, interposée entre un banc d'argile et un banc de pierre calcaire, depuis Seyssel jusqu'à la perte du Rhône ; on exploite ce sable comme le précédent ; il donne douze pour cent de Pétrole qui est employé dans la marine et qui sert dans les ouvrages de maçonnerie que l'on fait sous l'eau. — On connoît encore du Pétrole en Angleterre, à Omskirk dans le Lancashire ; dans les mines d'étain de Cornouailles, et en Ecosse ; — en Bavière, au lac Tegern ; — en Suisse, auprès de Neufchâtel ; — en Italie, à Amiano, à douze lieues de Parme. On trouve dans ce lieu, des sources de Pétrole exploitées; les puits d'où on le retire ont 60 mètres de profondeur, et sont creusés dans une argile verdâtre et compacte, qui est imprégnée de Pétrole. Le fond de ces puits a la forme d'un cône renversé, dans le sommet duquel le Pétrole se rassemble; on l'y puise tous les deux ou trois jours avec des seaux. L'odeur de ce bitume est tellement forte, que les ouvriers ne peuvent la supporter dans le fond du puits, plus d'une demi-heure, sans courir risque de s'évanouir. (*Fortis.*)

Au mont Zibio, près de Modène ; les sources de Pétrole sont situées au fond d'un vallon ; le terrein qui les entoure, est composé d'une roche assez friable mêlée d'argile, de calcaire et de sable ; il est sur-tout remarquable par les feux de gaz hydrogène qui s'en dégagent, et par les *salses* ou volcans vaseux qu'on y observe et qui sont imprégnés eux-mêmes de ce bitume. Le Pétrole nage sur l'eau de ces sources, mais on n'en voit pas en hiver lorsque les eaux deviennent très-abondantes. On creuse des puits pour recueillir les eaux, et tous les huit jours, on vient puiser avec des seaux, le Pétrole qui surnage. (*Spallanzani.*)

On cite encore ce Bitume en Sicile, à Pétraglia ; — en Transilvanie, dans toutes les mines de sel gemme, et sur le penchant des montagnes ; on y creuse des puits dans lesquels on verse de l'eau ; le Pétrole qui suinte dans la montagne, vient se réunir à la surface de cette eau. — En Galicie, dans une vallée voisine des monts Krapaths et près de Kalurch. (*Martinovich.*) — Dans la Thébaïde, dans une montagne appelée Gebel-el-Moël; — en Moldavie ; — dans l'Inde, au royaume d'Ava ; on y exploite une mine abondante de Pétrole, à $20°\ 26'$ lat. N., $94°\ 45'\ 54''$ E. de Greenwich, à trois milles anglais de l'Erraonaddy ou rivière d'Ava. Il y a environ cinq cents puits dans une colline ; on trouve d'abord un terreau sablonneux, puis un grès friable, ensuite

des couches d'argile schisteuse d'un bleu pâle et imprégnées de Pétrole, puis des schistes, et enfin à 61
mètres environ de la houille ; c'est de cette houille que
découle le Pétrole ; on le retire du fond des puits,
avec des seaux de fer. Il fait si chaud au fond de ces
puits, que les ouvriers sont couverts de sueur. Le Pétrole est mêlé d'eau qu'on sépare par décantation ; on
le met dans de grandes jarres de terre ; on dit qu'il
est verdâtre. (*M. Syxes. Hiram Cox.*)

On trouve également ce Bitume — au Japon, où il
est employé pour éclairer ; — en Afrique, dans le mont
Atlas ; — en Amérique, sur les côtes de Carthagène, &c.

Usages.   Les usages particuliers du Pétrole ne sont pas très-
différens de ceux des autres Bitumes ; on l'emploie
comme huile à brûler, après l'avoir purifié. En Perse,
depuis Mossul jusqu'à Bagdad, le peuple ne s'éclaire
qu'avec du Pétrole extrait de Kerkouk. On s'en sert
aussi comme combustible dans ce même pays (*Olivier*),
et dans tous les lieux où il est très-abondant. Il peut
enfin remplacer le goudron.

3. **Bitume Malthe** [1].   Le Malthe est noir comme le
pétrole, même souvent plus noir que lui, il a l'aspect
gras et la consistance visqueuse, et presque solide dans
les temps froids. Il a d'ailleurs l'odeur particulière aux
autres Bitumes, et brûle comme eux, avec flamme et
fumée abondante : il laisse plus de résidu que le pétrole,
et quoique plus lourd que lui, il nage encore sur l'eau.

On voit que cette variété ne se distingue de la précédente que par des caractères relatifs, et que les intermédiaires doivent être très-difficiles à classer.

Non-seulement ce Bitume se confond souvent avec
le précédent, par ses caractères, mais il se confond

---

[1] Bitume glutineux. *Haüy.* — *Bergtheer*, le goudron minéral.
Broch. — *Vulgairement* poix minérale, Pissasphalte, Bitume
des Arabes, &c.

avec lui par les lieux d'où il vient, et par ses ······· qui sont souvent les mêmes.

On trouve cependant celui-ci plus particulièrement Lieux. près de Clermont, département du Puy-de-Dôme, dans le lieu nommé *Puy de la Pège*. Il enduit le sol d'un vernis visqueux qui s'attache assez fortement aux pieds des voyageurs.

Le Malthe se trouve aussi en Perse, sur la route de Schiras à Bender-Congo, dans une montagne appelée Darap, on le nomme *baume-momie*. Il est recueilli avec soin et envoyé au roi de Perse, comme un baume efficace pour la guérison des blessures.

Le Malthe est employé comme le goudron végétal, Usages. pour enduire les cables et les bois qui servent dans l'eau. On lui a donné, d'après cela, le nom de *goudron minéral*. On s'en sert en Suisse, pour enduire les bois des maisons et des charrettes. Il entre dans la composition de certains vernis qui servent à préserver le fer de la rouille, et dans celle de la cire à cacheter, noire.

La poix minérale la plus estimée des anciens, étoit d'abord celle qu'on apportoit du mont Ida, et ensuite celle qui venoit de la Piérie contrée de la Macédoine. (PLINE, *liv.* 14.)

Les anciens appeloient aussi *malthe*, une composition très-différente de ce Bitume, et dont ils se servoient pour les enduits.

4. BITUME ASPHALTE [1]. Cette variété est non-seulement solide, mais encore sèche et friable, au point de se laisser pulvériser avec l'ongle. Sa cassure est tantôt parfaitement conchoïde et luisante, tantôt raboteuse et terne [2].

L'Asphalte est souvent parfaitement noir et opaque, quelquefois il a sur les bords une demi-transparence et

---

[1] Bitume solide. HAÜY. — *Schlackiges erdpech*, la poix minérale ······. BROCH. — *Vulgairement* Bitume de Judée.

[2] *Erdiges erdpech*, la poix minérale terreuse. BROCN.

une nuance rougeâtre. Ce Bitume ne répand d'odeur bitumineuse que lorsqu'il est échauffé ou frotté. Dans ce dernier cas, il acquiert en même temps l'électricité résineuse. Il est un peu plus pesant que l'eau ; sa pesanteur spécifique étant de 1,104, et même de 1,205. Il brûle fort bien et laisse quelquefois quinze pour cent de résidu.

Lieux et gissement. On trouve l'Asphalte particulièrement à la surface du lac de Judée, qui s'appelle lac Asphaltique, et dont l'eau est salée. Cet Asphalte, produit par des sources, s'accumule à la surface du lac, et y prend de la consistance ; les vents le dirigent sur les rives, où les habitans viennent le ramasser pour le mettre dans le commerce. Il répand dans l'air une odeur désagréable ; on la croyoit assez active pour faire mourir les oiseaux qui passoient au-dessus de ce lac qu'on avoit nommé pour cette raison *mer morte.*

On le trouve aussi à Morsfeld, dans le Palatinat ; — à Iberg, dans les montagnes du Hartz ; — à Neufchâtel, en Suisse. — On en cite des couches assez épaisses, près d'Aulona en Albanie.

Gissement general. Les Bitumes mentionnés ci-dessus, appartiennent exclusivement aux terreins de sédiment ou de seconde formation. On n'en connoît point dans les terreins primitifs ou de cristallisations, à moins que ce ne soit dans les filons. Parmi les terreins de seconde ou de troisième formation, ceux qui renferment le plus ordinairement des Bitumes, sont les terreins calcaires, les argileux, les sablonneux et les terreins volcaniques. Le pétrole flotte souvent sur les eaux qui avoisinent ces montagnes ou qui en sortent ; la mer en est quelquefois couverte, près des îles volcaniques du cap Verd. (*Flacourt.*) M. de Breislack a vu une source de pétrole au fond de la mer, à la base méridionale du Vésuve.

La chaux carbonatée compacte, est souvent imprégnée de Bitume. On trouve sur les bords du Volga, près de Byssus, de l'Asphalte mêlé par veine ou par globules dans de la chaux carbonatée compacte, il entoure les cubes qui résultent de la division naturelle de cette pierre, et pénètre jusque dans les madrépores qu'elle renferme. (PELLAS.) Les schistes qui accompagnent les houilles en sont imbibés, et ce dernier minéral a été regardé lui-même comme une terre enveloppée d'une grande quantité de matière bitumineuse. Il est certain qu'on a souvent vu le pétrole couler au milieu ou dans les environs des couches de houilles.

La substance avec laquelle le bitume paroît avoir les rapports les plus constans et les plus remarquables, c'est le sel marin ou soude muriatée. On a parlé de cette correspondance de gissemens à l'article de la soude muriatée, on rappellera ici que presque tous les pays qui fournissent le plus de Bitume, comme l'Italie, la Transilvanie, la Perse, les environs de Babylone, &c.; contiennent en même temps, ou des mines de sel gemme, ou des efflorescences salines, ou des sources salées.

Le Bitume peut aussi être allié avec les sulfures métalliques. Deborn assure qu'il a retiré de l'huile de pétrole, en distillant un sulfure de fer, trouvé dans de la marne endurcie, du pays des Secklers en Transilvanie.

Il décrit aussi un mélange d'argile, d'Asphalte et de mercure sulfuré, des mines du Palatinat. — A Surjeat, département de l'Ain, on exploite des mines d'Asphalte dans lesquelles on trouve des pyrites enveloppées d'une couche épaisse d'Asphalte qui découle même des fissures de ces pyrites.

L'origine des Bitumes est aussi inconnue que celle de la plupart des productions de la nature. On a proposé pour l'expliquer peu d'hypothèses. Elles se réduisent presque toutes à les regarder comme l'huile empyreumatique, la matière analogue aux graisses, qui a dû résulter de la destruction de cette multitude éton-

nante d'animaux et de végétaux enfouis dans la terre,
et dont nous retrouvons tous les jours les dépouilles
solides.

On a pensé aussi que le naphte et le pétrole étoient le
produit des houilles décomposées par les feux souterrains
des volcans, ou par ceux qui sont dus, soit à l'embrase-
ment des houilles elles-mêmes, soit à la décomposition
des pyrites. Cette opinion qui peut avoir quelque fondement, n'est appuyée d'aucune observation directe ;
mais l'observation prouve que le naphte et le pétrole
abandonnés à eux-mêmes avec le contact de l'air, se
noircissent, s'épaississent et prennent la consistance,
et une partie des caractères du malthe et de l'Asphalte.

Usages
généraux.
On a déjà indiqué l'utilité particulière de quelques
Bitumes. Il nous reste à parler des usages auxquels sont
employés indistinctement différens Bitumes.

Dans plusieurs endroits, en Auvergne, en Suisse, &c.,
on se sert du pétrole et du malthe pour graisser les es-
sieux des charrettes. A Genève, on pétrit le Bitume
avec la pierre calcaire, d'où il découle par l'effet du
feu, et on en fait des tuyaux de conduite pour les
eaux.

Les anciens employoient, dans la construction de
leurs édifices, le Bitume malthe ou le Bitume asphalte
qu'ils faisoient chauffer. Tous les historiens s'accor-
dent à dire que les briques, dont étoient construits
les murs de Babylone, avoient été cimentées avec du
Bitume chaud ; ce qui devoit leur donner une grande
solidité. Ce Bitume couloit avec les eaux de la rivière
d'Is qui se jette dans l'Euphrate, et se trouvoit dans des
sources d'eau salée aux environs de Babylone. Il étoit
en telle abondance, qu'il ne s'épuisoit pas malgré les
usages multipliés auxquels l'employoit journellement
un peuple nombreux. (*Hérodote. Diodore de Sicile.*)

Les Egyptiens se servoient du Bitume asphalte, ou

de Malthe pur, ou mélangé de la liqueur extraite du cèdre et nommée *cedria*, pour conserver les cadavres. Les momies d'hommes et d'animaux sont fortement imprégnées de cette matière qui a pénétré jusque dans la substance des os.

6. BITUME ÉLASTIQUE. Nous séparons entièrement cette variété des précédentes, parce qu'elle en diffère beaucoup par tous ses caractères.

Ce Bitume aussi nommé *caout-chouc minéral* ou *fossile*, a en effet l'aspect, la mollesse et l'élasticité du caout-chouc végétal. Il paroît en différer très-peu.

Le Bitume élastique ne mérite pas toujours ce nom, il est quelquefois presque mou, dans d'autres circonstances, il est presque sec ; il est brun ou rouge hyacinthe, avec un peu de translucidité sur les bords. Il efface le crayon comme la gomme élastique, mais en même temps il salit un peu le papier.

Il a une odeur bitumineuse très-forte, sur-tout lorsqu'il est fort mou, il brûle facilement avec une flamme claire et est assez léger pour nager sur l'eau. Il contient très-peu de matière terreuse, à peine cinq pour cent de son poids.

Cette singulière substance a été trouvée en 1785, près de Castleton, en Derbyshire, dans les fissures d'un schiste argileux. Elle est entrelacée par petites veines avec du plomb sulfuré ; elle est souvent accompagnée de chaux carbonatée, de chaux fluatée, de baryte sulfatée. On dit même en avoir vu dans l'intérieur d'une coquille fossile [1].

Lieu et gissement.

---

[1] M. Pictet a trouvé dans une mine de fer argileux en Angleterre des rognons ou sphères aplaties, qui renfermoient des prismes calcaires formés par la retraite à la manière de ceux des ludus. L'intervalle entre ces prismes étoit rempli par une matière noire de consistance de cuir, n'ayant point d'odeur, mais brûlant avec flamme. Les prismes en étoient eux-mêmes quelquefois composés. Est-ce une variété de Bitume élastique ?

** 5ᵉ Esp. LIGNITE.

Caractères. LES combustibles minéraux qui appartiennent à cette espèce, sont caractérisés par l'odeur et par les produits de leur combustion. L'odeur qu'ils répandent en brûlant, est âcre, souvent fétide, et n'a aucune analogie avec celle de la houille ou des bitumes. Ils brûlent avec une flamme assez claire, sans se boursouffler ni se coller comme la houille, et sans couler comme les bitumes solides. Ils laissent pour résidu, une cendre pulvérulente semblable à celle du bois, mais souvent plus abondante, plus ferrugineuse et plus terreuse ; elle paroît contenir un peu de potasse [1]. Ces combustibles donnent par la distillation, un acide que ne fournit pas la houille.

Les Lignites varient de couleur depuis le noir foncé et brillant, jusqu'au brun terreux, la texture de la plupart des variétés, indique leur origine et motive leur nom. On y reconnoît souvent le tissu ligneux, quelquefois cependant ce tissu a entièrement disparu. La cassure du Lignite est compacte, souvent résiniforme et conchoïde, ou éclatante et droite.

Les caractères extérieurs des variétés de cette espèce, diffèrent trop entre eux, pour qu'on puisse les généraliser davantage.

Variétés. 1. LIGNITE JAYET [2]. Le Jayet est dur, solide, compacte, et susceptible de recevoir un poli très-vif ; il est opaque et d'un noir pur ; sa cassure est ondulée et quelquefois luisante comme celle de la poix ; sa pesanteur spécifique est de 1,259. On dit qu'il est quelquefois plus léger que l'eau [3].

---

[1] M. Mojon en a trouvé environ 3 p. ⅔ dans les cendres du bois bitumineux de Castelnuovo.

[2] JAYET. *HAüY.* — *Pechkohle*, la houille piciforme. *BROCH.*

[3] Je doute que le véritable Jayet soit jamais plus léger que l'eau. Cette propriété paroît appartenir plutôt à la variété suivante.

Cette variété se trouve en bancs peu épais, dans des *Gisement.* couches marneuses, schisteuses, calcaires ou sablonneuses. On y reconnoît quelquefois le tissu organique du bois.

On trouve du Lignite en France : — dans la Provence ; *Lieux.* — à Belestat, dans les Pyrénées ; — dans le département de l'Aude, près le village des Bains, à six lieues au S. de Carcassone ; celui-ci renferme quelquefois du succin ; — et près de Quilian, même département, dans les communes de Sainte-Colombe, Peyrat et la Bastide ; il est situé à 10 ou 12 mètres de profondeur, en couches obliques, entre des bancs de grès : mais ces couches ne sont ni pures ni continues. Le Jayet propre à être travaillé, se trouve en masse, dont le poids atteint rarement 25 kilogrammes. On a exploité ces mines pendant long-temps, et elles ont produit une quantité considérable de Jayet qui se tailloit et se polissoit dans le pays même.

En Allemagne, près de Wittemberg en Saxe ; on le travaille et on le polit aussi dans cette ville. — On a trouvé de très-beau Jayet en Espagne, dans la Galice et dans les Asturies. — Enfin on en cite en Islande, dans la partie occidentale de cette île.

On fait avec ce combustible, des objets d'ornement *Usages.* et sur-tout des bijoux de deuil. On polit le Jayet avec de l'eau, sur une roue de grès mue horizontalement. Le Jayet mêlé de pyrite, est ordinairement rejeté.

2. LIGNITE VARIABLE [1]. Cette variété se trouve en bancs épais et étendus ; elle est d'un noir assez vif, mais moins éclatant cependant que celui des variétés précédentes ; ce qui l'en distingue sur-tout, c'est sa grande friabilité ; sa surface est toujours crevassée et ses masses se divisent avec la plus grande facilité, en une multitude de pièces cubiques, caractère que n'offre pas le

---

[1] *Moorkohle*, la houille limoneuse. BROCH.

Lignite jayet. On y reconnoît encore dans certains cas le tissu des végétaux qui l'ont formé.

Gissement. Le Lignite friable est plus abondant et par conséquent plus utile que les deux premières variétés. Il se trouve en bancs horizontaux souvent puissans et étendus, mais ne se présente jamais en aussi grandes masses, que la houille avec laquelle on l'a mal-à-propos confondu. Non-seulement il en diffère par ses propriétés, mais il en diffère aussi par son gissement. Il se trouve dans les masses de sable qui remplissent souvent les vallées calcaires ou qui sont adossées contre les collines qui les bordent; on le trouve aussi, mais plus rarement dans la marne argileuse.

Lieux. Ce combustible est assez commun dans le midi de la France, notamment dans le département de Vaucluse. Je l'ai observé avec les circonstances que je viens de décrire, à Piolin, près d'Orange.

On en trouve en très-grande masse, à Ruette, département des Forêts.

Usages. Il brûle facilement, mais en répandant une odeur très-désagréable. On ne peut l'employer que pour les travaux des manufactures ou pour cuire la chaux. Les serruriers ne peuvent pas s'en servir dans le travail de la forge.

3. LIGNITE FIBREUX [1]. Sa couleur varie du brun noirâtre clair au brun de girofle; il a la forme et la texture parfaitement ligneuse, par conséquent sa cassure longitudinale est fibreuse, et on reconnoît dans sa cassure transversale les couches annuelles du bois.

Il est plus facile à casser que le bois, il prend sous le couteau une sorte d'éclat.

Ce Lignite se présente quelquefois en assez grandes masses.

Lieux. On en trouve en France : — aux environs de Paris, près Saint-Germain, dans l'île de Chatou, qui semble

---

[1] *Gemeiner-bituminoses-holz*, le bois bitumineux commun. WERN.

en être entièrement formée ; et près de Vitry , sur les bords de la Seine ; il y a une couche épaisse de troncs d'arbres, assez bien conservés. (*GILLET-LAUMONT.*) — Dans le département de l'Arriège, les fentes de ce Lignite sont pénétrées de chaux carbonatée spathique. — En Ligurie, près de Castel-Nuovo, à l'embouchure de la Magra , il est en couches épaisses et très-étendues ; — en Hesse, dans la montagne d'Ahlberg , la couche a 2 mètres d'épaisseur ; — dans le Steinberg près de Mun- den en Hanovre ; il forme deux couches , l'une de 10 mètres et l'autre de 6, qui sont séparées par un lit de pierre de 3 à 4 décimètres d'épaisseur ; — en An- gleterre à Bovey près d'Exeter ; on y voit dix-sept couches assez épaisses qui sont situées à environ 22 mètres de profondeur au-dessous des sables et dans de l'argile figuline ; — en Islande ; il y est très-abondant et y porte le nom de *surturbrand* ; les troncs qui com- posent ces amas sont très-distincts et paroissent seule- ment avoir été comprimés.

Mais ce Lignite est encore plus commun en petites masses isolées : tantôt il accompagne les variétés précé- dentes, tantôt il se trouve seul en petites couches au milieu des bancs d'argile ou des bancs de sable. Il se rencontre presque par-tout, et est employé comme combustible dans les lieux où il est abondant.

Ce combustible végétal plutôt que minéral , étant à peine décomposé, ne mériteroit pas de former une variété dans le système des minéraux , s'il ne passoit par des nuances insensibles aux variétés qui précèdent et à celle qui va suivre. Son histoire appartenant en- core plus à la géologie qu'à la minéralogie proprement dite : on en traitera de nouveau à l'article fossile.

4. LIGNITE TERREUX [1]. — Cette substance est noire ou

---

[1] *Bituminöse holzerde* , le bois bitumineux terreux. *BROCH.* — *Vulgairement* TERRE DE COLOGNE, et quelquefois , mais impro- prement, TERRE D'OMBRE. La terre d'ombre proprement dite qui

d'un brun noirâtre mêlé de roussâtre ; elle a la cassure
et l'aspect terreux, à grain fin, elle est assez tendre,
même friable, assez douce au toucher, et prend de
l'éclat par la raclure. Elle est presque aussi légère que
l'eau. Elle brûle en répandant une fumée d'une odeur
désagréable.

Non-seulement elle renferme souvent des débris de
végétaux, mais elle présente elle-même quelquefois la
texture du bois, sans avoir jamais ni la couleur, ni
l'éclat, ni la dureté des variétés précédentes.

Le Lignite terreux brûle assez facilement pour être
employé comme combustible. Il donne une chaleur
douce et égale, mais il répand une odeur ordinairement
désagréable et quelquefois assez agréable.

Gisement. · Il se trouve, tantôt au milieu des terreins secondaires,
dans le voisinage des mines de houille ; tantôt, et même
plus souvent, dans les terreins de transport.

Lieux. Nous citerons comme exemple authentique de cette
variété, le Lignite terreux des environs de Cologne,
connu dans le commerce, sous le nom de *terre de
Cologne* ; on l'exploite à peu de distance de cette ville,
près des bourgs de Bruhl et de Liblar ; ce Lignite
forme des couches fort étendues et de 8 à 10 mètres
d'épaisseur, qui sont situées sous des plateaux assez
élevés. Il est recouvert immédiatement d'une couche
plus ou moins épaisse, de cailloux roulés qui sont des
quartz et des jaspes de la grosseur d'un œuf, et repose
sur un banc d'argile blanche d'une épaisseur inconnue.
Le banc de Lignite est homogène, mais on y trouve des
végétaux fossiles très-bien conservés. Ce sont : 1°. des
troncs d'arbre couchés les uns sur les autres, sans
aucun ordre ; ces bois sont noirs ou rougeâtres, ordinairement comprimés ; ils s'exfolient facilement en se
desséchant à l'air libre. Les uns appartiennent à des

---

vient de l'Italie ou de l'Orient, ne renfermant rien de combustible,
ne peut appartenir à cette espèce.

arbres dicotylédons , d'autres sont des fragmens de
palmiers. Parmi ceux-ci; M. Coquebert-Montbret en a
découvert qui sont remplis d'une multitude de petits
corps ronds pyriteux, semblables à des grains de plomb
à chasser [1]. Ces bois brûlent fort bien et même avec
un peu de flamme ; 2°. des fruits ligneux de la grosseur d'une noix, et qui ont été reconnus pour être
ceux d'une espèce de palmier (*areca*). Le Lignite de
Cologne renferme environ 0,20 de cendre un peu alcaline et ferrugineuse. (*ANT.-L. BRONGNIART.*) Ses usages
sont assez multipliés ; l'exploitation s'en fait à ciel
ouvert avec une simple bêche : mais pour le transporter plus commodément on l'humecte et on le moule
dans des vases qui lui donnent la forme d'un cône
tronqué.

On l'emploie comme combustible dans tous les en- Usages:
virons de Cologne. Il brûle lentement mais facilement,
et sans flamme , à la manière de l'amadou ; il donne
une chaleur assez vive et laisse une cendre très-fine.
Cette cendre étant regardée comme un très-bon engrais, on brûle pour l'obtenir une partie de ce Lignite
sur le lieu même de l'exploitation.

La terre de Cologne est sur-tout employée comme
couleur pour la peinture en détrempe ; et même pour
la peinture à l'huile. Les Hollandais s'en servent pour
falsifier le tabac ; lorsqu'elle n'y est pas ajoutée en trop
grande quantité , elle donne au tabac une finesse et un
moëlleux que l'on y cherche , et ne peut nuire en aucune manière. (*FAUJAS.*)

On dit qu'on trouve aussi ce Lignite dans la Hesse ,
en Bohême , en Saxe , en Islande , &c. (*BROCHANT.*)
Mais comme il y a eu confusion entre ce combustible

[1] M. Heim a remarqué dans le Lignite de Kalten-nordheim en
Thuringe , des petits corps sphériques alongés semblables à une
graine à deux loges. M. Blumenbach pense que ce sont des capsules
bivalves unlloculaires. (*Journal des Mines* , n° 105.)

et la variété d'ocre que l'on nomme *terre d'ombre;*
nous ne pouvons assurer que ces indications de lieux
aient réellement rapport au Lignite terreux.

Gissement général. On a pu remarquer d'après ce qui vient d'être dit sur
les gissemens particuliers à quelques variétés de Li-
gnites, que ce combustible fossile appartient aux terreins de la formation la plus récente, puisqu'on ne le
trouve que dans les atterrissemens de sable ou d'argile.
Il ne se rencontre presque jamais sous des couches pierreuses, excepté dans la chaux carbonatée grossière et
sous le basalte. Dans la montagne de Ringe-Kuhle en
Hesse, on voit plusieurs couches épaisses de Lignite,
placées sur un grès et séparées par des couches d'argile figuline et de sable. (*Mohs.*) On a ramassé sur les
bords de la mer, près de Calais, des fragmens de Lignite qui étoient pénétrés de cristaux de quartz très-
limpide et disposés en sphères.

Le Lignite est donc d'une formation très-différente
de celle de la houille, et M. Voigt pense qu'il n'y a
aucune transition entre ces deux combustibles.

L'air qui circule dans les exploitations de Lignite est
généralement mauvais.

* * 4ᵉ *Esp.* TOURBE [2].

Caractères. CE combustible est léger, spongieux, d'un noir terne;
il est formé de végétaux encore reconnoissables, mais
entrelacés, à moitié décomposés et pénétrés de terre.
C'est pour cette raison que la Tourbe laisse, après sa
combustion, un résidu terreux très-abondant.

On peut séparer les Tourbes en trois variétés, qui se
distinguent non-seulement par leurs caractères extérieurs, mais aussi par leur gissement.

Variétés. 1. TOURBE DES MARAIS. Celle-ci est brune, spongieuse,
assez tendre. Elle brûle bien, sans dégagement remar-

---

[2] *Humus.... turfa.* WALL.

quable d'acide sulfureux; enfin elle se trouve à la surface de la terre dans les lieux marécageux; elle est
tout au plus recouverte de quelques décimètres de terre
végétale. •

Cette Tourbe est la plus commune, et c'est presque
la seule qui soit employée généralement dans les arts.
On peut en reconnoître plusieurs qualités ou sous-
variétés, en raison des espèces de végétaux qui les
forment, et de leur décomposition plus ou moins avan-
cée; telles sont : ·

La Tourbe fibreuse [1], composée de végétaux fibreux
visibles.

La Tourbe papyracée, composée de feuillets bruns fortement appliqués les uns contre les autres. On la trouve
en Sicile. (*Tondi.*)

La Tourbe limoneuse [2], compacte et à cassure terreuse,
sans végétaux apparens.

La Tourbe piciforme, compacte, à cassure luisante et
résineuse. Elle est peu abondante. .

La Tourbe des marais ne se trouve, comme son nom   Gisement.
l'indique, que dans les terreins marécageux et humides
qui sont encore ou qui ont été le fond d'étangs ou de
lacs d'eau douce. Elle n'est jamais enfouie profondément, étant seulement recouverte quelquefois d'un mètre
au plus de terre végétale, de sable ou de tout autre terrein de transport.

Elle couvre assez souvent des terreins d'une étendue considérable, lorsque ces terreins sont à-peu-près
unis; car elle est constamment en couches horizontales,
et ne suit pas, comme les autres dépôts, les sinuosités
des terreins inégaux. Ses couches, tantôt homogènes,
tantôt séparées par de minces assises de limon, de coquilles fluviatiles et même de sables, atteignent souvent une épaisseur de dix mètres, comme on l'observe

---

[1] *Humus.... cespes. WALL.*
[2] *Humus.... turfa lutosa. WALL.*

dans quelques parties des tourbières de la Hollande que
l'on nomme *Moors*.

La Tourbe se trouve aussi en petits amas isolés formés
dans le fond des mares très-peu étendues.

Caractères
des terreins
à Tourbe.
Les terreins à Tourbe ou tourbières ont des caractères particuliers qui les font aisément reconnoître.

Ils ont une véritable élasticité, sur-tout quand ils sont
humides; en sorte qu'on fait remuer une grande étendue
de ces terreins en frappant sur un de leurs points. Cette
élasticité peut même aider à sauter, et c'est au moyen
de cette singulière propriété que les Hollandais fran-
chissent facilement des fossés de six mètres de large
creusés dans les tourbières.

Les terreins à Tourbe, en s'imprégnant d'eau, se
gonflent et prennent alors une forme un peu convexe;
ils acquièrent souvent une certaine mollesse qui ne
permet pas d'y marcher sans y enfoncer. Ce n'est pas
dans cet état qu'ils sont le plus dangereux; mais ils le
deviennent réellement, et sur-tout pour l'étranger sans
guide qui s'y engage indiscrètement, lorsqu'ils sont
encore mous et recouverts d'une croûte mince de limon
ou de Tourbe desséchee qui leur donne l'apparence
d'un sol ferme, mais qui se brise sous les pieds.

L'élasticité et la mollesse des terreins à Tourbe leur
donnent deux propriétés assez remarquables; 1°. celle
de repousser les corps légers, tels que les pieux de bois
que l'on veut y enfoncer; 2°. celle d'absorber peu à peu
les corps lourds, tels que les pierres et les instrumens de
fer abandonnés à leur surface.

Lorsque ces terreins sont à nu, qu'aucun terreau
végétal ne les recouvre, ils ne sont point propres à la
culture, il n'y croît que des plantes aquatiques trop
dures pour servir de fourrage, tels que les laiches, les
scirpes, les choins, &c.

Les tourbières sont ordinairement couvertes d'eau;
mais il arrive aussi qu'elles recouvrent de l'eau et qu'elles
nagent à sa surface : alors elles deviennent d'une élasti-

cité encore plus remarquable. Lorsque ces masses de Tourbe ne sont point liées aux bords du bassin qu'elles recouvrent, elles flottent librement à sa surface, et offrent le spectacle d'îles flottantes, qui sont souvent embellies par de nombreuses plantes aquatiques, et qui peuvent même soutenir des hommes et des animaux.

Les tourbières se trouvent plus ordinairement dans les lieux bas, dans le fond des vallées dont la pente est peu rapide, que dans les petites vallées des hautes montagnes. Cependant on en trouve aussi à la plus grande élévation que puisse atteindre la végétation. Le Bloksberg ou Bruchberg, la montagne la plus élevée du Hartz, offre de la Tourbe à son sommet. Les cols des Alpes et des Pyrénées présentent souvent des amas de Tourbe d'une étendue toujours très-bornée, comme l'est celle des lacs de ces montagnes. On connoît de ces masses de Tourbe isolées qui n'ont que dix à douze mètres de diamètre.

On distingue dans une couche de Tourbe des qualités différentes ; la Tourbe la plus superficielle est lâche, et composée de végétaux entrelacés à peine décomposés. Elle porte le nom de *bousin* ou de *Tourbe fibreuse*. A mesure que l'on s'enfonce dans la couche, la Tourbe devient plus compacte et plus noire, les végétaux qui la composent sont beaucoup moins apparens, au point qu'ils sont à peine visibles dans les dernières assises : on l'appelle alors *Tourbe limoneuse*. Les raisons de cette différence sont aisées à saisir. On conçoit que cette Tourbe profonde, beaucoup plus ancienne que la première, a eu le temps de se former complètement, et que le poids de l'eau et de la Tourbe qui la recouvre lui a donné, en la comprimant, la compacité qu'on lui remarque.

Les tourbières renferment des substances assez variées. On y trouve, comme nous l'avons déjà indiqué, des petites couches de sable, d'argile et même de craie, que des alluvions paroissent y avoir transporté pendant

Ce qu'on trouve dans la Tourbe.

leur formation. On rencontre dans beaucoup de Tourbes
des amas assez considérables de coquilles fluviatiles dont
les animaux ont été décomposés. Ces Tourbes répandent,
en brûlant, une odeur désagréable. Quelques tourbières
contiennent des troncs d'arbres et même des arbres entiers, qui se sont conservés au point qu'ils peuvent
servir non-seulement comme bois à brûler, mais encore
comme bois de construction.

On a trouvé de ces arbres dans les tourbières de
Hollande et d'Irlande, dans celles de Kincardine et de
Flanders en Perthshire, et de Dalmally en Ecosse, &c.

On a remarqué que ces arbres étoient ordinairement
tous couchés dans le même sens; qu'ils étoient renversés
auprès de leurs souches; que celles-ci étoient coupées
à-peu-près à la même hauteur, et que dans beaucoup
de cas, on y reconnoissoit l'empreinte de la hache.

· Les tourbières renferment aussi des débris d'animaux, des têtes et des squelettes de bœufs, des bois de
cerfs. Ceux des tourbières d'Ecosse sont d'une grandeur
remarquable, et ont appartenu à une espèce qui n'existe
plus actuellement.

Enfin on a trouvé dans la Tourbe beaucoup de monumens de l'industrie humaine; des armes, des outils de
bûcherons et d'agriculture, des bois de construction, des
chaussées construites, tantôt en fascines disposées en
couches comme celle que l'on a découverte dans les tourbières de Kincardine, tantôt avec des boules de terre
cuite de la grosseur du poing, telle que celle qui a été
trouvée dans les tourbières de Dieuze.

On a remarqué que les objets enfouis dans la Tourbe
se conservoient très-bien, parce qu'ils sont enveloppés
d'une matière astringente qui les abrite du contact de
l'air sans pouvoir les dissoudre, et qui est molle, mais
assez solide pour les mettre à l'abri de tout choc et de
tout mouvement qui pourroit les altérer [1].

---

[1] Cependant M. de Luc prétend que les tourbières ont un mouve-

Ces observations semblent prouver que la Tourbe est *Formation de la Tourbe.* d'une formation beaucoup plus moderne que celle des autres combustibles fossiles, et qu'elle s'est formée depuis l'existence des sociétés. Cependant on ne pourroit pas tirer, avec certitude, cette conclusion de ce qu'on a trouvé au fond des tourbières des produits de l'industrie humaine ; car on doit se rappeler qu'une des propriétés résultantes de la mollesse et de l'élasticité de la Tourbe, c'est d'enfouir peu à peu les corps pesans abandonnés à sa surface.

On n'a encore aucune donnée certaine sur la formation de la Tourbe ; on ne sait pas pourquoi certains marais en renferment et semblent même la renouveler quand on l'enlève, tandis que d'autres, également remplis de végétaux aquatiques, laissent pourrir ces végétaux sans avoir la puissance de les transformer en Tourbe.

Quelques naturalistes ont cru que la formation de la Tourbe étoit due à la présence d'une espèce de plante particulière, et notamment à celle du *sphagnum palustre ;* mais l'observation prouve le contraire. On a trouvé sur le bord de la Meuse, au-dessous de Maëstricht, des Tourbes entièrement composées de feuilles. On voit dans le Jura des Tourbes qui ne contiennent que des feuilles d'arbres résineux. M. Decandolle a observé, dans les dunes de la Nord-Hollande, des Tourbes qui brûlent fort bien, et qui sont composées de varecs, et notamment du *fucus digitatus.*

D'autres naturalistes ont attribué la formation de la Tourbe à la qualité de certaines eaux qui ont la propriété de tanner, pour ainsi dire, les végétaux, et de s'opposer ainsi à leur décomposition complète.

Beaucoup de naturalistes pensent que les Tourbes peuvent se reproduire après avoir été enlevées, et ils ne diffèrent que sur le temps nécessaire à cette nouvelle

---

ment progressif analogue à celui des glaciers. (*Lettres sur les hommes et les montagnes.*)

formation. M. de Luc pense qu'il faut environ trenté ans en Hollande ; Roland de la Platière croyoit qu'il leur falloit cent ans. M. Van Marum dit avoir vu quinze dé-cimètres de Tourbe se former en cinq ans au fond d'un bassin de son jardin. Il pense que le *conferva rivu-laris* est la plante indispensable à la formation de la Tourbe, parce qu'elle ne se pourrit pas et qu'elle en-traîne avec elle les autres plantes en tombant au fond de l'eau. M. Bosc admet que la Tourbe se régénère dans le lieu d'où on l'a enlevée lorsque les circonstances lui sont favorables, c'est-à-dire lorsque l'eau n'est pas trop profonde, pour que les plantes aquatiques de toute espèce puissent y croître, et lorsque le nombre de ces plantes est augmenté par la formation artificielle d'îles flottantes, qui prennent un accroissement rapide, et finissent par s'enfoncer dans le marais sur lequel elles flottoient [1].

On voit qu'on ne peut prendre encore aucun parti sur les questions que nous venons d'agiter. Les seules circonstances qui, de l'aveu de tous les observateurs, paroissent essentielles à la formation de la Tourbe, c'est que l'eau soit stagnante, que le terrain soit constamment couvert d'eau, et jamais complètement desséché par le soleil.

Lieux.   La Tourbe des marais est très-répandue sur la terre ; mais on a remarqué qu'elle se trouvoit plus abondam-ment dans les pays du nord que dans ceux du midi.

Parmi le grand nombre de tourbières exploitées, nous citerons :

En France, 1°, celles de la vallée de la Somme entre

---

[1] Ne pourroit-on pas soupçonner que, dans beaucoup de cas, les eaux chargées des parties de Tourbes broyées par l'exploitation des masses environnantes, sont venues déposer du limon de Tourbe dans des fosses exploitées, et que des observateurs, trompés par cette circonstance, ont pris ce simple dépôt pour une formation nouvelle ? Il faut donc avoir recours à des observations plus précises pour affirmer que les Tourbes peuvent se reproduire.

Amiens et Abbeville : elles sont d'une étendue considérable. 2°. Celles des environs de Beauvais, notamment
du côté de Breule ; elles contribuent à faire fleurir les
manufactures de cette ville. 3°. Celles de la rivière
d'Essonne, entre Corbeil et Villeroi, à 20 kilomètres
au midi de Paris. 4°. Celles des environs de Dieuze
dans le département de la Meurthe, &c. — En Hollande, les fameuses tourbières qui fournissent à ce pays
presque tout le combustible qui lui est nécessaire. —
En Westphalie et dans le pays d'Hanovre, les immenses tourbières qu'on trouve au milieu des landes et
des bruyères. — En Ecosse, 1°. Celles de Kinkardine et
de Flanders dans le Perthshire ; nous en avons déjà parlé
plus haut ; la Tourbe y est déposée sur une couche de
glaise recouverte de bruyère. Les arbres qu'on y a
trouvés couchés près de leurs souches, sont de gros
chênes, des aulnes, des sapins et des boulcaux. 2°. Celles
de Dalmally ; les arbres qui se trouvent dans cette
Tourbe sont des arbres résineux : les habitans se servent
de leurs éclats pour s'éclairer.

Quoique l'exploitation de la Tourbe paroisse devoir Exploitation
être une chose très-simple et très-facile, il y a cependant
des règles à suivre pour conduire ce travail avec économie, et pour surmonter les obstacles que présentent les
eaux.

On doit d'abord s'assurer, non-seulement de la présence de la Tourbe, mais encore de sa qualité, de
l'étendue et de la profondeur de la tourbière, des diverses
qualités de Tourbe qu'elle renferme, &c. C'est ce que
l'on fait au moyen d'une sonde très-simple de cinq à six
mètres de long.

La Tourbe s'extrait ou se moule en parallélipipèdes qui
ont la forme d'une grande brique. On met d'abord à nu
la Tourbe, en enlevant avec une bêche le limon ou la
terre végétale qui la recouvre. Quand elle est couverte
d'eau, on met sa superficie à sec en creusant des canaux

qui puissent donner un écoulement aux eaux, ou au
moins en diminuer la hauteur, si on ne peut tout-à-fait
s'en débarrasser. On doit toujours commencer l'exploitation par le fond de la vallée.

On enlève ensuite à la bêche ordinaire la Tourbe
superficielle et fibreuse ; et comme elle est la moins estimée, on en forme de gros parallélipipèdes. La Tourbe
compacte se coupe en petits parallélipipèdes avec une
bêche particulière, nommée *louchet* dans le département
de la Somme. Cette bêche a une oreille coupante pliée à
angle droit sur le fer principal. Au moyen de cet instrument, on coupe la Tourbe sur deux sens à-la-fois.

Quand les fosses sont devenues trop profondes pour
qu'on puisse en épuiser l'eau par des canaux, par des
seaux, ou par tout autre moyen économique, on
ramasse la Tourbe au fond de l'eau avec un instrument
nommé *drague*. On obtient alors de la Tourbe en bouillie
qui est moulée tantôt dans des moules semblables à
ceux qui servent pour faire les briques, tantôt par le
procédé qui va être décrit.

On se sert aussi pour exploiter la Tourbe, d'une boîte
dont les bords inférieurs sont coupans : on l'enfonce dans
la Tourbe avec force, et on enlève de grandes masses de
ce combustible à-la-fois. Cet instrument a l'avantage
d'enlever la Tourbe sous l'eau.

On a souvent trouvé plus utile, en Hollande, de mouler la Tourbe, quel que soit l'état sous lequel on l'ait
extraite. Cependant on ne peut mettre ce procédé en
usage que sur la Tourbe compacte, composée de végétaux entièrement décomposés, et ne contenant aucune
pierre. On extrait au louchet ou à la boîte la Tourbe
susceptible de s'exploiter ainsi ; on la jette dans un
baquet avec un peu d'eau ; on la pétrit avec les pieds,
et on la réduit en une bouillie que l'on répand sur le
bord incliné et herbeux du canal d'exploitation. On
ajoute à cette bouillie celle que l'on retire du fond de
l'eau avec la drague, et on la laisse s'égoutter et se

raffermir ; on la comprime alors avec des *battes* de
manière à la réduire en une couche égale de 20 à 25
centimètres d'épaisseur. On trace sur cette couche raffer-
mie des rectangles qui servent à diriger l'ouvrier qui
doit la diviser en parallélipipèdes.

On enlève alors une rangée de parallélipipèdes de
Tourbe sur deux, et on place cette rangée sur celle
que l'on a laissée. Lorsque la rangée de dessus est
sèche, on remet en dessus celle qui étoit dessous, et
on n'enlève les Tourbes que lorsque la dessication est
complète. (*DUREAU.*)

Dans toutes les méthodes d'exploitation, il faut avoir
soin de bien faire sécher les Tourbes avant de les mettre
en magasin. C'est pour arriver facilement à cette dessication prompte et complète, qu'on n'exploite guère les
Tourbes que pendant le printemps et l'été. Pour opérer
cette dessication dans la méthode ordinaire d'exploitation, on transporte les Tourbes sur un terrain sec, et
on les dispose successivement, ou en petits tas de 15 à 21
tourbes, ou en pyramides de onze Tourbes de base, ou
en muraille d'une seule Tourbe d'épaisseur sur près d'un
mètre de hauteur. Dans tous ces arrangemens, les
Tourbes sont toujours disposées à claire-voie. Les Tourbes
desséchées se mettent en pile que l'on recouvre d'un
toit de roseaux, pour les garantir de la pluie. Il est
même prudent de ne faire jamais de grands amas de
Tourbes, parce qu'ils risqueroient de s'échauffer et fini-
roient par s'enflammer, si on n'y avoit pas ménagé des
courans d'air suffisans.

2. TOURBE PYRITEUSE. On l'appelle aussi *Tourbe du
haut pays*, *Tourbe vitriolique*, *Tourbe profonde*.

La réunion de ces noms indique ses principaux caractères. Elle est plus compacte que la précédente ; elle
renferme beaucoup de coquilles et beaucoup de pyrites.
Au lieu de se trouver à la surface du sol, elle est située
ordinairement à quelques mètres de profondeur ; elle est

recouverte par des bancs de craie, de sable et d'argile ; elle alterne même en assises peu épaisses avec ces sub-stances terreuses, et elle repose sur de la marne et sur des cailloux roulés. Enfin cette Tourbe se rencontre plutôt dans les plaines élevées que dans les vallées. L'eau ne la recouvre jamais, mais elle la traverse faci-lement, et se trouve dans les dernières assises.

Lieux.   On dit qu'on ne connoît encore cette Tourbe que dans le nord-est de la France, notamment : — près de Noyon, dans un espace de cinquante lieues quarrées, de Villers-Cotterets à Laon d'une part, et de Montdidier à Rheims de l'autre. — A Anisy près de la Fère, et dans les environs de Soissons. La Tourbe pyriteuse du Sois-sonnois renferme dans son milieu, d'après les observa-tions de M. Poiret, un banc de coquilles fluviatiles recouvertes de coquilles marines.

3. TOURBE MARINE. On peut donner ce nom aux vé-gétaux décomposés que l'on trouve en couches sous les eaux de la mer. Peu de Naturalistes reconnoissent l'exis-tence de cette Tourbe.

Nous avons vu plus haut que M. Decandolle avoit observé dans les dunes de la Nord - Hollande, des Tourbes très-combustibles composées de fucus. Les Hollandais connoissent cette Tourbe sous le nom *darry*. J'ai vu sur le rivage de la mer, en face du rocher du Calvados, des bancs fort étendus d'une matière brune, molle, spongieuse, qui avoit tous les caractères exté-rieurs de la Tourbe, mais elle brûloit à peine. Cette espèce de Tourbe marine est percée de pholades vivantes, et par conséquent recouverte par la mer à la marée haute.

Usages.   La Tourbe sert principalement comme combustible : elle est presque exclusivement employée à cet usage dans les lieux où elle est abondante, et où d'ailleurs le bois et la houille manquent, telle est la Hollande. On trouve en général de grands avantages à exploiter la

Tourbe et à lui faire remplacer le bois lorsque cela est possible.

Les meilleures qualités de Tourbe sont la Tourbe compacte, et sur-tout la Tourbe moulée ; ce sont celles qui brûlent le moins vîte, et qui donnent en même temps le plus de chaleur. Elles peuvent être employées aux mêmes usages que le bois dans les maisons et dans les manufactures. Elles s'allument avec un peu de difficulté, mais une fois allumées elles brûlent bien et complètement, sans avoir besoin d'être soufflées ni attisées. On cuit très-bien de la chaux, des briques, de la tuile, avec de la Tourbe, &c. On croit même qu'on cuit ces derniers matériaux plus également avec ce combustible qu'avec le bois.

Pour augmenter le nombre des usages de la Tourbe, on peut la réduire en charbon comme le bois ; mais les avantages de cette opération ne sont pas encore parfaitement constatés. Il y a deux manières de carboniser la Tourbe ; 1°. par *suffocation* et à la manière du charbon de bois, en en formant des meules. Cette méthode est la plus économique ; mais elle a plusieurs inconvéniens. La Tourbe prenant beaucoup de retraite en se carbonisant, la meule s'affaisse, s'ouvre, prend l'air, et il y a beaucoup de Tourbe complètement brûlée. Le

fondre le minerai de fer, et le charbon de Tourbe pour
affiner ce métal. Mais il paroît, d'après des essais très-
nombreux, que ce combustible employé seul, ou même
mêlé avec du charbon de bois, ne convient pas à cet
usage.

On a remarqué que la Tourbe qui absorbe l'eau facilement, ne laisse plus passer ce liquide lorsqu'elle en
est complètement imbibée. On a tiré parti de cette propriété en Suède et en Norwège pour construire des digues
imperméables à l'eau : on encaisse la Tourbe bien sèche
entre deux murailles de moellon. (*BAILLET.*)

Il paroît que la cendre de Tourbe des marais répandue sur certains terreins en augmente la fertilité [1].
Elle produit plus particulièrement cet effet sur les prairies, et sur-tout sur les terreins à Tourbe. Aussi a-t-on
employé ce moyen pour rendre ces terreins à la culture. On brûle successivement les couches de Tourbe
fibreuse, et on recouvre la Tourbe compacte d'une
couche de terre propre à la culture des légumes. Lorsqu'on veut y planter des arbres, il faut y pratiquer de
grands trous qu'on remplit de sable.

On ne peut bâtir sur la Tourbe sans atteindre le fond
des tourbières par de profondes fondations, ce qui est
très-cher ; ou sans établir sur la Tourbe des cadres de
fortes pièces de charpente destinés à porter le bâtiment qu'on veut y élever.

Les marais à Tourbe ne paroissent pas être aussi mal
sains que les autres pays marécageux. Comme ils gèlent
rarement et qu'on ne peut souvent pénétrer d'aucune
manière dans leur milieu, ils deviennent le refuge habi-
tuel d'un grand nombre d'oiseaux d'eau.

La Tourbe pyriteuse a des usages qui diffèrent entièrement de ceux de la Tourbe des marais. On l'emploie
rarement comme combustible : elle brûle mal, et ré-

---

[1] Ribaucourt dit que les cendres de Tourbes contiennent de la
potasse ?

pand une odeur infecte, mais on la brûle sur place pour en recueillir la cendre qui donne par lixiviation des sulfates de fer et d'alumine.

On a employé aussi cette cendre, connue sous le nom de *cendre rouge*, comme engrais d'amendement. Elle augmente beaucoup dans le premier moment la fertilité des prairies et des terreins humides ; mais suivant M. Bosc, le bien qu'elle produit n'est que momentané, et le sol sur lequel on l'a répandue, finit quelquefois par devenir stérile, sur-tout si on a employé ces cendres avec profusion.

Roland de la Platière assure que les cendres de Tourbe pyriteuse font avec la chaux un mortier qui est encore meilleur pour les constructions sous l'eau que celui qu'on fait avec la pouzzolane.

* 5ᵉ Esp. SUCCIN. Haüy. [1]

Le Succin est d'un jaune qui varie du blanc jaunâtre   Caractères. au jaune de cire, et même au jaune roussâtre de l'hyacinthe.

Exposé au feu, il brûle avec flamme en se boursouflant et en répandant une odeur assez agréable.

Ce combustible est quelquefois diaphane et toujours homogène ; il est susceptible de recevoir un beau poli, sa cassure est conchoïde et vitreuse, sa texture est ordinairement compacte ; mais elle est aussi schisteuse dans quelques échantillons ; sa pesanteur spécifique est de 1,078.

Le Succin est une des matières qui s'électrise le plus sensiblement par frottement. C'est aussi sur elle qu'on a reconnu, pour la première fois, cette propriété remarquable.

Les seules substances avec lesquelles le Succin puisse être confondu, sont le mellite et la résine copal. Le

---

[1] *Bernstein*, le Succin. BROCH. — *Vulgairement* AMBRE jaune, *quelquefois* KARABÉ. Ce mot persan signifie tire-paille. — *Electrum* des anciens. De-là est venu le nom d'électricité.

Succin se distingue du mellite par sa fusibilité. Pour le distinguer du copal, il faut avoir recours à une expérience indiquée par M. Haüy. En faisant chauffer du copal à l'extrémité d'une lame de couteau, il brûle en tombant par gouttes qui s'aplatissent par leur chute; le Succin brûle avec bruissement et une sorte de bouillonnement, et quand il se détache, il rebondit sur le plan où il est tombé.

Gissement. Le Succin paroît appartenir exclusivement aux terreins de dernière formation, notamment aux atterrissemens sablonneux, mais anciens; il se trouve en petites couches irrégulières et sans suite, et plutôt encore en rognons épars. Il accompagne assez ordinairement les lignites, il est même adhérent à leurs masses.

On dit aussi qu'on l'a trouvé en grains disséminés dans de la houille au Groënland, au Kamtchatka et à Oslavan en Moravie.

Le Succin renferme quelquefois des insectes qui y sont assez bien conservés [1]. De Born dit y avoir observé un morceau de zoophyte du genre *gorgonie*.

Lieux. Les lieux où l'on trouve le Succin en quantité notable, ne sont pas très-multipliés. La principale exploitation de ce combustible minéral se fait dans la Prusse orientale, sur les bords de la mer Baltique, entre Konigsberg et Memel. On l'extrait des dunes sablonneuses qui bordent le rivage. Il y en a une extraction suivie et régulière près de Konigsberg. On a rencontré, avant d'arriver au Succin, des bancs de sable, un lit d'argile mêlée de cailloux roulés, enfin une couche de bois bitumineux et ferrugineux. On a trouvé le Succin en petites veines horizontales dans l'intérieur même de ce bois fossile et en rognons épars, ou accumulés sous cette masse de bois.

Le Succin se trouve encore dans un grand nombre

_____

[1] Il faut prendre garde qu'on est parvenu à introduire des insectes dans le Succin avec une telle adresse, qu'il est difficile de distinguer celui qui en renferme naturellement de celui dans lequel ils ont été introduits par l'art.

de lieux de la partie sablonneuse de la Pologne, quelquefois à une grande distance de la mer. (*Guettard.*) On l'y trouve mêlé avec des fruits du *pinus abies*. (*Alex. Sapieha.*) — Celui qu'on recueille en Saxe, dans le voisinage de Pretsch, est renfermé dans une couche de terre bitumineuse mêlée de bois fossile. — On le trouve sur les rivages de la mer Glaciale, dans le golfe de Kara, en petits fragmens roulés mêlés avec de gros fragmens de houille. (*Pallas.*)

On cite aussi du Succin en France, près de Sisteron, département des Basses-Alpes. — On en connoît deux mines dans la province des Asturies en Espagne : celui de Coballes, évêché d'Oviedo, est fissile ; il est engagé dans de la houille. (*Lucas.*) — Enfin on en a trouvé en Suède, — sur les côtes de Gênes, — sur celles de Sicile, &c.

Le Succin étoit connu des anciens, et peut-être même dès le temps d'Homère. Il s'est fait remarquer depuis long-temps par la propriété qu'il possède de s'électriser par frottement plus aisément qu'aucune autre substance minérale, et d'acquérir alors la faculté d'attirer les corps légers. Sa nature a été aussi l'objet de plusieurs hypothèses. On l'a regardé généralement comme une résine fossile et un peu altérée par la minéralisation. M. Patrin fait voir la difficulté que l'on trouveroit à expliquer par cette hypothèse, la grosseur de ses morceaux, sa parfaite identité dans tous les climats, et l'existence très-habituelle des insectes dans son intérieur.

Dans toutes les hypothèses, il devra rester comme la houille, le lignite, &c. au nombre des combustibles minéraux, tant qu'on n'aura pas prouvé que son origine et sa nature sont entièrement végétales.

On fait avec le Succin taillé et poli, des ornemens et des bijoux très-recherchés par les orientaux. Les plus gros morceaux de Succin ne passent guère en poids six kilogrammes. C'est principalement à Konigsberg qu'on travaille cette matière.

Annotations.

Usages:

On l'emploie sur-tout dans la composition de ces vernis brillans et élastiques qui s'appliquent sur les métaux par le moyen du feu, et qui résistent ensuite assez bien à la chaleur et au choc. Tels sont, celui que l'on nomme *vernis laque*, et celui que l'on met à chaud sur les instrumens de physique en cuivre.

Le Succin en vapeur, et l'huile du Succin retirée par distillation, sont employés en médecine comme fortifiant ou calmant selon la manière de les administrer.

6ᵉ Esp. MELLITE. *Haüy.* [1]

Caractères. CE combustible encore très-rare est d'un jaune de succin assez pur. Exposé à l'action du chalumeau, il perd sa transparence, devient ensuite noirâtre, tombe en cendre sans se fondre préalablement, et sans donner ni flamme, ni fumée, ni même d'odeur. Ce caractère le distingue essentiellement du succin.

Le Mellite est susceptible de cristalliser, et ne s'est même encore trouvé qu'en cristaux octaèdres ou dérivant de l'octaèdre non régulier, qui est sa forme primitive. La base de cet octaèdre est un quarré, l'inclinaison d'une face de la pyramide sur la face adjacente de la pyramide opposée est de 93°22'. Il est tendre, sa cassure est conchoïde, sa pesanteur spécifique est de 1,585. (*Haüy.*)

Il acquiert par frottement l'électricité résineuse, mais il la conserve très-peu de temps. Il jouit de la double réfraction. MM. Klaproth et Vauquelin ont trouvé dans ce minéral des principes très-différens de ceux qui entrent dans la composition des autres minéraux. Selon M. Klaproth, le Mellite est composé: d'alumine, 0,16; d'un acide particulier analogue à ceux des végétaux, 0,46; d'eau, 0,38.

Lieux. Le Mellite ne s'est encore trouvé qu'à Artern en Thuringe et en Suisse. A Artern, il est cristallisé à la surface ou dans les interstices du bois bitumineux; — en Suisse, il est accompagné d'asphalte.

---

[1] *Honigstein*, la pierre de miel. BROCH. — MELLILITE. KIRW.

ORDRE II.

LES COMBUSTIBLES SIMPLES.

Parmi ces combustibles, les uns sont réellement simples pour nous, puisqu'ils n'ont point encore été décomposés ; les autres ne sont simples qu'en comparaison des combustibles du premier ordre dont ils diffèrent essentiellement, en ce qu'ils ne donnent point, en brûlant, de fumée proprement dite.

7ᵉ *Esp.* G R A P H I T E [1].

Le Graphite est d'un gris presque noir avec le brillant métallique : il est tendre, doux et même onctueux au toucher ; sa cassure est grenue ; il laisse des traces distinctes, nettes et d'un noir bleuâtre sur le papier ; il en laisse même sur les surfaces vitreuses comme celle de la faïence : ses traces sont grises, tandis que celles du molybdène sulfuré, qui lui ressemble beaucoup, sont verdâtres. Caractères.

Sa pesanteur spécifique est de 2,08 à 2,26. Il brûle et se volatilise au chalumeau à l'aide d'un feu soutenu. Le nitre rend sa combustion plus prompte et plus sensible.

Passé avec frottement sur la résine, il ne lui communique aucune électricité lorsqu'il y a laissé une espèce d'enduit métallique.

Cette substance, d'après les expériences de MM. Berthollet et Monge, est composée de fer et de carbone, dans les proportions de 0,90 de carbone et de 0,09 de fer. Le fer y est en trop petite quantité pour qu'on puisse placer le Graphite parmi les minerais de fer.

1. Graphite lamellaire. Il se présente en lamelles ou Variétés.

---

[1] *Graphit*, le Graphite. Broch. — For carburé. Haüy. — Vulgairement Plombagine, et encore plus improprement *mine de plomb*.

paillettes rhomboïdales ou hexagonales : il est d'un blanc d'étain.

2. GRAPHITE GRANULEUX. Il est en masses informes ou en rognons compactes , dont la cassure est grenue , à grains plus ou moins fins.

Gissement général. Le Graphite paroît appartenir exclusivement aux terreins primitifs ; tantôt il entre dans la composition des roches qui forment ces terreins; tantôt il s'y trouve en rognons ou en couches quelquefois assez puissantes. On le rencontre aussi dans des bancs de schistes argileux.

Lieux. On en trouve : — en France, dans le département de l'Arriège ; il y est en grosses masses compactes ; — dans le département du Mont-Blanc ; — dans le département de la Sture , près de Vinay, au-dessus des bains ; dans la montagne de Lubacco et dans celle de *Gogni d'Orgial* , il est en petits filons dans du granite. — Dans la vallée de Pellis , arrondissement de Pignerol, département du Pô , en filons d'un mètre d'épaisseur, dans une roche granitique. (BONVOISIN.) — En Espagne , près de Sahun, district de Benabarre , dans les montagnes d'Arragon (PARRAGA.) , et près de Casalla et de Ronda dans le royaume de Grenade ; — en Bavière , — en Norwège près d'Arendal ; c'est la variété lamellaire. — En Angleterre, à Barrowdale à deux milles de Keswich , dans le Cumberland ; c'est la mine de Graphite la plus célèbre ; on en fait des crayons d'une excellente qualité , et recommandables , parce qu'ils sont en même temps fermes et moelleux. La couche de Graphite est située dans une montagne assez élevée, entre des couches d'un schiste ardoisé traversé de veines de quartz. La couche ou le filon qu'elle contient, a environ trois mètres de puissance ; le Graphite s'y présente en rognons assez volumineux, mais d'une qualité très-variable : on rejette dans les fosses celui qui n'est pas bon.

Usages. On fait avec le Graphite des crayons qu'on enferme dans des cylindres de bois. Ils portent en France le nom de mine de plomb ou de capucines. On scie les masses de Graphite en baguettes quadrangulaires très-minces que l'on fait entre, dans une rainure pratiquée sur l'une des moitiés du cylindre de bois qui doit former l'enveloppe de ce crayon fragile.

La poussière de Graphite, mêlée avec de la gomme, fait des crayons de qualité inférieure.

Cette même poussière sert à enduire le fer et surtout la fonte pour les garantir de la rouille : mêlée avec de la graisse, elle est employée pour diminuer très-efficacement les frottemens dans les machines à engrenage.

Enfin, pétrie avec de l'argile, on en fait à Passaw en Allemagne, des creusets qui résistent fort bien aux passages brusques de température, et qui sont employés par les fondeurs.

Le Graphite lamellaire se forme souvent artificiellement dans les soufflures de la fonte et dans les cavités des fourneaux où l'on traite le fer. M. Fabroni assure qu'il se forme aussi quelquefois par la voie humide, et cite à cette occasion des puits creusés dans les Etats de Naples; il s'y rassemble une eau acidule, au fond de laquelle on recueille du Graphite tous les six mois.

8ᵉ ESP. ANTHRACITE. DOLOMIEU. HAÜY. ¹

L'ANTHRACITE ressemble tellement au premier coup-d'œil à la houille, qu'on l'a pris pendant long-temps pour une variété de ce combustible minéral. Cependant les artisans qui l'emploient avoient remarqué qu'il ne brûloit qu'avec une grande difficulté, et qu'il ne produisoit, en brûlant, ni cette flamme blanche, ni cette fumée noire, ni cette odeur bitumineuse que répand la houille; aussi l'avoient-ils nommé *charbon de terre incombustible*. Caractères.

¹ *Kohlenblende*, la blende charbonneuse. BROCH. (Ce seroit plutôt le charbon trompeur.) — Houillite. DAUBENTON. — Anthracolite. DEBORN.

L'Anthracite est d'un noir moins opaque que la houille ; sa couleur approche davantage, par son éclat, du noir métallique ; il est aussi plus friable ; il est âpre au toucher, et tache les doigts en noir avec beaucoup de facilité ; il laisse sur le papier une trace noire qui, examinée avec attention, paroît d'un noir terne. Ces caractères servent à le distinguer du graphite, qui laisse une trace brillante, et qui est onctueux au toucher.

La texture de l'Anthracite, tantôt feuilletée, tantôt compacte, tantôt grenue, est trop variable pour lui servir de caractère. Sa pesanteur spécifique, qui est 1,8, est inférieure à celle du graphite, dans le rapport de 9 à 14, et supérieure à celle de la houille dans le rapport de 9 à 7.

Ce minéral est absolument opaque ; il laisse passer facilement l'étincelle électrique, il ne brûle qu'avec difficulté, et ne donne jamais dans sa combustion qu'un seul produit, qui est de l'acide carbonique.

Le corps essentiel à sa composition, est le carbone mélangé, ou peut-être combiné tantôt à la silice et au fer, tantôt à l'alumine et à la silice dans des proportions très-différentes, selon les échantillons analysés.

Variétés. 1. ANTHRACITE FRIABLE, Il est en masse, à texture grenue et non feuilletée, tachant fortement les doigts et s'égrenant facilement.

2. ANTHRACITE ÉCAILLEUX. Il se divise en larges écailles solides, dont la surface est inégale, ondulée et éclatante. Il tache beaucoup moins les doigts que le précédent.

Ces deux variétés se trouvent aux bourgs d'Arrache et de Macot dans les environs de Pesey, département du Mont-Blanc.

3. ANTHRACITE FEUILLETÉ. *Haüy.* Il se divise par feuillets, dont la surface est inégale et un peu ondulée.

4. ANTHRACITE GLOBULEUX. *Haüy.* Il s'offre en petites

tannées globuleuses dans de la chaux carbonatée cristallisée. On l'a trouvé à Konigsberg en Norwège.

L'Anthracite se trouve souvent dans les terreins primitifs, et c'est une manière d'être assez remarquable dans un combustible qui paroît si voisin de la houille. Il a pour gissement ordinaire des micaschistes et même des gneisses ; il s'y trouve tantôt en couches, tantôt en filons. Ses couches sont ordinairement sinueuses et contournées comme celles des roches avec lesquelles il alterne.

Dolomieu a vu de l'Anthracite en filons dans les montagnes porphyritiques près la Chapelle, département de Saône et Loire ; — dans la Tarentaise en Savoie ; celui-ci contient 0,72 de carbone, 0,13 de silice, 0,03 d'alumine, 0,03 de fer, 0,08 d'eau.— On trouve de l'Anthracite primitif en Piémont, au pied du Petit Saint-Bernard. — Dans le département de l'Isère, en rognons ou en amas, au milieu d'un poudding composé de roches primitives et sans aucuns vestiges de corps organisés. — A Musy près la Clayte, dans le ci-devant Charolais ; — à Saint-Symphorien d'Alais ; — dans les environs de Roanne [1] ; — aux Diablerets dans le Valais.

M. Ramond en a fait connoître une variété intéressante qu'il a trouvée au fond de la vallée de Heas, plateau de Troumose, département des Hautes-Pyrénées, au milieu d'un micaschiste. Cet Anthracite disposé par veines ne contient que du carbone mêlé d'un peu de silice et d'alumine : il n'y a point du tout de fer. Cette circonstance distingue complètement l'Anthracite du graphite.

M. Fleuriau de Bellevue a trouvé l'Anthracite cristallisé en lames hexaèdres régulières sur une roche graniforme que l'on rencontre en blocs isolés sur les levées de Sardam en Hollande ; on soupçonne que ces roches ont été apportées de Norwège. Cet Anthracite ne con-

---

[1] Coack ou cinders naturel. SAGE.

tient, suivant M. Vauquelin, que du carbone, de la silice et de l'alumine.

On cite encore l'Anthracite aux environs de Schemnitz en Hongrie, dans un filon ; — à Konigsberg en Norwège ; il est mélangé avec de l'argent natif ; — en Espagne, dans le port de Pajarès qui sépare le royaume de Léon de la principauté des Asturies ; il repose sur une argile schisteuse, et contient, d'après M. Proust, 0,93 de charbon et 0,07 de sable, d'argile et de fer. On l'emploie dans la peinture comme le noir de fumée. (*D. B. CANGA-ARGÜELLES.*)

L'Anthracite ne se trouve pas exclusivement dans les terreins primitifs. M. Héricart-Thury a fait voir que celui que l'on trouvoit dans le département de l'Isère, près d'Allemont, vers le sommet de la montagne des Challanches, à 2563 mètres d'élévation, étoit secondaire. Il est situé entre deux bancs de schiste noir couvert d'empreintes de végétaux ; il ne contient aucune matière bitumineuse, et renferme 0,97 de carbone : en sorte que c'est presque du charbon pur. Celui des Rousses, en face de la même montagne, et celui de Venose, près le bourg d'Oysans dans la même vallée, sont aussi de formation secondaire. — L'Anthracite de Lischwitz, près de Gera en Saxe, est renfermé dans des couches de schiste argileux, couvert d'empreintes de végétaux. (*ROEMER.*)

L'Anthracite qui ne contient aucun indice de charbon végétal, est absolument incombustible ; celui qui en renferme peut brûler, si l'on y ajoute deux tiers de charbon de bois. (*HÉRICART-THURY.*)

9ᵉ *ESP.* DIAMANT [1].

Caractères.   LE Diamant est le corps le plus dur de la nature. Il raye tous les minéraux et n'est rayé par aucun. Ce caractère suffiroit à la rigueur pour faire reconnoître

---

[1] *Demant* ou *Diamant*, le Diamant. *BROCH.*

le Diamant ; mais comme cette propriété n'est pas toujours facile à observer, il faut s'aider de quelques autres.

Le Diamant est transparent ; taillé et même brut, il a un éclat particulier et quelquefois gras, qui le fait remarquer. Il est phosphorescent par chaleur. (BOYLE.)

Les Diamans se trouvent presque toujours cristallisés, et ceux qui semblent avoir été roulés, ne sont que des cristaux dont les angles sont très-obtus. Leur forme générale est sphéroïdale ; leurs formes particulières sont l'octaèdre régulier, qui est également la forme primitive du Diamant, et le dodécaèdre à faces rhomboïdales : on en voit aussi à vingt-quatre et à quarante-huit facettes. On doit remarquer que les faces des diamans cristallisés, sont ordinairement bombées, en sorte que les arêtes qui les séparent, sont peu sensibles ; il paroît que les décroissemens qui produisent les faces secondaires, au lieu de se faire par une suite de rangées de molécules égales en nombre, se font par une suite de rangées qui peuvent être supposées aller en croissant, comme les nombres 1, 2, 3, 4, &c.

Le Diamant quoique très-dur, se casse assez facilement lorsqu'on agit dans le sens de ses lames.

Il a la réfraction simple, mais cette réfraction est très-forte en raison de la densité du Diamant, considéré comme pierre. Newton en faisant faire cette remarque, soupçonnoît déjà que ce minéral devoit être placé parmi les corps combustibles.

La pesanteur spécifique du Diamant, est de 3,51 à 3,53. Il a constamment l'électricité vitrée, qu'il soit brut ou taillé, tandis que la plupart des corps combustibles jouissent de l'électricité résineuse.

Les Diamans sont ordinairement limpides, mais il y   Variétés. en a aussi de colorés en jaunâtre, en gris, en brun, en verd serin ou pistache, en rouge de rose et en bleu clair.

Ils ne présentent pas d'autres variétés, dans leurs

formes et dans leurs couleurs, que celles que nous avons indiquées.

Gissement. Le gissement du Diamant est encore peu connu. Ce minéral se trouve presque toujours dans un sable souvent très-ferrugineux , composé d'argile , de silex et même de cailloux ; tantôt il est presque à la surface du sol, immédiatement au-dessous de la terre végétale, tantôt il est situé à peu de profondeur au-dessous de quelques couches de pierres qui paroissent être des grès. Il appartient donc particulièrement aux terreins de transport.

M. Werner pense que les Diamans que l'on trouve au pied des monts Orixa , dans l'Inde, ont été formés primitivement dans l'intérieur de ces montagnes qui appartiennent à la formation des trapps , et qu'ils en ont été détachés dans la suite.

Lieux. Les lieux d'où viennent les Diamans sont peu nombreux ; on ne cite guère que l'Inde et le Brésil.

Les Diamans orientaux se trouvent en Asie , dans les royaumes de Golconde et de Visapour , depuis le cap Comorin jusqu'au Bengale , au pied d'une chaîne de montagnes qui a cinquante milles anglais de large.

On comptoit, il y a plus de cent ans, dans le royaume de Golconde , environ vingt mines ou *recherches* de Diamant, dans lesquelles on trouvoit des diamans de diverses grosseurs , selon les lieux. On connoissoit quinze mines de Diamant ouvertes dans le royaume de Visapour, à la même époque. Ces mines fournissoient plus de Diamans que les autres , mais ils étoient plus petits ; elles sont actuellement abandonnées.

Les Diamans de Pasteal , à vingt milles de Golconde , au pied des montagnes de Gate , sont les plus recherchés. Les mines sont situées dans le lieu où le Kisler tombe dans le Krichna (BROMAN); elles ont produit les Diamans les plus fameux , et notamment celui qu'on connoît sous le nom de *Régent*.

Les Diamans sont si dispersés et si écartés dans leur

gangue, qu'il est rare de les trouver à la vue, même en fouillant les mines les plus abondantes. Ils sont souvent enveloppés d'une croûte terreuse très-adhérente, qu'il faut enlever en les frottant contre un grès : pour les voir mieux, on lave la terre à diamant dans un bassin pratiqué exprès; on ramasse le gravier lavé qui est au fond; on le porte sur un sol battu et très-uni, et on le frie au soleil, parce qu'alors les Diamans se font mieux remarquer. (*MARSHAL.*)

Les Diamans du Brésil n'ont été découverts qu'au commencement du dix-septième siècle, dans le district de Serra-do-Frio. On les trouve comme ceux de l'Inde, dans un poudding à base de sablon ferrugineux ; on nomme *cascalho,* ce terrein de transport qui est presque superficiel, c'est-à-dire seulement recouvert par la terre végétale.

Les anciens connoissoient les Diamans, mais il paroît qu'ils les employoient tels qu'ils sortoient du sein de la terre. Ils ne pouvoient donc les estimer qu'à cause de leur extrême dureté ; ils n'avoient point d'idée de l'éclat remarquable qu'on a su depuis leur donner au moyen de la taille et du poli. C'est en 1476, que Louis de Berquen découvrit l'art de tailler les Diamans en les frottant l'un contre l'autre, et de les polir au moyen de leur propre poussière que l'on appelle *égrisé.*

On abrège l'opération de la taille par deux moyens ; 1°. en profitant du sens des lames du Diamant pour les fendre dans ce sens, et produire ainsi plusieurs facettes. Cette opération s'appelle *cliver le Diamant.* Quelques-uns s'y refusent, on les nomme *Diamans de nature;* ils servent aux vitriers ; 2°. en sciant les Diamans au moyen d'un fil de fer très-délié enduit de poussière de Diamant.

L'éclat particulier du Diamant peut être attribué à la réunion de plusieurs propriétés dans ce seul corps. On sait que l'éclat d'un corps est dû aux rayons de lumière réfléchie par sa surface, que la quantité de

Annotations et usages.

lumière réfléchie par la surface des corps transparens est
d'autant plus grande, que les rayons lumineux éprouvent, en traversant ces corps, une réfraction plus forte ;
on sait enfin que cette réfraction des rayons lumineux,
peut être augmentée par trois causes, par l'obliquité des
surfaces sur lesquelles ils tombent, par la densité du
corps qu'ils traversent, et par sa nature combustible.

Or on doit remarquer que les Diamans sont des corps
combustibles très-durs, sur lesquels la taille fait naître
des facettes diversement inclinées, et qu'ils réunissent
ainsi toutes les conditions qui doivent rendre un corps
éclatant.

Ils jouissent en outre de la faculté de disperser, c'est-
à-dire de décomposer au plus haut degré les rayons de
la lumière qui les pénètre, et de lancer ainsi les couleurs
les plus variées et les plus vives.

Les Diamans n'acquièrent jamais, comme on le sait,
un volume très-considérable ; le plus gros Diamant
connu, qui a appartenu à l'Impératrice de Russie, est
de la grosseur d'un œuf de pigeon, et pèse 296 déci-
grammes environ (193 carats) [1].

Le prix des Diamans augmente dans une progression extrêmement rapide en raison de leur grosseur ;
et passé un certain volume, ce prix n'est plus dirigé
par aucune règle. Ainsi on dit que le Diamant que nous
venons de citer a été acheté 2,500,000 fr., et 100,000 fr.
de pension viagère.

---

[1] Le mot *carat* dont on se sert pour exprimer le titre de l'or et le
poids des Diamans, vient du nom de la fève d'une espèce d'érythrina
du pays des Shangallas en Afrique, pays où se fait un grand commerce d'or. Cet arbre est appelé *kuara*, mot qui signifie *soleil* dans
le pays, parce qu'il porte des fleurs et des fruits de couleur rouge
de feu. Comme les semences sèches de ses légumes sont toujours
à-p u-près également pesantes, les sauvages de ce pays s'en sont servi
de temps immémorial pour peser l'or. Ces fèves ont été ensuite
transportées dans l'Inde, où on les a employées dans les premiers
temps à peser les Diamans. (*BRUCE.*) Le carat équivaut à 2 décigr.,05».

Les vitriers employent, pour couper le verre, les Diamans de rebut, et notamment ceux qui ne peuvent se cliver, ils les enchâssent dans une petite masse d'étain, et laissent saillir hors de la masse, un angle aigu du cristal non taillé.

La poussière de Diamant nommée *égrisé*, est employée au tour et dans le travail de la gravure en pierre fine. Les anciens se servoient aussi, dans la gravure à la main, des fragmens anguleux de cette pierre, qu'ils enchâssoient dans des manches de fer.

On a cru pendant long-temps que le Diamant étoit le corps le plus inaltérable de la nature; de-là le nom d'*adamas* (indomptable), que les anciens lui ont donné. Mais on a reconnu en 1694, qu'il paroissoit détruit par le feu. Bientôt Macquer et Bergman prouvèrent qu'il étoit réellement combustible; Lavoisier fit voir qu'il dégageoit du gaz acide carbonique par la combustion; enfin, M. Tennant et M. Guyton ont conclu de leurs expériences, que le Diamant étoit du carbone cristallisé, et que le carbone étoit un premier degré d'oxidation du Diamant, et à proprement parler, un oxide de Diamant. Ils ont même vu le Diamant se couvrir constamment d'une pellicule noirâtre avant de brûler complètement.

M. Biot ayant remarqué qu'on pouvoit calculer assez exactement la puissance réfringente d'un corps d'après celle de ses principes constituans, a observé la réfraction de l'acide carbonique et celle de l'oxigène, et en a déduit celle du carbone. Il a vu que la puissance réfringente de ce corps est très-petite, tandis que celle du Diamant est très-considérable. Il en a conclu que le Diamant n'est pas du carbone pur, comme on l'avoit pensé; mais qu'il doit contenir une quantité d'hydrogène assez grande, pour lui communiquer la puissante réfraction dont il jouit. Il évalue la proportion de l'hydrogène au quart du poids du Diamant. Cette combinaison est d'autant plus probable, qu'on sait que l'affinité de l'hy-

que le Diamant et le charbon sont deux corps de même
nature, qui ne diffèrent entr'eux que par leur densité,
et peut-être aussi par les proportions de l'hydrogène et
du carbone qui les composent.

10ᵉ Esp. HYDROGÈNE.

Caractères. CE corps ne s'est encore trouvé dans la nature qu'à
l'état de fluide élastique ; il se fait reconnoître par son
odeur particulière qui approche de celle de l'ail, par
sa propriété de s'enflammer au moyen d'un corps qui
brûle avec flamme ou de l'étincelle électrique et par sa
légèreté beaucoup plus grande que celle de l'air, dans
le rapport de 13 à 1, lorsqu'il est très-pur. C'est le
corps de la nature dont la réfraction est la plus puissante en comparaison de sa densité [1]. Il n'est point dissoluble dans l'eau en quantité notable, et n'a aucune
action alcaline ni acide.

---

[1] Newton en observant la réfraction produite par un grand nombre
de substances, a remarqué qu'elle est beaucoup plus forte, à densité
égale, dans celles qui contiennent un principe combustible, comme
les huiles, les résines, les gommes, &c. ; et comme il avoit aussi
remarqué que l'eau et le diamant ont une très-grande force de réfraction, il en conclut qu'ils devoient aussi renfermer un principe combustible. C'est ce que la chimie moderne a depuis confirmé. M. Biot
a montré dernièrement que c'est l'Hydrogène qui donne aux corps
que Newton appeloit *combustibles*, cette action puissante sur la
lumière. Il a trouvé que l'Hydrogène a une force réfractive près de
sept fois aussi grande que celle de l'air atmosphérique. Or l'on sait
que l'Hydrogène est un des principes constituans des résines, des
gommes, de l'eau, &c.

Ce gaz n'est jamais pur ; nous avons fait abstraction des corps qui y sont ordinairement dissous ; ils en modifient un peu les propriétés, mais ils ne détruisent pas les caractères essentiels que nous venons de présenter.

Il paroît qu'on trouve dans diverses parties de la terre, dans des cavernes, dans des galeries de mines, ou dans la vase des eaux stagnantes, des sous-espèces de gaz Hydrogène qui peuvent se rapporter à celles qui ont été reconnues par les chimistes. Nous ne pouvons appliquer exactement à chacune de ces sous-espèces les exemples que nous allons citer, parce que les naturalistes qui ont observé sur les lieux ces différens Hydrogènes, n'en ont point déterminé la nature avec exactitude.

1re SOUS-ESP. HYDROGÈNE CARBURÉ.

C'est, comme son nom l'indique, une combinaison d'Hydrogène et de carbone. Ce gaz est beaucoup plus lourd que l'Hydrogène pur ; il exige une assez forte proportion d'oxigène pour sa combustion, et brûle avec une flamme rouge ou blanche, selon la vivacité de cette combustion, en produisant de l'eau et de l'acide carbonique. *Caractères.*

Ce gaz contient au moins parties égales de carbone et d'Hydrogène, et quelquefois plus de carbone que d'Hydrogène ; il ne précipite pas l'eau de chaux.

2e SOUS-ESP. HYDROGÈNE OXICARBURÉ.

Il est quelquefois plus pesant et moins combustible que le précédent ; il emploie moins d'oxigène dans sa combustion ; il brûle ordinairement avec une flamme bleue, et donne beaucoup moins d'eau ; il est très-difficile à décomposer par l'acide muriatique oxigéné, et précipite l'eau de chaux ; il est composé d'Hydrogène, de carbone et d'oxigène. Le gaz qui se dégage du fond des marais vaseux où se décomposent des matières végétales, appartient à cette sous-espèce. *Caractères.*

II.   E

Les gaz inflammables qu'on trouve dans la plupart des cavernes volcaniques et qu'on a décrits comme renfermant de l'acide carbonique, ainsi que ceux qui remplissent les galeries des mines de houille, appartiennent à l'une ou à l'autre des sous-espèces précédentes. On n'a point encore fait connoître ces gaz suffisamment pour qu'on puisse dire avec certitude, à laquelle des deux ils doivent être rapportés.

3ᵉ *sous-esp.* HYDROGÈNE SULFURÉ.

Caractères. C E gaz a une odeur fétide particulière, il brûle avec une flamme blanche en déposant ordinairement du soufre sur les parois des vases. Il est dissoluble dans l'eau, et cette dissolution a quelques-unes des propriétés d'un acide.

La pesanteur spécifique de ce gaz est à celle de l'air atmosphérique, comme 10 est à 9. (*KIRWAN.*) Il contient environ 0,71 de soufre et 0,29 d'Hydrogène. (*THÉNARD.*)

Gissement. Ce gaz se dégage de tous les lieux où il y a du soufre, ou des sulfates en contact avec l'Hydrogène. On le trouve principalement dans les soufrières, volcaniques et dans les endroits où les pyrites se décomposent.

Gissement général et lieux. Les lieux où se trouve naturellement l'Hydrogène sont beaucoup plus nombreux qu'on ne le croit, et ce gaz n'est pas particulier aux terreins volcaniques. Le premier exemple que nous allons donner, servira à le prouver.

Il se dégage près de Saint-Barthélemi, à 20 kil. de Grenoble, département de l'Isère, d'une petite mare et des fissures de la terre qui l'environne, du gaz Hydrogène qui s'allume par l'approche d'un corps enflammé, et qui continue de brûler quelquefois pendant plusieurs mois. Il n'a point d'odeur et brûle avec une flamme bleue. Le terrein d'où sort ce gaz n'a aucune apparence volcanique, c'est un schiste argileux gris friable. Les montagnes des environs sont calcaires. — On assure qu'on voit une source semblable de gaz hy-

drogène, en Angleterre, près de Lancastre, sur la
route de Warington à Chester, et près de Bosely,
dans le Schropshire.

L'Italie renferme un grand nombre de lieux qui
fournissent du gaz Hydrogène. On trouve, en allant
du nord au midi : — les *salses* ou petits volcans vaseux des environs de Modène; les uns au nord-ouest
de cette ville, entre Scandiano et Reggio; les autres
au sud-ouest, près de Sassuolo. Il se dégage perpétuellement de ces petits monticules du gaz Hydrogène.
— Plus loin, et toujours vers le sud de Modène, on
trouve les feux de Barigazzo et ceux de la Serra dei
Grilli près de Frignano, sur les confins du Bolo-
nois. — On cite aussi en Toscane, près de Fiorenzuola
ceux de Pietra-Mala et de Velleia. — Tous ces feux se
comportent absolument comme ceux du département
de l'Isère. Il paroît que le gaz qui les produit, doit
être rapporté à l'Hydrogène carburé ; il donne, en
brûlant, un peu de suie et de l'acide carbonique.
(SPALLANZANI.) — Il se dégage des puits de la sou-
frière de Perella, dans le Siennois, du gaz Hydrogène,
que le docteur Santi dit être mêlé d'acide carbonique.
— On trouve dans la Campanie, sur les bords du
Liris, et presque vis-à-vis les eaux de Sujo, une source
chargée de gaz Hydrogène sulfuré. Lorsque la séche-
resse tarit cette source, le gaz Hydrogène sort de la
terre avec une grande impétuosité. (BREISLACK.) —
Suivant ce même naturaliste, les fumeroles de la solfatare de Naples sont un mélange d'acide carbonique
en grande quantité et d'Hydrogène. — Ce gaz sort avec
violence des crevasses qu'on voit dans le fond des cratères de Vulcano, et il se dégage de la mer même
dans un bas fond situé entre les rochers de Bottero et
de Lisca-Bianca, près de Stromboli. (SPALLANZANI.)
— On trouve à Baku en Perse, une source de gaz Hydrogène semblable à celle du département de l'Isère;
et il existe dans la péninsule d'Abscheron, à trois milles

2

de la mer Caspienne, des feux absolument de la même
nature que ceux de Barigazzo. Les habitans du pays
s'en servent pour préparer leurs alimens et même pour
cuire de la chaux. — Enfin l'eau des lacs du Mexique
contient de l'Hydrogène sulfuré. (*Humboldt.*)

11° *Esp.* SOUFRE [1].

Caractères.   LE Soufre est peut-être de toutes les substances minérales celle qui se fait le plus aisément reconnoître. La
couleur jaune qui lui est essentielle et l'odeur piquante
qu'il répand lorsqu'on le brûle, sont deux caractères
qui le distinguent particulièrement.

Le Soufre natif est d'un jaune quelquefois un peu
verdâtre ou même un peu gris selon les matières étrangères qu'il renferme. Il est souvent opaque, quelquefois
translucide et rarement transparent; il jouit de la double
réfraction à un très-haut degré, et présente même à cet
égard deux phénomènes remarquables : 1°. On voit
quatre bandes lumineuses et irisées qui se croisent sous
un angle déterminé; 2°. le rayon de réfraction ordinaire
et le rayon d'aberration subissent des décompositions
qui ont entr'elles une entière analogie. (*Biot.*) [2]

Il est tendre, même friable, et fait entendre, lorsqu'on
l'échauffe en le serrant dans la main, un petit pétil-
lement particulier ; sa cassure est conchoïde, vitreuse,
souvent très-éclatante.

Il se fond, brûle facilement avec une flamme bleuâtre,
et répand alors une odeur piquante et même suffo-
cante qui est due à l'acide sulfureux qui se forme et
se dégage. Lorsqu'après l'avoir fait fondre et l'avoir
laissé refroidir lentement, on fait écouler la partie
encore liquide, on trouve la partie solide hérissée de

---

[1] *Naturlicher schwefel*, le Soufre natif. BROCH.

[2] Il paroît que le premier phénomène est en rapport avec la cristallisation, car le grenat présente six rayons qui sont disposés en
étoile. Le second phénomène semble être particulier au Soufre.
(*Biot.*)

cristaux en aiguilles déliées. Ces cristaux d'une forme indéterminable, ne paroissent avoir aucune analogie avec ceux du Soufre natif qui sont généralement des octaèdres alongés, quelquefois très-gros, dont les faces sont des triangles scalènes ; cet octaèdre est aussi la forme primitive du Soufre ; les arêtes et les angles solides de ces octaèdres sont souvent remplacés par des facettes.

Enfin le Soufre acquiert par le frottement l'électricité résineuse. Sa pesanteur spécifique est de 1,99.

Ni le Soufre natif, ni même le Soufre purifié du commerce ne sont purs ; ils contiennent l'un et l'autre de l'hydrogène [1].

1. Soufre massif. Il est en masse, opaque ou trans- Variétés lucide, à cassure tantôt raboteuse, tantôt conchoïde, mais presque toujours luisante ; sa structure est quelquefois rayonnée, il est alors opaque et même blanchâtre ; telles sont certaines variétés de Soufre de la Solfatare.

C'est à cette première variété qu'on peut rapporter les cristaux de Soufre.

2. Soufre engagé. Il est comme engagé ou disséminé en fragmens fort petits, quelquefois même impercep-tibles dans différentes pierres qui sont souvent des laves décomposées.

3. Soufre pulvérulent. Il est en poussière fine su-blimée à la surface de certaines laves, ou renfermée dans quelques pierres ; tel est celui que l'on trouve dans

---

[1] On peut arriver à la connoissance de la composition du Soufre natif par deux moyens ; ou par l'analyse chimique, comme l'a fait M. Berthollet fils ; ou par l'observation des forces réfringentes, comme l'a fait M. Biot ; on a la force de réfraction du Soufre sup-posé parfaitement pur, en la déduisant des observations de Newton sur celle de l'acide sulfurique. Or la réfraction du Soufre contenu dans l'acide sulfurique étant plus foible que celle qui a été attribuée par M. Haüy au Soufre natif, on en conclut qu'elle est augmentée dans celui-ci par la présence d'un corps qui jouit d'une force de réfraction plus grande que celle du Soufre pur. Ce corps est dans ce cas l'hydrogène.

les environs des volcans, et celui de l'intérieur des silex
cariés de Poligny, département du Jura.

Le Soufre a deux gissemens principaux très-différens.
On le trouve, ou dans les terreins de sédiment, ou dans
les terreins volcaniques.

Les terreins de sédiment qui offrent du Soufre natif,
sont de même formation que ceux qui renferment la
chaux sulfatée et la soude muriatée en masse. Ce sont
donc les terreins d'argile, de marne et de schiste argileux. C'est ordinairement au milieu des schistes argileux qui recouvrent les bancs de chaux sulfatée, ou qui
alternent avec eux, et plus ordinairement encore au
milieu même de ces bancs, que se trouve le Soufre, ou
en petits amas informes, ou en cristaux, ou en veines qui
traversent ces terreins dans toutes sortes de directions;
on l'observe même en couches d'une épaisseur qui
varie depuis un décimètre jusqu'à 10 mètres.

Ce Soufre est accompagné d'argile feuilletée, de
marne, de chaux carbonatée laminaire ou fétide, de
strontiane sulfatée, de soude muriatée, &c.

La chaux sulfatée, la marne, la soude muriatée et
le Soufre, sont donc presque toujours associés trois à
trois, ou même tous les quatre dans le même terrein.
C'est peut-être la loi géologique la plus générale et la
moins susceptible d'exceptions.

On trouve le Soufre de formation non-volcanique
dans beaucoup de lieux et principalement en Sicile,
dans les vals de Noto et de Mazzara; il y est en bancs
horizontaux qui ont depuis 6 décimètres jusqu'à 10
mètres d'épaisseur. On y rencontre des cristaux de Soufre,
d'un volume et d'une netteté de forme remarquables.

Dolomieu fait observer que ce Soufre qui est mêlé
avec de beaux cristaux de strontiane sulfatée, ne peut
avoir une origine volcanique, et n'a en effet aucun
rapport avec l'Etna.

On trouve encore le Soufre de cette même formation: — près de Péretta dans le Siennois; la roche

dominante dans ce pays , est un grès ; le Soufre est
renfermé dans des mottes composées d'argile , de fer
ocreux et d'antimoine sulfuré. Les puits d'exploitation sont remplis de gaz hydrogène sulfuré. (*Santi*.)
— Au-dessus de Tortone , sur les hauteurs de Costa ,
dans les Apennins piémontais ; ce Soufre y est en
rognon dans une marne bleuâtre. (*Robilant*.) — Au
glacier de Gébrulaz , commune des Alluts , près de
Moustier , département du Mont-Blanc ; il est disséminé en filets dans une masse de chaux sulfatée et d'argile. (*Héricart-Thury*.) Dans différentes parties de
l'Espagne , notamment à Conilla , à huit lieues au sud-
est de Cadix , près de Gibraltar ; il a pour gangue de la
chaux carbonatée fétide. — A Bex en Suisse ; — dans
les gypses des salines de Lorraine ; — dans le pays
d'Hanovre ; — en Thuringe ; — en Hongrie ; — à
Wieliczka en Pologne ; — en Sibérie , vis-à-vis l'embouchure de la Soka ; il est disséminé dans de la chaux
sulfatée. (*Pallas*.) — Enfin dans presque tous les lieux
où il y a des sources salées ou des mines de sel gemme.
On en a également trouvé dans les carrières à plâtre des
environs de Meaux , à 50 kil. au N. de Paris.

Le Soufre non-volcanique peut aussi se présenter
dans des gissemens différens des précédens.

1°. Dans les terreins primitifs , disséminé dans les
filons qui les traversent ; mais il y est très-rare et toujours
en petite quantité. (*Brochant*.)

M. Humboldt cite , comme un fait peut-être unique ,
du Soufre dans une couche de quartz qui passe au silex
corné , et qui traverse une montagne primitive de schiste
micacé , dans la grande montagne de Soufre de Quito ,
entre Alausi et Ticsan. Il annonce dans la même province deux autres soufrières qui sont renfermées dans
du porphire primitif.

2°. On le rencontre à l'état pulvérulent dans des
silex. On cite particulièrement ceux de Poligny , dans
le département du Jura. On a vu (*tome 1, page 346*)

montagne volcanique qui a encore de l'activité. On en cite aussi une à la Martinique.

5°. Celles de Quito dans les Cordilières. Elles donnent un Soufre très-pur et en très-grande abondance.

Extraction, purification et usages.

Le Soufre employé dans les arts est extrait ou des terres avec lesquelles il est mélangé aux environs des volcans, ou des métaux avec lesquels il est combiné, et notamment du fer et du cuivre sulfurés.

Lorsque le Soufre est simplement mélangé avec diverses matières terreuses comme à la Solfatare, on met ce mélange dans des vases de terre qu'on place sur deux rangées dans un fourneau long. Ces vases communiquent avec d'autres vases semblables, au moyen d'un tuyau de terre de quatre centimètres de diamètre environ. Le soufre fondu se rend, en se boursouflant, dans les seconds vases, où il dépose la plus grande partie de ses impuretés. Il se rend ensuite, par une ouverture de ces vases, dans des tinettes pleines d'eau froide, qui le fige sur le champ.

Le soufre qu'on retire des pyrites ou sulfures métalliques, s'extrait par différens procédés.

1°. On dispose lit par lit des pyrites et du bois. On en forme une pyramide quadrangulaire tronquée, dont la moitié supérieure est entièrement composée de pyrites. On allume le bois qui volatilise et fait brûler une partie du Soufre. La combustion commencée continue pendant plusieurs mois. Le Soufre réduit en vapeurs, se condense en partie vers le sommet de la pyramide, et se réunit dans de petites fosses qu'on y a pratiquées : on l'y puise de temps en temps avec des cuillers de fer [1].

2°. On place presqu'horizontalement, sur un fourneau long, plusieurs tuyaux de terre coniques ou pyra-

---

[1] On reviendra sur ce procédé dans les généralités de la *Métallurgie*, en traitant du grillage des minerais, et on fera connoître quelques autres moyens de recueillir le Soufre dégagé dans les *grillages*.

midaux, mais tronqués et ouverts aux deux extrémités.
On les remplit de quinze kilogrammes environ de
pyrites concassées. On ferme la grande ouverture, et on
place à la petite une étoile de terre qui empêche les
pyrites de sortir, mais qui ne s'oppose pas à l'écoulement
du Soufre fondu, lequel se rend en effet dans des cuves
ou des récipiens remplis d'eau. Au lieu de tuyaux de
terre, on emploie quelquefois, comme en Suède dans
les mines de Néricie, de grandes retortes de fer. On
retire de 2500 à 3000 pesant de pyrites, environ 100
à 150 de Soufre impur.

Le Soufre obtenu par l'un des moyens précédens,
a besoin d'être purifié. On se contente quelquefois de
le fondre dans un grand chaudron de fer, de le laisser
déposer ses impuretés, et de le décanter ; mais comme
ce Soufre est souvent gris, si on veut l'avoir d'un beau
jaune, il faut employer la distillation.

Pour distiller le Soufre brut, on le place dans de
grandes cucurbites de fer qui peuvent en contenir 300
kilogrammes ; on y lute un chapiteau ou une alonge en
terre, dont le bec se rend dans des récipiens faits également de terre, et qui ont trois ouvertures, une latérale
et supérieure pour recevoir le bec du chapiteau, une
tout-à-fait supérieure pour donner issue aux vapeurs
assez abondantes qui se dégagent dans cette opération,
et une troisième située un peu au-dessus du fond, le
Soufre s'écoule par cette dernière et se rend dans des
vases pleins d'eau. Le Soufre brut perd environ un
huitième dans cette purification.

Le Soufre ainsi purifié est fondu de nouveau pour
être moulé en cylindre dans des moules de bois de hêtre
que l'on a soin de mouiller et de laisser bien égoutter.
Il est alors livré au commerce.

Ce Soufre moulé, que l'on nomme *Soufre en canon*,
n'est pas encore amené au degré de pureté nécessaire
pour certains arts : on le purifie de nouveau par la
sublimation, et on obtient alors ce qu'on appelle du

la *fleur de Soufre.* L'atelier où se fait cette opération est
un bâtiment à deux étages : le rez-de-chaussée est carré
et contient plusieurs chaudières remplies de Soufre ;
l'étage supérieur est cylindrique et communique avec
l'inférieur par une large ouverture pratiquée dans le
plancher. Vers la partie supérieure de ce bâtiment est
tendu un pavillon conique en toile : c'est sur ce pavillon
et sur les parois de cet étage que s'attache le Soufre
sublimé. Cette sublimation en grand se pratique en
Angleterre, à Marseille, &c. On moule aussi dans cette
dernière ville le Soufre en canon. Il y est apporté brut
de Naples, des Etats de Rome et de Sicile.

Le Soufre s'enflammant avec la plus grande facilité,
est employé principalement pour communiquer l'in-
flammation à des corps moins combustibles que lui.
C'est le rôle qu'il joue dans la poudre à canon, dans tous
les artifices et dans presque tous les moyens employés
pour obtenir promptement du feu. Il paroît qu'une forte
percussion peut suffire dans quelques cas pour l'allumer.
M. Sauer rapporte que les habitans d'Ounalachka allument du feu en frappant fortement l'un contre l'autre,
et au-dessus d'un tas de feuilles sèches, deux morceaux
de quartz frottés de Soufre : il tombe sur ces feuilles des
parcelles de Soufre enflammé.

CLASSE CINQUIÈME.

LES MÉTAUX.

La classe des métaux est la plus naturelle des classes du règne minéral ; les corps qui la composent se ressemblent par un grand nombre de propriétés importantes, et quoique la composition de ces corps ne soit pas encore connue, on peut soupçonner, avec beaucoup de fondement, qu'une aussi grande analogie dans les propriétés extérieures en indique une dans la composition. Aussi les substances métalliques n'ont-elles presque jamais été dispersées dans les autres classes ; elles offrent un exemple de l'espèce de respect qu'on a pour les réunions naturelles lorsqu'elles sont évidentes.

Les propriétés les plus remarquables des métaux, celles qui leur conviennent à tous en les distinguant des autres corps, sont la densité, l'opacité parfaite, l'éclat métallique et une couleur propre. Ces caractères semblent se tenir, et être une conséquence les uns des autres.

Parmi les autres propriétés des métaux, les unes ne se trouvent que dans ces corps, sans cependant être communes à tous ; telles sont la ductilité, la ténacité. D'autres peuvent appartenir à d'autres corps ; mais elles paroissent plus développées dans les métaux ; telles sont l'élasticité, la résonnance, la dilatabilité, la propriété conductrice du calorique et de l'électricité, &c.

Nous allons examiner avec plus de développement chacune de ces propriétés considérées dans les métaux.

1. *La densité* des métaux est plus considérable que celle d'aucun autre corps. Les métaux les plus légers sont encore plus pesans, dans le rapport de 7 à 4, que les pierres les plus lourdes. En allant du plus pesant au plus léger, on dispose les métaux dans l'ordre suivant :

platine, or, scheelin, mercure, plomb, argent, bismuth, nickel, cobalt, cuivre, fer, étain, zinc, manganèse, antimoine, urane, arsénic.

2. *L'opacité.* Les métaux sont peut-être les seuls corps de la nature absolument opaques. La couche d'or la plus mince appliquée sur la porcelaine et polie, paroît encore parfaitement opaque, et ne participe en rien des couleurs qui sont dessous. Les pierres et les sels au contraire ne doivent probablement l'opacité qu'ils ont quelquefois qu'à l'hétérogénéité de leurs masses. (*Introd.* 58.)

3. *L'éclat métallique*; c'est un brillant très-vif et particulier aux métaux. On l'observe non-seulement dans leur masse, mais jusque dans leur poussière lorsqu'elle n'est pas trop tenue. Les métaux les plus éclatans, c'est-à-dire ceux qui réfléchissent la plus grande quantité de lumière, sont le platine, le fer à l'état d'acier, l'argent, l'or, le cuivre, &c.

4. *La couleur.* Chaque métal a une couleur particulière, qui est toujours la même lorsque le métal est pur. Il paroît que les combustibles, et par conséquent les métaux, sont les seuls corps de la nature qui aient une couleur propre. Cette couleur est due aux molécules intégrantes du combustible; elle est réfléchie par leur surface, et ne paroît point appartenir, comme dans les autres corps, à une matière étrangère.

Les métaux communiquent à leur combinaison une couleur propre, qui peut aussi leur servir de caractère distinctif [1].

5. *La ductilité* est la propriété qu'ont certains métaux de s'étendre, sans se briser, sous la pression du laminoir ou du marteau. On la nomme aussi *malléabilité.*

---

[1] On ne connoît pas de substance colorée qui ne contienne un métal ou un corps combustible tel que le charbon, le soufre, &c. Dès qu'un corps incombustible simple est amené à son dernier degré de pureté, il devient limpide. Tous les sels et toutes les pierres colorées doivent leur couleur à un métal. On ne peut encore citer le lasulite comme une exception.

L'*écrouissage* est l'action de rendre par une pression à froid les métaux moins ductiles et par conséquent plus durs.

Les seuls métaux ductiles, classés dans l'ordre de leur plus grande ductilité, sont : l'or, le platine, l'argent, le cuivre, le fer, l'étain, le plomb, le nickel et le zinc.

6. *La ténacité* est la résistance que les molécules d'un métal ductile offrent à leur désunion. On l'estime par le poids que peut porter, sans se rompre, un fil métallique d'un diamètre déterminé. Les métaux rangés suivant leur ténacité, offrent l'ordre suivant : l'or, le fer, le cuivre, le platine, l'argent, l'étain et le plomb. (*Haüy.*)

7. *La propriété conductrice du calorique.* Les métaux sont les corps qui transmettent le plus promptement la chaleur. Cette propriété explique pourquoi l'extrémité d'une verge d'argent s'échauffe rapidement lorsque l'autre extrémité de cette verge est plongée dans un liquide chaud, pourquoi les métaux qui sont à une température inférieure à celle de notre corps, nous paroissent si froids., &c.

8. *La dilatabilité.* Les métaux, à l'exception du platine, sont plus dilatables qu'aucun des autres corps de la nature. Cette dilatabilité est sensiblement proportionnelle à l'augmentation de la chaleur tant qu'ils n'approchent pas du terme de l'ébullition. Mais vers ce degré, la dilatation croît dans une progression beaucoup plus rapide. (*Haüy.*) L'ordre de dilatabilité de quelques métaux, et la quantité dont ils se dilatent depuis la température de la glace jusqu'à celle de l'eau bouillante, sont indiqués par la table suivante, en fractions décimales, pour une longueur quelconque considérée comme unité.

Platine,	0,00087 (*Borda.*)	
Fer,	0,00126 (*Sméaton.*)	0,00107 (*Haüy.*)
Bismuth,	0,00159 (*Sm.*)	
Or,	0,00146 (*Berthoud.*)	

Cuivre rouge battu,	0,00170	(*SMÉATON.*)
Zinc,	0,00294	(*SM.*)
Argent,	0,00212	(*PERTHOUD.*)
Étain,	0,00228	(*SM.*)
Plomb,	0,00287	(*SM.*)

9. *L'élasticité* est plus sensible, et sur-tout plus par-faite dans les métaux que dans les autres corps naturels. Non-seulement les métaux jouissent de l'élasticité, qui est une suite de la dureté, mais ils ont fréquemment celle qui résulte de la flexibilité, de la ténacité et de la dureté réunies. Telle est l'élasticité d'une lame d'acier; elle surpasse celle de tout autre corps.

10. *La résonnance*, c'est-à-dire la propriété qu'ont les métaux d'être très-sonores, paroît d'autant plus forte, que les métaux sont plus durs.

Cette propriété aussi bien que l'élasticité et la dureté, peut être augmentée par l'alliage, par l'écrouissage, et par la trempe pour l'acier.

Nous venons de considérer dans les métaux les pro-priétés qui leur sont particulières, et celles qui leur étant communes avec d'autres substances, s'y montrent cependant avec plus d'intensité que dans les autres corps de la nature. Nous allons maintenant jeter un coup-d'œil rapide sur quelques propriétés, qui sont beaucoup moins développées dans les métaux que dans les autres corps. Ce sont :

11. *Le degré de dureté.* Quoique les métaux ren-ferment, comme nous venons de le dire, les corps les plus élastiques et les plus sonores que l'on connoisse, et que ces propriétés semblent être en rapport avec leur dureté, ils sont cependant en général moins durs que beaucoup de pierres.

12. Les *métaux* sont les meilleurs *conducteurs* connus *de l'électricité;* ils ne sont pas absolument *an-élec-triques,* c'est-à-dire incapables de devenir électriques par frottement, comme on l'a cru; mais l'électricité qu'ils acquièrent par ce moyen est en général très-

foible, elle est différente selon les espèces de métaux.
M. Haüy, en frottant avec un morceau de drap différens métaux et certains minerais métalliques isolés,
a reconnu l'électricité vitrée dans le zinc, l'argent, le
bismuth, le cuivre, le plomb, le fer oligiste et l'acier,
et l'électricité résineuse dans le platine, l'or, l'étain,
l'antimoine, le cuivre gris, le cuivre sulfuré, le cuivre
pyriteux, l'argent antimonial, l'argent sulfuré, le nickel,
le cobalt gris, le cobalt arsénical, l'antimoine sulfuré,
le fer sulfuré, le fer oxidulé.

13. On peut observer dans beaucoup de métaux une
odeur et une *saveur* particulière, l'une et l'autre sont
désagréables. La saveur est un peu stiptique et excite
la salive. Ces deux qualités sont peu développées dans
les métaux purs ; elles le deviennent davantage dans les
alliages, et sur-tout dans les oxides.

14. Beaucoup de métaux sont fusibles. Leur *fusibilité*
a des limites fort éloignées, depuis le mercure jusqu'au
platine, qui est infusible au feu le plus violent de nos
fourneaux. Les métaux rangés dans l'ordre de fusibilité,
sont :

Le mercure qui se fond à — 37 degrés centigrades.
L'étain,   à + 210 (NEWTON.)
Le bismuth,   à + 266 (NEWTON.)
Le plomb,   à + 265 (BIOT.)
Le zinc,   à + 370
L'antimoine,   à + 431 (NEWTON.) [1]
Le cuivre,   à   27 degr. du pyrom. ⎫
                         de Wedgwood.   ⎪
L'argent,   à   28   ⎬ (WEDGWOOD.) [2]
L'or,   à   32   ⎪
Le fer,   à   130   ⎭

_____

[1] J'ai pris plusieurs de ces résultats approximatifs dans la *Table
de comparaison des Thermomètres*, publiée par M. Van-Swinden
en 1788, et je les ai réduits en degrés du thermomètre centigrade.

[2] Je doute beaucoup de l'exactitude de ces derniers résultats. Le
cuivre est certainement moins fusible que l'argent. J'ai déjà dit ailleurs
que les pyromètres d'argile étoient des instrumens dans lesquels on
ne pouvoit avoir aucune confiance.

II.   F

Quelques métaux chauffés jusqu'à un certain point se volatilisent. La plupart ne se volatilisent qu'après avoir été fondus ; d'autres, tel que l'arsénic, se volatilisent au lieu de se fondre.

15. Tous les métaux sont susceptibles de *cristalliser* après la fusion et par le refroidissement ; il faut pour les obtenir cristallisés, les laisser refroidir lentement et tranquillement. Lorsque la surface et les parties de la masse fondue, qui touchent les parois du vase, sont figées, on décante la partie du centre encore liquide, et on obtient des cristaux souvent très-nets. La forme primitive de la plupart des métaux est l'octaèdre régulier.

Les métaux se combinent entr'eux et forment des mélanges que l'on nomme *alliage*, et qui diffèrent souvent beaucoup de chacun des métaux qui entrent dans leur composition, par la couleur, la dureté, la pesanteur spécifique.

Les métaux se trouvent dans le sein de la terre, tantôt à l'état métallique, et on les nomme alors *métaux natifs ;* tantôt ils sont combinés avec différentes substances combustibles ou salines ; on dit alors qu'ils sont *minéralisés.* Nous nommerons *minerai* les espèces métalliques qui résultent de la combinaison d'un métal avec un *minéralisateur.*

Les métaux sont communément disposés en filons. Tantôt ils composent à eux seuls les filons, tantôt ils sont disséminés dans des filons pierreux. On les trouve aussi, mais plus rarement, en amas et même en couches ; enfin ils entrent quelquefois, comme partie constituante, dans la composition de certaines roches.

On nomme *gangue* la substance pierreuse ou acidifère qui accompagne les minerais métalliques.

On trouve les métaux dans toutes sortes de terreins, mais ils sont plus communs dans les terreins primitifs et dans ceux de transition que dans les terreins de sédiment. On en trouve peu dans les terreins de-

transport, et encore moins dans les terreins volcaniques.

On juge de l'ancienneté d'un minerai métallique, 1°. par la nature du terrein qui le renferme ; 2°. par le rapport de position du filon qui le contient avec les autres filons métalliques. Les filons pouvant être considérés comme des fentes remplies, on doit en conclure qu'ils sont d'autant plus anciens, qu'ils sont plus ordinairement coupés par d'autres filons, et que les plus nouveaux filons, ou, si on veut, les plus nouvelles fentes, sont celles qui coupent toutes les autres. C'est d'après cette double considération, que M. Werner a établi un rang d'ancienneté assez vraisemblable entre tous les minerais métalliques. Les principaux minerais, rangés suivant leur rang d'ancienneté présumée, sont l'étain, le schéelin, le molybdène, l'urane, le bismuth, le fer oxidulé, le cobalt gris, le fer arsénié., l'or, l'argent, le mercure, l'antimoine, le manganèse, le plomb, le zinc, le cuivre, &c. Nous reviendrons sur ce sujet intéressant dans la Géognosie ; nous ne l'indiquons ici que pour expliquer quelques expressions, dont nous aurons occasion de nous servir dans l'histoire naturelle des métaux.

Nous nommerons *mines* les parties de la terre où on trouve les minerais métalliques rassemblés en quantité assez considérable, pour être extraits en grand et avec avantage. Nous ferons connoître à la suite de l'histoire naturelle des métaux les principales règles de l'exploitation des mines et celles de la métallurgie, ou de l'art de retirer avec profit les métaux de leur minerai ; nous parlerons alors de leurs principaux usages.

ORDRE PREMIER.

LES MÉTAUX FRAGILES.

Nous divisons la classe des métaux en deux ordres, fondés sur des caractères extérieurs. Cette division est entièrement artificielle ; mais la composition des métaux étant inconnue, ne peut offrir aucun caractère.

2

Les métaux fragiles sont ceux qui ne peuvent s'alonger ni sous le choc du marteau ni par la pression du laminoir ; ils sont assez nombreux, et les nouveaux métaux qu'on découvre se placent presque tous dans cet ordre. Ils sont en général plus difficiles à réduire en culot métallique que les autres. Tous sont oxidables par le contact de l'air ; les quatre premiers sont susceptibles de passer à l'état d'acide par un excès d'oxidation. Nous commençons par les métaux fragiles, parce que ce sont en général ceux dans lesquels les caractères métalliques semblent être le moins développés, et qui se rapprochent le plus par leur fragilité et par leur réduction difficile, des substances terreuses.

1ᵉʳ GENRE. ARSÉNIC.

Caractères.   Sous quelque forme que l'Arsénic se présente, il se fait toujours assez facilement reconnoître par sa propriété de répandre une odeur d'ail très-piquante lorsqu'il est chauffé sur des charbons. Dès qu'on a senti une fois cette odeur, on ne peut la confondre avec celle d'aucune autre substance. L'antimoine oxidé donne, il est vrai, une odeur analogue, mais elle est moins piquante que celle de l'Arsénic, et avec un peu d'habitude, on saura les distinguer.

Cependant cette habitude n'étant point acquise par tout le monde, il faut ajouter quelques caractères plus précis à ce premier signe. La grande volatilité de l'Arsénic sous forme de fumée blanche, volatilité telle, que ce métal est sublimé avant d'être fondu, le distingue suffisamment de l'antimoine ; enfin l'oxide de ce dernier métal déjà préparé est assez fixe, celui d'Arsénic est, au contraire, très-volatil.

L'Arsénic en masse est un métal extrêmement fragile et même friable, d'une couleur noire, brillante lorsque sa surface est renouvelée par une cassure fraîche mais se ternissant promptement par le contact de l'air. Sa cassure est grenue, quelquefois un peu lamelleuse ou écailleuse. La texture de l'Arsénic du commerce est lâche et comme poreuse.

La pesanteur spécifique de l'Arsénic extrait de ses minerais est, suivant Bergman, de 8,308.

L'Arsénic brûle avec une flamme bleuâtre ; son oxide est blanc et même limpide ; il ne communique aucune couleur au verre.

1re Esp. ARSÉNIC NATIF. *Haüy.* [1]

IL a tous les caractères que nous venons d'attribuer à l'Arsénic retiré de ses mines ; mais il a presque toujours une texture plus compacte que cet Arsénic ; il est aussi moins friable. Sa pesanteur spécifique, donnée par Brisson, est cependant très-inférieure à celle de l'Arsénic préparé ; elle est de 5,72 à 5,76. Ce métal ne s'est point encore présenté cristallisé. *Caractères.*

L'Arsénic natif est rarement pur ; il contient quelquefois un peu d'or et d'argent, et souvent du fer, qui reste sous forme de scorie lorsqu'on a volatilisé l'Arsénic.

1. ARSÉNIC NATIF CONCRÉTIONNÉ. *Haüy.* Il est en masses mamelonnées ou tuberculeuses, composées de lames convexes placées à recouvrement les unes sur les autres, à la manière des lames qui composent les coquilles. C'est ce qui lui a fait donner le nom d'*Arsénic testacé*. On trouve quelquefois au centre de ces tubercules un noyau d'argent antimonié. *Variétés.*

2. ARSÉNIC NATIF SPÉCULAIRE. *Wall.* Il recouvre la surface de différentes pierres sous forme de couches minces, ayant le brillant métallique.

Les pierres sur lesquelles on le voit, sont toujours des portions de salbandes de filons, et on diroit que ce minerai doit son éclat au frottement des parois du filon contre la roche.

---

[1] *Gediegenes arsenik*, l'Arsénic natif. *Broch.*

On révoque en doute l'existence de cette variété décrite par Wallerius, et que Bergman a regardée comme une variété de cobalt sulfuré. J'en ai examiné des échantillons qui avoient les caractères extérieurs que je viens d'énoncer ; ils répandoient au chalumeau la fumée blanche et l'odeur d'ail de l'Arsénic ; ils ne coloroient point en bleu le verre de borax, comme le fait le cobalt; enfin ils ne laissoient sur le charbon aucun bouton métallique. Tous ces caractères sont bien ceux de l'Arsénic natif.

On le trouve à Annaberg en Bohême. (*WALLER.*)

3. ARSÉNIC NATIF AMORPHE. Il est en masse, sans forme propre ; mais sa texture varie. Il y en a de parfaitement compacte, d'autre qui a la texture aiguillée : plus ordinairement il est composé d'une multitude de petites écailles ; on lui donne alors le nom d'*Arsénic écailleux*.

Gissement. L'Arsénic natif ne se trouve presque jamais en filons particuliers ; il accompagne ordinairement l'argent sulfuré, le cobalt gris et arsénical, le cuivre gris, le fer spathique, le nickel arsénical, et ne se rencontre que dans les montagnes primitives.

Lieux. On le trouve : — En France, à Sainte-Marie-aux-Mines, en gros mamelons. — En Saxe, à Freyberg, en boules composées de couches concentriques, et contenant 0,04 d'argent. (*DEBORN.*) — En Bohême, à Joachimsthal. — En Angleterre, dans les mines de Cornouaille. — En Sibérie, dans la mine d'argent de Zmeof. M. Patrin a remarqué que les mines de Sibérie se terminoient dans la profondeur par des minerais arsénicaux ; — on le trouve enfin dans plusieurs des mines citées plus bas pour les autres espèces.

2ᵉ *Esp.* ARSÉNIC OXIDÉ. *Haüy.* [1]

Il est en oxide blanc, transparent, entièrement volatil, avec odeur d'ail, et dissoluble dans l'eau. Sa pesanteur spécifique est de 3,70 ou même de 5 d'après Deborn. Il noircit par l'action des corps combustibles. *Caractères.*

1. ARSÉNIC OXIDÉ PRISMATIQUE. En prisme quadrangulaire. Il se trouve à Joachimsthal en Bohême, sur de la baryte sulfatée. *Variétés.*

2. ARSÉNIC OXIDÉ ACICULAIRE. En aiguilles ordinairement divergentes.

3. ARSÉNIC OXIDÉ PULVÉRULENT. En efflorescence blanche et pulvérulente. Cette variété est assez rare : elle se rencontre en efflorescence, ou dans les filons des mines d'Arsénic, ou sublimée par l'action des feux souterrains dans les fentes des montagnes volcaniques.

On la trouve — en Hesse, à Riechelsdorf. — En Saxe, à Andreasberg et à Raschau. — En Hongrie, à Schmœlnitz. — Dans les Pyrénées espagnoles, dans une mine de cobalt de la vallée de Gistan. (*Saox.*)

L'oxide d'Arsénic cristallise artificiellement en octaèdre : mais ses cristaux s'effleurissent à l'air, tandis que ceux de la nature restent transparens.

3ᵉ *Esp.* ARSÉNIC SULFURE.

Cet Arsénic est jaune-orangé et rouge ; il brûle et répand une odeur en même temps *alliacée* et sulfureuse. Il se volatilise au feu ; il est tendre et assez léger ; c'est la combinaison de l'Arsénic à l'état métallique avec le soufre. On divisera cette espèce en deux sous-espèces fondées sur les diverses proportions des principes constituans [2]. *Caractères.*

---

[1] *Natürlicher arsenik-kalk*, l'Arsénic oxidé natif. *Broch.*

[2] Nous plaçons le mispickel, ou pyrite arsénicale, parmi les minerais de fer.

Ire SOUS-ESP. ARSÉNIC SULFURÉ RÉALGAR [1].

Caractères. CETTE sous-espèce est remarquable par sa couleur, qui est souvent d'un beau rouge tirant un peu sur l'orangé. Sa poussière est orangée, et c'est ce qui la distingue du mercure sulfuré dont la poussière est d'un rouge vif. Le Réalgar est très-tendre, se laissant briser par l'ongle ; sa cassure est vitreuse et conchoïde ; il est entièrement volatil au chalumeau, et répand une odeur d'ail et de soufre. Il perd sa couleur dans l'acide nitrique.

Il acquiert par le frottement, et sans avoir besoin d'être isolé, l'électricité résineuse. Enfin sa pesanteur spécifique est de 3,33, et cette grande légèreté suffit seule pour le distinguer à l'instant du plomb chromaté, dont la couleur est la même.

Le Réalgar est composé de 0,25 de soufre et 0,75 d'Arsénic à l'état métallique. (*THÉNARD.*) Il est susceptible de cristalliser ; sa forme primitive paroît être la même que celle du soufre ; c'est un octaèdre à triangles scalènes. Ses variétés de formes se rapprochent de la forme prismatique. Les sommets pyramidaux des prismes sont composés de faces parallèles à celles de l'octaèdre primitif (*pl. 6, fig. 3, Arsénic réalgar dioctaèdre*).

Gissement. On trouve ordinairement le Réalgar sublimé dans les fentes des laves et vers les cratères des volcans. Il existe aussi dans les montagnes primitives, en masses, en veines, en cristaux ou en efflorescence dans les filons qui renferment de l'Arsénic natif.

Lieux. On trouve le Réalgar des terreins primitifs : — au Saint-Gothard, dans la chaux carbonatée dolomie ; — en Transilvanie, dans les mines d'or de Nagyag ; — en

---

[1] Arsénic sulfuré rouge. *HAÜY.* — *Rothes rauschgelb* , le Réalgàr rouge. *BROCH.* — *Arsenicum risi gallum. WALL.* — RUBINE d'Arsénic. *DAUBENTON.* — SANDARACH des anciens. — Le SANDYX étoit ou un synonyme de *sandarach* , ou une composition dans laquelle le Réalgar entroit en grande proportion.

Haute-Hongrie, à Felsobanya. — En Bohême, à Joachimsthal ; — en Saxe, à Marienberg. — Deborn cite un filon de ce minerai dans la Bukovine, entre la Galicie et la Transilvanie : il a plus de trois décimètres d'épaisseur, mais il est terreux et friable.

Celui des terrains volcaniques se trouve : — à la Solfatare, près de Naples ; — au Vésuve, dans le courant de lave de 1794 ; il y est cristallisé. — Sur l'Etna, en Sicile. — Dans le volcan de la province de Bungo, dans l'île de Ximo au Japon. (*Romé-de-Lisle.*) — A la Guadeloupe, où il est connu sous le nom de *soufre rouge*.

Usages. Comme le Réalgar donne une poussière d'un beau rouge-orangé, il est employé comme couleur. On en fait en Chine des pagodes et des vases purgatifs dont on se sert en y mettant infuser des acides végétaux que l'on boit ensuite. En Sibérie, on le donne sans crainte contre les fièvres intermittentes. Quoique ses effets soient moins prompts que ceux de l'oxide d'Arsénic, il est toujours un poison très-actif lorsqu'il n'est pas administré avec prudence.

2ᵉ SOUS-ESP. ARSÉNIC SULFURÉ ORPIMENT [1].

Caractères. Sa couleur est le jaune-citrin souvent très-vif et même éclatant. Lorsque sa texture est lamelleuse, la surface des lames offre des reflets d'un jaune doré. Ces lames sont translucides, très-tendres et même flexibles; elles se séparent très-facilement à la manière de celles de la chaux sulfatée.

Cette espèce d'Arsénic se volatilise au chalumeau en répandant une odeur d'ail et de soufre ; elle acquiert par le frottement l'électricité résineuse ; sa pesanteur spécifique est 3,45. Elle est composée de 0,43 de soufre, et de 0,57 d'Arsénic métallique. (*Thénard.*) L'Orpiment est un peu moins fusible que le réalgar, et il perd, en

---

[1] Arsénic sulfuré jaune. *Haüy.* — *Gelbes rausgelb*, le réalgar jaune. *Broch.* — *Arsenicum auripigmentum. Wall.* — ORPIMENT. *Kirw.* — ORPIN. *Romé-de-Lisle.*

fondant, sa belle couleur jaune pour en prendre une orangée. (*Thenard.*) [1].

L'Orpiment ne s'est point encore trouvé en cristaux nets et déterminables ; il se présente en lames, tantôt grandes, tantôt petites : on le voit aussi en concrétions (dans le Bannat en Hongrie); ce sont ses seules variétés.

Gissement. L'Orpiment appartient plutôt aux montagnes stratiformes qu'aux montagnes primitives en masse : il accompagne assez souvent le réalgar.

Lieux. On en trouve — en Hongrie à Moldava, dans un filon de cuivre pyriteux. (*Deborn.*) A Thajoba, près de Neusohl, en cristaux octaèdres, peu nets, engagés dans une argile ferrugineuse. (*Deborn.*) — En Transilvanie, à Ohlalapos, en globules testacés, agrégés ensemble comme les oolithes calcaires. (*Deborn.*) En Géorgie, — en Valachie, — en Natolie, et dans une grande partie de l'Orient.

Usages. L'Arsénic sulfuré jaune du commerce vient du Levant. Il est employé dans la peinture sous le nom d'*orpin*. Wallerius dit qu'on s'en sert pour teindre en jaune les bois blancs, et leur donner l'aspect du buis.

Les Orientaux en font un dépilatoire que les Turcs nomment *rusma*.

2e *Genre.* CHROME [2].

Le Chrome, métal nouvellement découvert par M. Vauquelin, ne s'est point encore trouvé isolé dans la nature, ni à l'état d'oxide pur, ni à l'état de sulfure, ni dans aucune combinaison dont il fasse la base [3]. Il

---

[1] MM. Kirwan et Westrumb avoient annoncé que l'Orpiment contenoit moins de soufre que le réalgar, et M. Proust a dit que l'Arsénic est à l'état métallique dans ces sulfures.

[2] Mot grec, qui veut dire *couleur*, à cause des propriétés colorantes de ce métal.

[3] On a appelé *nadelerz* un minéral en aiguilles d'un blanc grisâtre éclatant et recouvert d'efflorescence verdâtre. On l'a considéré comme un minéral particulier de Chrome. Il vient de la mine d'or

a été reconnu dans un assez grand nombre de corps, où il n'est que comme principe accessoire.

Il n'y a donc encore aucune espèce à placer dans ce genre; mais il est nécessaire de connoître les principales propriétés de ce métal, afin de pouvoir le reconnoître dans les minéraux où il se rencontre.

Caractères. L'oxide de Chrome communique au verre une belle couleur verte qui persiste au plus grand feu. Cet oxide prend, dans l'acide nitrique, une couleur d'un beau rouge-orangé.

Il est très-difficile à réduire et presqu'infusible; il cristallise en petites aiguilles déliées très-fragiles.

Les autres propriétés chimiques du Chrome ne sont pas de notre objet.

Gisement. On a trouvé ce métal à l'état d'oxide vert dans le beril-émeraude, dans la diallage verte, dans quelques serpentines, dans un oxide de plomb qui accompagne souvent le plomb rouge et dans les aérolithes.

On l'a trouvé à l'état d'acide dans le spinelle rubis, dans le plomb chromaté et dans le fer chromaté.

Usages. Le chromate de plomb artificiel est déjà employé dans la peinture à l'huile : on espère pouvoir faire entrer l'oxide de Chrome dans la composition des émaux verts. Cet oxide très-pur, appliqué sur la porcelaine sans fondant, et fondu avec la couverte au grand feu, donne un vert foncé très-beau, sur lequel on peut dorer. On s'en sert à Sèvres.

3ᵉ *GENRE.* MOLYBDÈNE. *Haüy.*

NON-SEULEMENT on n'a jamais trouvé le Molybdène à l'état métallique dans la nature ; mais l'art n'est même point encore parvenu à le réduire complètement. On n'a pu obtenir que des petits grains noirs, fragiles, presqu'infusibles. Il faut donc recourir aux caractères

---

de Rednick, près de Schlangenberg en Sibérie. Il a pour gangue un quartz blanchâtre, qui contient de l'or, du plomb sulfuré, &c.

chimiques de ce métal pour le reconnoître dans les combinaisons où il se trouve.

Caractères. Un des moyens les plus efficaces paroît être l'acide sulfurique; il change le Molybdène en une poussière d'un bleu d'indigo foncé. L'acide nitrique fait passer cet oxide bleu à l'état d'un acide blanc argentin susceptible de cristalliser. On ne connoît qu'une seule espèce dans ce genre.

Esp. MOLYBDÈNE SULFURÉ. Haüy. [1]

Caractères. Il est d'un gris métallique assez éclatant ; sa texture est lamelleuse; mais les lamelles qui le composent sont flexibles, douces et presqu'onctueuses sous le doigt auquel elles s'attachent; il laisse sur le papier et sur la faïence blanche des traces brunes à la manière du graphite ; mais lorsqu'on compare ces traces, on remarque que celles du Molybdène sulfuré sont verdâtres et composées de petites lames, tandis que les autres sont grises et composées de petits grains. Il se volatilise par l'action du feu du chalumeau , et produit des vapeurs blanches à odeur sulfureuse. Il est composé d'environ 0,60 de Molybdène métallique, et de 0,40 de soufre. (Bucholz.)

Le Molybdène sulfuré, quoique conducteur de l'électricité, acquiert l'électricité résineuse par le frottement, et comme la plupart des pierres onctueuses, il communique à la résine sur laquelle on le frotte, l'électricité vitrée. Sa pesanteur spécifique est de 4,738.

Ce sulfure est susceptible de cristalliser. M. Haüy présume que sa forme primitive est un prisme droit à bases rhombes dont les angles ont 120^d et 60^d.

Gissement. Le sulfure de Molybdène appartient exclusivement aux terreins primitifs; on ne le trouve même guère que dans les roches les plus anciennes, telles que les granites.

---

[1] *Wasser bley*, le Molybdène sulfuré. Broch. — Molybdénite. Kirw.

Il est disséminé dans ces roches, dont il semble former, dans certains cas, une des parties constituantes. Dans d'autres circonstances, on le trouve en rognons. Il accompagne souvent les mines d'étain. Les minéraux qui lui servent assez ordinairement de gangue, sont le schéelin ferruginé, le quartz, l'arsénic natif, la chaux fluatée, la baryte sulfatée, &c.

On a trouvé le Molybdène sulfuré : en France, dans les environs du Mont-Blanc, au pied du rocher nommé le Talèfre ; il est en petites lames disséminées dans un granite gris. — A la mine du Tillot, dans les Vosges ; — en Bohême, dans les mines d'étain de Sclackenwald et de Zinnwald ; — en Saxe, à Altenberg, &c. ; — en Suède, à Norberg, avec du fer oxidulé ; et à Hackes-picken, près de Norberg, dans une stéatite blanche (PELLETIER) ; — en Islande, dans un granite à felspath rouge. *Lieux.*

4ᵉ GENRE. SCHÉELIN. HAÜY. [1]

LE Schéelin est encore un de ces métaux fragiles et *Caractères.* même friables, qui sont presque irréductibles, et qu'on n'a pu voir distinctement sous l'état métallique. On doit donc chercher des caractères génériques dans son oxide. Cet oxide, insoluble dans tous les acides, prend une couleur jaune-citrin dans l'acide nitrique.

C'est presque tout ce que l'on peut dire sur les caractères distinctifs de ce métal.

1ʳᵉ ESP. SCHÉELIN CALCAIRE. HAÜY. [2]

CE minerai ressemble entièrement à une pierre : il *Caractères.* est ordinairement translucide, limpide et jaunâtre, avec

---

[1] TUNGSTÈNE de la plupart des minéralogistes. — On a substitué à ce nom, qui veut dire *pierre pesante*, celui de *Schéelin*, en l'honneur du chimiste SCHEELE qui a découvert ce métal.

[2] *Schwerstein*, la pierre pesante. BROCHANT. — WOLFRAM de couleur blanche. ROMÉ-DE-LISLE. — Mine d'étain blanche de quelques minéralogistes ; mais c'est par erreur qu'on lui a donné ce nom.

un aspect gras ; il a une pesanteur spécifique remar-quable qui est de 6,066. Sa cassure est lamelleuse ; il est infusible au chalumeau. Sa poussière, mise en digestion dans l'acide nitrique, y devient jaunâtre. Ces proprié-tés suffisent pour le distinguer du plomb carbonaté, de l'étain oxidé et de la baryte, seules substances avec les-quelles on puisse le confondre au premier moment.

Il cristallise fort bien et presque toujours en octaèdre. Sa forme primitive est un octaèdre aigu (*Bournon*), dont l'angle au sommet est de 66^d 24', et l'incidence mutuelle de deux faces voisines d'une même pyramide, est de 107^d 26'. (*Haüy.*)

Ce minerai, lorsqu'il est cristallisé et translucide, est composé de 0,78 d'oxide jaune de tungstène, 0,18 de chaux, 0,03 de silice. (*Klaproth.*)

Gissement et lieux.

Le Schéelin calcaire accompagne ordinairement les minerais d'étain, à Zinnwald et à Schlackenwald, en Bohême ; — à Ehrenfriedersdorf, en Saxe ; — à Bitberg, en Suède. — M. de Bournon cite un cristal de Schéelin calcaire ayant 8 centimètres de long et trouvé près de Saint-Christophe, en Oysans, département de l'Isère.

On en trouve à Zinnwald, qui est en petits cristaux octaèdres d'un brun jaune, sur du quartz ou du mica. — A Pengilly, dans le pays de Cornouaille : il contient un peu de fer et de manganèse. (*Klaproth.*)

2e *Esp.* SCHÉELIN FERRUGINÉ. *Haüy.* [1]

Caractères.

CELUI-CI est d'un noir presque pur ; il a l'éclat et l'opacité métallique ; sa texture en longueur est très-distinctement lamelleuse, et ses lames conduisent à un parallélipipède rectangle qui est sa forme primitive (*pl. 6, fig. 33.*) ; sa cassure transversale est raboteuse.

Il se laisse entamer par la lime ; il est infusible au

[1] *Wolfram*, le Wolfram. *Broch.* — *Magnesia cristallina....* *spuma lupi. Wall.* Ce minéralogiste le prenoit pour un minerai de manganèse. — Mine de fer basaltique. *Demeste.*

chalnmeau même avec le borax. Sa pesanteur spécifique
est de 7,333.

Le Schéelin ferruginé a de la ressemblance avec
quelques minerais de fer et quelques minerais d'étain ;
il se distingue des premiers , parce qu'il n'agit pas sur
le barreau aimanté , et des seconds , par sa texture lamelleuse , son peu de dureté , et la couleur de sa poussière qui est d'un violet sombre.

Le Schéelin ferruginé cristallise assez communément,
ses formes se rapportent au prisme droit à quatre pans
dont les arêtes ou les angles solides sont remplacés par
des facettes linéaires (*pl. 6, fig. 34, Sch. ferrug. épointé*).
Il contient environ 0,67 d'acide schéelique , 0,18
d'oxide de fer, 0,06 de manganèse, et un peu de silice.
(*VAUQUELIN.*)

Ce Schéelin est moins rare que l'espèce précédente : *Lieux et gissement.*
non-seulement il se trouve comme elle dans les mines
d'étain de la Bohême et de la Saxe, mais aussi dans
celles de Poldice en Cornouaille. On l'a trouvé assez
abondamment dans un filon de quartz, au lieu nommé
Puy-les-Mines près Saint-Léonard , département de la
Haute-Vienne. — M. Patrin dit qu'il y en a en Sibérie,
dans la montagne Odontchelon , et qu'il sert de gangue
à des bérils et à des topazes.

On voit par ce qui vient d'être dit , que le Schéelin *Gissement général.*
appartient aux terreins primitifs de la plus ancienne formation, puisqu'il accompagne presque toujours l'étain,
et qu'il paroît être contemporain de ce métal.

5ᵉ *GENRE.* COLUMBIUM. *HATCHETT.* [1]

Le seul échantillon de minerai de Columbium qu'on *Caractères.*
ait encore vu , ressemble à l'extérieur au fer chromaté ;

---

[1] C'est à M. Hatchett qu'on doit tout ce que l'on sait sur ce
métal. Il l'a nommé *Colombium* en l'honneur de Christophe Colomb,
parce que c'est en Amérique qu'on a trouvé ce minéral pour la première fois.

il est gris foncé ; sa cassure est grenue dans un sens, un
peu lamelleuse dans l'autre , assez éclatante lorsqu'elle
est récente. Sa pesanteur spécifique est de 5,918. Ce
minerai est composé de 0,21 de fer oxidé , et de 0,78
d'oxide de Columbium.

On n'a pas encore pu parvenir à réduire le Columbium. On ne connoît donc que les propriétés de son
oxide. Cet oxide est blanc , et jouit des propriétés des
acides ; il se combine avec les alcalis et avec les acides
sulfurique et muriatique chauds. Il est précipité de ses
dissolutions acides en vert olive par le prussiate de
potasse , et en orangé foncé par la teinture de noix
de galle. L'hydrosulfure d'ammoniaque le précipite en
brun de chocolat de ses dissolutions alcalines.

Lieux.   Ces propriétés suffisent pour caractériser ce métal. Il
vient du Massachusett , et faisoit partie de la collection
de sir Hans Sloane. (*HATCHETT.*)

6ᵉ *Genre.* TITANE [1].

CE métal se présente sous des formes si différentes, et
sous des apparences si peu métalliques, que des expériences chimiques peuvent seules le faire reconnoître
avec certitude. Aussi ses variétés ont-elles été dispersées
dans trois ou quatre espèces différentes. Nous allons
chercher à prendre pour caractère celles de ses propriétés chimiques qui nous semblent les plus remarquables et les moins difficiles à observer.

Caractères.   Le Titane métallique n'est point encore connu dans
la nature, et n'a pu être complètement produit par l'art.
On n'a encore vu qu'une pellicule friable d'un rouge de
cuivre , et il paroît d'après cela qu'il est presque infusible.

Son oxide est plus commun , mais il est rarement
pur ; en sorte qu'il est difficile d'isoler ses caractères,
qui sont d'ailleurs peu tranchés. Il varie du gris cendré

---

[1] MENAK. *BROCH.*

au roux de bistre, quelquefois très-foncé, et il communique cette couleur au verre de borax.

Son oxide naturel est presque indissoluble dans tous
les acides. Il faut pour parvenir à le dissoudre le diviser,
en le fondant avec de la potasse. En lavant ce mélange
après la fusion, on enlève la potasse, et il reste de
l'oxide de Titane en poudre blanchâtre. qui se dissout
assez bien dans l'acide nitrique étendu d'eau. Cette dissolution présente alors des caractères distinctifs, nombreux et tranchés. Elle donne, 1°. par le prussiate de
potasse, un précipité vert-brunâtre; 2°. par la noix de
galle, un précipité rouge-brunâtre; 3°. par l'étain, un
précipité rouge-rubis, &c.

La plupart de ces essais peuvent se faire en petit au
chalumeau dans la cuiller de platine et dans un verre.

1re Esp. TITANE RUTHILE [1].

IL est d'un rouge plus ou moins vif, mais toujours un   *Caractères.*
peu brunâtre, avec une sorte d'éclat métallique; sa
cassure en longueur est lamelleuse; en travers, elle est
conchoïde ou inégale. Il est opaque ou un peu translucide, et dur au point de rayer quelquefois le quartz;
sa pesanteur spécifique est de 4,18 à 4,24.

Il est infusible au chalumeau sans addition.

On ne le trouve que cristallisé. Ses cristaux sont prismatiques, et leur forme primitive est un prisme droit à
bases carrées, divisible suivant la diagonale des bases.

TITANE RUTHILE BACILLAIRE.   Il est en cristaux prismatiques assez gros. Ces prismes sont ordinairement cannelés, suivant leur longueur; ils se réunissent quelquefois

---

[1] Titane oxidé. HAÜY. — Ruthil, le RUTHILE. BROCH. — Tita-
ite. KIRW. — Schorl rouge. ROMÉ-DE-LISLE.

On ne connoit encore le Titane qu'à l'état d'oxide : mais on a reconnu cinq espèces ou variétés distinctes de ces oxides. S'il falloit les
désigner par des noms qui indiquassent leur état d'oxidation et la
différence de ces états, on n'auroit plus des noms, mais des phrases.
(Voyez l'*Introduction*, 121 et suiv.)

par leur sommet, et forment une espèce de genou ou de bâton rompu en une (*pl. 6, fig. 35*), deux ou même trois articulations.

TITANE RUTHILE RÉTICULAIRE [1]. Celui-ci est en prismes ou aiguilles déliées, qui se croisent comme les mailles d'un réseau. Il est ordinairement renfermé entre des lames de quartz transparent.

Gisement. Le Titane ruthile appartient exclusivement aux terreins primitifs. On trouve la variété bacillaire tantôt en longs prismes dans diverses gangues, telles que le quartz et le granite; tantôt en prismes courts cannelés, à angles émoussés, dans les terreins d'alluvion des pays primitifs.

Lieux. Ce Titane est assez répandu. On le trouve : — En France, dans les environs de Saint-Yrieix près de Limoges, dans un terrein d'alluvion; — près de Moutier, département du Mont-Blanc, dans la vallée de Doron. M. Héricart l'y a reconnu en filon dans une montagne composée de schistes talqueux, feuilletés, verdâtres ou blanchâtres. Ce filon renferme du quartz, de la chaux carbonatée, du fer spathique, du fer oligiste; le Titane est disséminé dans les cavités de ces pierres, en cristaux aciculaires, groupés en réseaux. — En face du village de Gourdon, arrondissement de Charolle, département de Saône-et-Loire, il est épars dans des ravins, mais souvent implanté dans du quartz (CHAMPEAUX); — au Saint-Gothard; il est en réseaux dans un gneisse et mêlé avec des cristaux de mica; — en Hongrie, près de Beinik, dans les monts Carpaths, en réseaux dans du quartz, au sein d'une montagne de gneisse; — en Espagne, à Cajuelo [2], près Buytrago, dans la Nouvelle-Castille, en gros cristaux dans du quartz; — en Franconie, près d'Aschaffenbourg, dans un granite; — dans le pays de Salzbourg, à Rauris, avec du mica cristallisé;

---

[1] SAGENITE. *SAUSS.* — CRISPITE. *DELAMÉTH.*

[2] On a appelé celui-ci CAJUELITE.

—en Amérique, dans la Caroline du sud, au comté de Peudleton, dans un terrein d'alluvion [1].

2ᵉ Esp. TITANE MÉNAKANITE [2].

Il est en grains ou en masses noirâtres et d'un éclat presque métallique dans sa cassure, qui est un peu lamelleuse. Il agit foiblement sur le barreau aimanté; il est infusible au chalumeau; sa pesanteur spécifique est de 4,427. _Caractères._

M. Klaproth a reconnu dans ce minerai 0,45 de Titane, 0,51 de fer, 0,03 ½ de silice, et un peu de manganèse.

Cette espèce de Titane a été trouvée dans la vallée de Ménakan en Cornouaille; elle y est répandue sous la forme d'un sable assez abondant. _Gissement._

Le Titane ménakanite en masses vient du Spessart, près d'Aschaffenbourg en Franconie [3]; il contient plus de fer et moins de Titane que celui de Cornouaille. _Lieux._

On a trouvé encore cette espèce à Gumcan en Norwège, et à Ohlapian en Transilvanie. Le Titane de ce dernier lieu renferme 0,84 de Titane, et seulement 0,14 de fer.

Presque tous les sables noirs contiennent du Titane.

3ᵉ Esp. TITANE NIGRINE [4].

Ses couleurs principales sont le brun châtain foncé, _Caractères._

---

[1] On a imprimé dans presque tous les ouvrages de minéralogie et de chimie, que ce métal avoit été employé à Sevres pour colorer la porcelaine en bistre. On cite à cette occasion le vase dit _cordelier._ Je me suis assuré, 1°. qu'on ne connoissoit point cette substance à Sevres; 2°. que ce vase, comme tous les fonds bruns dits _écailles,_ avoit été fait avec du fer, du manganèse, &c; 3°. que le Titane donne à la porcelaine une couleur jaune sale, opaque et piquetée, qui n'est d'aucun usage.

[2] _Manakan,_ le Ménakanite. Broch. — Titane oxidé ferrifère. Haüy.

[3] C'est celui-ci qu'on a nommé Gallitzinite.

[4] Titane silicéo-calcaire. Haüy. — _Nigrin,_ le Nigrine. Broch. Sphène. Haüy.

2

286139B

le brun violet, le jaune isabelle, le blanc jaunâtre. Il est assez éclatant, opaque, translucide, et quelquefois diaphane ; il est assez dur ; sa cassure est lamelleuse. Sa pesanteur spécifique est de 3,51.

Il ne se trouve jamais en grandes masses : mais on le voit souvent cristallisé. Sa forme primitive est un octaèdre rhomboïdal très-surbaissé, dont les faces sont parallèles aux facettes S S du Nigrine uniternaire (*pl. 6, fig. 36*), que nous prenons pour exemple. (*Haüy.*)

Cette espèce est composée de Titane, de silice et de chaux ; mais il semble que ces trois substances ne suivent aucune loi dans leurs proportions, comme le fait voir la table suivante :

	De Passau, par Klaproth.	Brun d'Arendal, par Abilgaard,	Blanc d'Arendal, idem.	Sphène, par Cordier.
Titane,	55	58	74	55
Chaux,	55	20	18	52
Silice,	55	22	8	28

Parmi les cristaux de Titane nigrine, il en est de fort petits, qui sont translucides et pâles ; les uns sont simples [1], les autres sont réunis longitudinalement, et forment une espèce de gouttière. M. Haüy avoit fait de ces petits cristaux une espèce particulière, qu'il avoit nommée *sphène*. Saussure avoit décrit la variété en cristaux accolés sous le nom de *rayonnante en gouttière*. Les expériences de M. Cordier nous ont engagés à réunir ces pierres avec le Titane nigrine, et nous appellerons :

TITANE NIGRINE CANALICULÉ [2], celui dont les cristaux sont accolés longitudinalement. M. Haüy a reconnu que les cristaux qui appartiennent à cette sous-variété de Titane ne sont point réguliers, qu'ils deviennent électriques par la chaleur, et manifestent à chaque extrémité une espèce d'électricité différente. On trouve particulièrement ce Titane au mont Saint-Gothard, près de Dis-

---

[1] PICTITÈ. *DELAMÉTH.*
[2] SPHÈNE canaliculé. *Haüy.* — Rayonnante en gouttière. *Sauss.*

sentis, sur un granite ; il est mêlé avec des cristaux de felspath adulaire et de la chlorite.

Le Titane nigrine ne se rencontre que dans les roches primitives, il semble même quelquefois en faire partie. On le trouve près de Passau en Bavière, dans une roche composée de felspath, de quartz, de mica, d'amphibole et de stéatite ; il est noir. — A Arendal en Norwège, dans un granite. — En France, dans la mine d'Allemont ; dans les roches du Mont-Blanc, et dans celles des environs de Limoges. (CORDIER.) — A l'ouest de Nantes, dans la carrière de la Chaterie, il est en petits cristaux gris, entre deux couches d'amphibole hornblende, dans une roche felspathique. (DUBUISSON.) En Piémont, dans les roches du Mont-Rose. — En Egypte, dans du granite.

Gisement et lieux.

4ᵉ Esp. TITANE ANATASE [1].

CETTE espèce diffère beaucoup des précédentes par ses caractères extérieurs. On ne l'a encore vu que sous la forme de petits cristaux octaèdres, rectangulaires ; ces cristaux d'un brun ou d'un bleu noirâtre métallique, sont quelquefois translucides ; ils sont assez durs pour rayer le verre, et infusibles au chalumeau sans addition ; mais fondus avec du borax, ils présentent diverses couleurs ; tels que le vert, le rouge d'hyacinthe, le bleu foncé, selon l'intensité de chaleur qu'on leur communique.

Caractères.

Leur pesanteur spécifique est de 3,8. Ils laissent très-bien passer l'électricité.

Ces caractères et l'analyse qui a été faite par M. Vauquelin, ne laissent aucun doute sur l'identité du Titane avec ces cristaux, qui sont composés de Titane oxidé pur : mais alors pourquoi leur forme est-elle aussi différente, et même aussi éloignée de celle du Titane

---

[1] Anatase. HAÜY.— OISANITE. DELAMÉTH.— Schorl octaèdre, OCTAÉDRITE. SAUSS.

ruthile ? c'est une question à laquelle on n'a pas encore pu répondre.

Lieu et gissement.

Le Titane anatase ne s'est encore trouvé qu'à Vaujani, vallée d'Oysans, département de l'Isère ; il est en petits cristaux épars et mêlés avec du felspath adulaire sur un granite.

Gissement général.

On voit que toutes les espèces de Titanes appartiennent, sans exception, aux terreins primitifs, et même à ceux de la plus ancienne formation.

Annotations.

Il y en a une variété encore peu connue qui contient du chrome. On la trouve en Westmanie, dans une gangue de talc et de quartz, mêlés de tourmaline. (ECKEBERG.)

7ᵉ GENRE. URANE. KLAPROTH.

Caractères.

CE métal est encore trop peu connu pour qu'on soit en état d'assigner aux espèces de minéraux qui le renferment des caractères généraux qui puissent le faire reconnoître. On sait seulement que l'Urane amené à l'état métallique est d'un gris foncé un peu éclatant, qu'il se laisse entamer par le couteau, qu'il est après le tellure le plus léger des métaux ; il ne pèse que 6,44.

Ce métal est dissoluble dans l'acide nitrique, son oxide communique au verre une couleur orangée foncée : il est très-difficile à réduire et presque infusible.

1ʳᵉ ESP. URANE OXIDULÉ. HAüY. [1]

Caractères.

CE minerai est opaque, d'un noir brunâtre ou bleuâtre ; sa cassure est presque conchoïde et luisante comme celle de la poix ; sa texture est cependant feuilletée ou grenue dans quelques échantillons. Quoiqu'assez dur, il se laisse râcler, et sa poussière est noire. Il est infusible au chalumeau, et se dissout dans l'acide nitrique avec dégagement de gaz nitreux. Sa pesanteur spécifique est de

---

[1] Pecherz, Urane noir. BROCH. — Pechblende. WIDENMANN.

6,53 à 7,50. Cette grande pesanteur distingue essentiellement l'Urane oxidulé du zinc sulfuré avec lequel il a
quelque ressemblance.

L'Urane peu oxidé est la partie essentielle de ce
minerai ; il en fait les 0,86 ; et y est mêlé avec du plomb
sulfuré, de la silice et un peu de fer. (KLAPROTH.)

Cette espèce d'Urane se trouve en petites masses dans
les filons avec du plomb, du cuivre et de l'argent
sulfurés ; de l'argile endurcie, &c. à Joachimsthal en
Bohême, à Johann-Georgen-Stadt et à Schneeberg en
Saxe. *Gisement et lieux.*

2ᵉ Esp. URANE OXIDE. Haüy.

CET oxide est vert ; ses nuances s'étendent depuis le
vert d'émeraude le plus vif jusqu'au vert jaunâtre du
serin. Il est fragile ou pulvérulent, et se dissout sans
effervescence dans l'acide nitrique. Il est susceptible de
cristalliser ; sa forme primitive est un prisme droit à bases
carrées ; sa pesanteur spécifique est de 3,121. *Caractères.*

Ce minerai se distingue des oxides de cuivre, en ce
que sa dissolution dans l'acide nitrique n'est point précipitée en beau bleu par l'ammoniaque, ce qui est,
comme on sait, un caractère particulier au cuivre.

1. URANE OXIDÉ MICACÉ [1]. Celui-ci est en lames rectangulaires, qui, par leur réunion, donnent naissance
à des cristaux toujours très-petits. Quelquefois aussi ces
lames sont groupées de manière à présenter les feuillets
divergens d'un éventail. Il est translucide, a beaucoup
d'éclat, et présente quelquefois une très-belle couleur
verte. M. Klaproth dit que dans ce cas il renferme un
peu de cuivre. *Variétés.*

Ces cristaux se trouvent disséminés dans les fissures de
diverses gangues ; telles que le fer oxidé brun, le quartz,
le silex corné des filons, le granite, le micaschiste, le
cobalt terreux, &c.

---

[1] *Uran-glimmer*, l'Urane micacé. BROCH. — *Chalkolith.* WI-
DENMANN.

On le trouve en Saxe ; — dans le Bannat, à Saska ; — en Angleterre, à Karrarach dans le comté de Cornouaille ; il y accompagne le cuivre arséniaté ; — dans le Wirtemberg, à Reinerzau, avec le cobalt terreux ; — en France, à Saint-Symphorien, près d'Autun ; il y est en filon dans un granite friable ; sa couleur est d'un jaune verdâtre. (*CHAMPEAUX.*) A Chanteloube, près Limoges, dans un granite friable ferrugineux. (*ALLUAUT* et *CRESSAC.*)

 2. URANE OXIDÉ PULVÉRULENT [1]. Il est d'un jaune verdâtre. Il se présente en petites masses à cassure terreuse, ou en poussière répandue à la surface des autres minerais d'Urane, et notamment de l'Urane oxidulé.

On le trouve à-peu-près dans les mêmes lieux que les espèces précédentes.

Gissement général.

On voit par ce qui vient d'être rapporté, que l'Urane appartient aux terreins primitifs, et que ce métal est peu répandu à la surface de la terre [2].

8e GENRE. CÉRIUM [3].

LE Cérium n'a pas encore pu être réduit à l'état métallique de manière à permettre d'observer complètement ses propriétés dans cet état ; il paroît être trèscassant, lamelleux et d'un blanc grisâtre. On ne peut donc bien caractériser le Cérium que par les propriétés de son oxide.

Caractères.

On connoît deux degrés d'oxidation de ce métal. Le

---

[1] *Uran okk.r*, l'ocre d Urane. *BROCH.*

[2] La s..bstance à laquelle on a donné le nom de *silène*, et qu'on a regardée pendant quelques momens comme un métal nouveau, s'est trouvée, d'apres de nouvelles expériences de M. Proust, n'être qu'un minerai d'Urane.

[3] C'est à MM. Hisinger et Berzelius, chimistes de Stockholm, qu'on doit la connoissance du Cérium, et les premières analyses du cérite, qui étoit désigné sous le nom de *tungsteen de Bastnæs.* M. Klaproth avoit cru reconnoître dans le cérite une nouvelle terre, qu'il avoit nommée *ocroïte.*

premier donne un oxide blanchâtre ; le second donne
un oxide rouge de brique. L'oxide blanc se combine
avec les acides, et s'y dissout assez facilement ; ses dissolutions sont roses. L'oxide rouge n'est facilement dissoluble que dans l'acide muriatique, et il se dégage alors
de l'acide muriatique oxigéné ; ses dissolutions sont rougeâtres. Ni l'un ni l'autre oxide n'est dissoluble dans
les alcalis purs. Les dissolutions du Cérium sont préci-
pitées en blanc par les prussiates et par tous les alcalis,
et en jaunâtre par l'acide gallique. Les précipités blancs
rougissent par la calcination. L'hydrogène sulfuré précipite en blanc les dissolutions de ce métal, mais il
ne s'y combine pas.

Esp. CÉRIUM CÉRITE [1].

On nommera ainsi le minérai qui renferme l'oxide Caractères
de Cérium. Il est d'un rose pâle, d'une dureté assez considérable pour rayer le verre. Sa pesanteur spécifique
varie de 4,53 à 4,93. Sa cassure est grenue, à grain fin,
un peu brillante ; sa poussière est grisâtre ; elle devient
rouge par la ca'cination, et perd 12 p. $\frac{2}{5}$ de son poids.
Le Cérite est infusible au chalumeau ; il ne colore point
le verre de borax. Il renferme, d'après M. Vauquelin :
Cérium oxidé, 0,67 ; silice, 0,17 ; chaux, 0,02 ; fer oxidé,
0,03 ; eau et acide carbonique, 0,12.

On a trouvé ce minerai dans la mine de cuivre de Lieu
Bastnaès, à Riddarhyta en Suède ; il est accompagné et gissement.
de cuivre et de molybdène sulfurés, de bismuth, de
mica, d'amphibole, &c.

9e GENRE. TANTALE. ECKEBERG.

On n'a encore vu ce métal que sous la forme d'une Caractères
matière d'un gris noirâtre avec un peu d'éclat. On ne
peut donc rien dire sur ses caractères métalliques. Son
oxide est un peu mieux connu ; il est blanc, ne prenant

---

[1] Cérium oxidé silicifère. Haüy.

aucune couleur au feu, et n'en donnant aucune au
verre de borax. Il est absolument indissoluble dans les
acides; il se dissout un peu dans les alcalis fixes, purs.
La pesanteur spécifique de cet oxide est de 6,5.

Deux minerais différens renferment ce nouveau métal.

1ʳᵉ *Esp.* TANTALE TANTALITE [1].

Caractères.   IL se présente sous la forme de cristaux, qui paroissent
approcher de l'octaèdre. Il est lisse, noirâtre, chatoyant à sa surface, et d'un gris bleuâtre foncé dans sa
cassure, qui est compacte et qui a le brillant métallique.
Il étincelle vivement sous le choc du briquet, et n'a
aucune action sur l'aiguille aimantée. Sa pesanteur spécifique est de 7,953. Ce minerai est composé de Tantale,
de fer et de manganèse.

Lieu
et gissement.   Le Tantalite a été trouvé près de Brokaern, paroisse
de Kimito, gouvernement d'Abo en Finlande. Il est
disséminé en morceaux globuleux dans un filon composé de felspath rouge, qui traverse une montagne de
gneisse.

2ᵉ *Esp.* TANTALE YTTRIFÈRE [2].

Caractères.   ON le trouve en morceaux disséminés de la grosseur
d'une noisette; sa cassure est grenue et d'un gris foncé
métallique. Ce Tantale se laisse râcler avec le couteau;
sa poudre est grise; sa pesanteur spécifique est d'environ 5,13. Il est composé de fer, de manganèse, de Tantale et d'yttria.

Lieu
et gissement.   On a trouvé ce minéral en Suède, à Ytterby, dans le
même lieu et dans le même filon de felspath que la
gadolinite.

On doit la connoissance de ce métal et l'analyse de
ses minerais à M. Eckeberg.

---

[1] Tantalite. ECKEBERG. Suivant M. Gayer, ce minerai étoit
connu dès 1746, mais confondu avec le minerai d'étain nommé *Zinn-
graupen*.

[2] Yttrotantalite, ECKEBERG.

10ᵉ *Genre*. MANGANÈSE [1].

LES minerais de Manganèse se présentent sous des aspects extrêmement différens ; mais on peut recourir pour les reconnoître à un caractère chimique fort aisé à mettre en usage.

Tous les minerais qui contiennent une quantité no- Caractères. table de Manganèse, fondus au chalumeau avec du borax, donnent un verre violet si on y ajoute un peu de nitre. Les substances pierreuses ou acidifères qui renferment ce métal oxidé, brunissent par le contact de l'air, et sur-tout par l'action du feu, quelle que soit leur couleur, blanche, rose, grise, jaune, &c.

Quant au Manganèse métallique, il est si difficile à obtenir, qu'il est presque inconnu. On sait seulement que c'est un métal blanc, un peu malléable, presque infusible, qui s'oxide promptement à l'air, et dont la pesanteur spécifique est de 6,85.

1ʳᵉ *Esp*. MANGANÈSE MÉTALLOÏDE.

CE Manganèse a l'aspect métallique ; tantôt le fond Caractères. de sa couleur est le noir de fer, avec l'éclat de ce métal ; tantôt il a l'apparence de l'argent : sa texture est rayonnée, fibreuse ou lamellaire ; sa râclure est noire sans éclat : il est très-facile à casser ; il tache les doigts en noir. Sa pesanteur spécifique est de 4,756. Il est d'ailleurs infusible au chalumeau sans addition.

1. MANGANÈSE MÉTALLOÏDE CHALYBIN [2]. Il a le brillant Variétés. et l'aspect métallique du fer ; il est très-fragile, et sa poussière est noire et sèche au toucher. On peut le diviser en prismes rhomboïdaux, dont les angles sont de 100ᵈ et 80ᵈ à-peu-près. Ces prismes offrent des coupes naturelles dans le sens de leur petite diagonale.

Quelques variétés de ce Manganèse ont de la ressem-

---

[1] *Magnesia*. WALL.

[2] Manganèse oxidé métalloïde. HAÜY. — *Strahliges grau braunss-uin erz*, le manganèse gris rayonné, BROCH.

blance avec l'antimoine sulfuré et le fer brun fibreux ;
elles se distinguent du premier par leur infusibilité, et
du second, par leur poussière noire.

Le Manganèse métalloïde est tantôt composé d'aiguilles parallèles ou divergentes et plus ou moins déliées [1]; tantôt il a la texture lamelleuse [2]. Ce dernier est
moins commun.

2. MANGANÈSE MÉTALLOÏDE ARGENTIN [3]. Celui-ci est tantôt en filamens déliés et sinueux ; tantôt en petites
masses, composées de grains ou de paillettes brillantes;
tantôt en couches minces, recouvrant le fer spathique.
Dans ces trois circonstances, il a la couleur blanche, un
peu jaunâtre et presque l'éclat de l'argent ; il se laisse
écraser entre les doigts; sa poussière est douce au toucher.

On le trouve en petites masses dans les cavités du fer
brun fibreux. C'est ainsi que je l'ai vu dans la mine
de fer brun d'Articol, département de l'Isère. Il est
souvent étendu en couche mince sur le fer spathique
de Baygorry, département des Hautes-Pyrénées.

Le Manganèse métalloïde est à l'état d'oxide. Cent
parties de cet oxide contiennent environ 0,45 d'oxigène,
et d'ailleurs peu de principes étrangers, qui sont,
suivant les échantillons que l'on examine, ou un peu
de fer, ou de la chaux carbonatée, ou de la silice.

Gissement.   Cette espèce de Manganèse ne se trouve que dans les
pays primitifs, en rognons, en filons, ou même en
couches.

Lieux.   On en connoît dans presque tous les pays, mais
notamment en France : à Chambourg près Tholey,
département de la Moselle ; — en Saxe ; — en Piémont;
— en Bohême, &c. — Celui de Slefeld, dans le Harts,
est en gros cristaux d'un éclat métallique très-vif, dans

---

[1] Manganèse oxidé métalloïde aciculaire. *HAÜY.*

[2] *Blattriges grau-braunstein-erz*, le manganèse gris lamelleux.
BROCH.

[3] Manganèse oxidé argentin. *HAÜY.* — *Braunstein - schaum*
(écume de Manganèse). *WIDENMANN.* ?

4ᵉ *Esp.* MANGANÈSE SULFURE [1].

Caractères.

CE Manganèse est d'un gris noirâtre ou brunâtre, avec l'éclat métallique sur les parties nouvellement découvertes par la cassure. Sa poussière est d'un jaune verdâtre matte ; sa texture est grenue et sa cassure inégale et granuleuse, même un peu lamelleuse. Il est peu dur et friable sous le couteau, la surface râclée est luisante ; sa pesanteur spécifique est de 3,95. Il est infusible au chalumeau.

Le Manganèse sulfuré est composé, suivant M. Vauquelin, de 0,85 de Manganèse oxidé au *minimum*, et de 0,15 de soufre. Ce Chimiste pense que l'acide carbonique que M. Klaproth y a trouvé, appartient à la gangue. Lorsqu'on verse de l'acide sulfurique étendu d'eau sur ce minerai réduit en poudre, il y a un dégagement très-rapide de gaz hydrogène sulfuré. M. Proust cite cette décomposition facile comme un caractère particulier au Manganèse sulfuré.

Lieux.

Ce minerai a été trouvé dans plusieurs morceaux de la mine d'or de Nagyag en Transilvanie. Il a pour gangue du Manganèse lithoïde mêlé de quartz. On l'a aussi trouvé dernièrement au Mexique. (*DELRIO.*)

5ᵉ *Esp.* MANGANÈSE PHOSPHATÉ [2].

Caractères.

CE minerai, brun foncé lorsqu'il est pur, offre souvent des nuances de rougeâtre ; sa cassure est tantôt matte, tantôt luisante, presque résineuse, quelquefois lamelleuse, et elle conduit alors à un prisme droit à base rectangulaire qui paroît être la forme primitive de cette espèce. (*HAÜY.*) Il est parfaitement opaque ; sa poussière est brune ou d'un rouge-brun ; sa pesanteur spécifique est de 3,95. Il se fond au chalumeau en un émail noir, et est entièrement soluble dans l'acide nitrique.

---

[1] *Vulgairement* mine noire (*schwarzerz*) de Szekeremb.

[2] Fer phosphaté. *BROCH.*

Le Manganèse phosphaté est rarement pur; il renferme ordinairement du fer; mais il paroît que ce métal
n'y est qu'accidentel, et que l'acide phosphorique est
combiné avec le Manganèse seul. Il contient: oxide de
Manganèse, 0,42; oxide de fer, 0,31, et acide phosphorique, 0,27. (*Vauquelin.*)

Ce Manganèse a été trouvé il y a deux ans en France,
près de Limoges, au milieu des granites, et dans le même
filon de quartz qui renferme des bérils.

Quoique. le Manganèse en masse appartienne plus
particulièrement aux terreins primitifs qu'aux terreins
secondaires, on peut dire que ce métal se rencontre
presque par-tout. Non-seulement il se trouve dans un
grand nombre de pierres et de métaux, mais il existe,
comme. le fer, dans quelques substances animales et
végétales.

On le trouve dans certaines variétés de chaux carbonatée compacte; il leur donne la propriété de brunir
par l'action de l'air ou du feu, et il constitue ce que
l'on appelle la *chaux maigre*; il forme dans ce sel
pierreux, des dendrites d'un noir brillant. Il constitue
en outre, comme on l'a vu, une sous-espèce particulière de chaux carbonatée; non-seulement il accompagne fréquemment la baryte sulfatée, mais la plupart
des Manganèses connus, renferment ce sel, et paroissent
combinés avec lui; tels sont les divers Manganèses de
Chambourg près Tholey, de Saint-Micaud, de Péri-
gueux et de Romanèche. Parmi les pierres, le quartz amé-
thiste, le pyroxène, la tourmaline rubellite, l'épidote, et
la plupart de ses variétés, l'axinite, plusieurs grenats
et notamment celui que l'on a trouvé dans un granite à
Spessart près d'Aschaffenbourg en Franconie, l'amian-
thoïde, le nacrite, quelques stéatites, la lépidolithe, &c.
contiennent du Manganèse en quantités très-variables.
Parmi les combustibles, le lignite terreux, et parmi les
métaux, les minerais de fer, notamment le fer brun

Gisement
général.

II.   H

fibreux et le fer spathique, sont ceux qui en contiennent le plus ordinairement. Il se présente aussi en dendrites noires, entre des couches de cuivre malachite. Enfin on l'a trouvé intimement mêlé avec du cobalt, dans la montagne de Heideberg près de Rengersdorff, en Haute-Lusace. (*GALITZIN.*)

Usages. Le Manganèse sert 1°. dans l'art de la verrerie. Lorsqu'il est ajouté au verre en petite quantité, il lui enlève la couleur jaune que lui donnent souvent les matières combustibles dont on n'a pu entièrement dépouiller les ingrédiens qui entrent dans sa composition. On croit qu'il produit cette décoloration en brûlant les corps combustibles dans l'intérieur même du verre. On ne peut l'employer dans la fabrication du verre blanc que lorsqu'il ne renferme point de fer, et d'après ce principe, les Manganèses de Tholey et de Romanèche peuvent servir dans cette fabrication. aussi bien que ceux d'Allemagne. Lorsqu'on ajoute le Manganèse au verre en trop grande quantité, il le colore en violet. 2°. Dans la peinture sur porcelaine, il donne des bruns, et entre sur-tout dans la composition du fond bistre brillant que l'on nomme *fond écaille*. 3°. On prépare, à l'aide de l'oxide de Manganèse, l'acide muriatique oxigéné si utile pour le blanchiment des toiles, et pour purifier les lieux infectés de miasmes contagieux.

11ᵉ *Genre.* COBALT.

Caractères. Ce métal possède une propriété particulière et très-caractéristique, au moyen de laquelle il est facile de le reconnoître par-tout, quel que soit l'aspect sous lequel il se présente. Il communique au verre, et sur-tout aux verres alcalins, une couleur bleue très-belle et assez pure.

Le Cobalt est un métal dur et fragile, son grain est fin et serré ; il a peu d'éclat ; sa couleur est le gris-blanc de l'étain. Lorsque sa surface a été exposée long-temps au contact de l'air, elle prend une nuance violette. Sa pesanteur spécifique est de 8,538.

Ce métal jouit, ainsi que le fer et le nickel, de la propriété magnétique : il agit fortement sur l'aiguille aimantée, et l'exactitude de MM. Tassaert et Vauquelin, qui y ont reconnu successivement cette propriété, ne permet pas de l'attribuer à une quantité notable de fer qui auroit échappé à leurs recherches. Le Cobalt est très-difficile à fondre : c'est, après le platine et le fer, le métal le moins fusible. On n'a donc pu l'obtenir encore en cristaux assez volumineux pour déterminer leur forme ; cependant Romé-de-Lisle y a observé des cubes.

On n'a point encore trouvé ce métal à l'état natif; et les variétés qui sont décrites sous ce nom dans quelques auteurs, ne sont pas reconnues pour être du Cobalt pur.

1ʳᵉ Esp. COBALT ARSÉNICAL. *Haüy.*

Ce minerai est assez difficile à distinguer de quelques Caractères. autres minerais qui en diffèrent beaucoup par leur nature, mais qui lui ressemblent par leurs caractères extérieurs. 1°. Il est d'un blanc assez éclatant, mais il se ternit quelquefois à l'air, et prend une teinte un peu violette. 2°. Sa cassure est grenue, à grain fin et serré, tandis que le Cobalt gris, qui lui ressemble beaucoup, a la cassure sensiblement lamelleuse. 3°. Exposé à l'action de la flamme d'une bougie, il répand une fumée blanche assez abondante, et une odeur d'ail très-forte. Ce caractère empêche de le confondre avec l'argent antimonial et le Cobalt gris qui ne donnent cette odeur qu'à l'aide de la chaleur du chalumeau. 4°. Il fait une

D'ailleurs, on doit faire observer que le fer arsénical communique au verre de borax une couleur noire, et que l'argent antimonial a la structure lamelleuse.

La pesanteur spécifique du Cobalt arsénical est de 7,72. On ne connoît point sa forme primitive ; ses formes ordinaires varient entre le cube et l'octaèdre (*pl. 8, fig. 1*). M. Klaproth dit qu'il contient de l'arsénic et du fer, et quelquefois de l'argent, du nickel, &c.

Variétés. 1. COBALT ARSÉNICAL CONCRÉTIONNÉ. *Haüy.* Il est en masses mammelonées.

2. COBALT ARSÉNICAL TRICOTÉ. C'est un mélange d'argent natif en dendrites distiques, et d'oxide rose pulvérulent de Cobalt. Ce minerai appartient plutôt à l'argent qu'au Cobalt.

Lieux. On trouve le Cobalt arsénical *—* en Espagne, dans la vallée de Gistan ; — en France, à Allemont et à Sainte-Marie-aux-Mines : il est en cube, dans de la chaux carbonatée cristallisée ; — en Saxe, à Annaberg, à Schnéeberg, à Freyberg, &c. ; — en Bohême, à Joachimsthal, — en Souabe, à Vittichen, &c.

Quoiqu'assez rare, on l'exploite quelquefois pour en faire la couleur bleue nommée *Smalt.*

2ᵉ ESP. COBALT GRIS. *Haüy.* [1]

Caractères. CE minerai de Cobalt ressemble beaucoup, au premier aspect, au Cobalt arsénical ; il est d'un blanc métallique assez éclatant, avec des nuances grisâtres : cependant il est assez dur pour étinceler sous le choc du briquet : il répand alors une odeur d'ail très-sensible ; il donne cette même odeur par l'action du chalumeau. Mais ce qui le distingue sur-tout de l'espèce précédente, c'est sa structure très-sensiblement lamelleuse. Sa forme primitive est le cube ; sa pesanteur spécifique est de 6,33 à 6,45.

---

[1] *Glanz kobolt*, le Cobalt éclatant. BROCH. ?

Ce Cobalt semble présenter à l'analyse chimique les mêmes principes que le Cobalt arsénical. M. Klaproth n'y a trouvé que du Cobalt et de l'arsénic dans le rapport de 9 à 11. M. Tassaert y a trouvé à-peu-près les mêmes substances, mais dans une autre proportion. Le Cobalt gris de Tunaberg est composé, selon lui, de 0,37 de Cobalt, 0,49 d'arsénic, 0,07 de soufre, 0,06 de fer. On ne peut rien conclure encore des analyses précédentes pour la détermination de ces espèces ; il faut s'en rapporter à la structure, qui est très-différente dans ces deux espèces, comme on l'a vu.

Le Cobalt gris est remarquable par l'éclat de ses cristaux, par leur netteté, et souvent même par leur volume. Ses variétés de forme sont à-peu-près les mêmes que celles du fer sulfuré ; c'est-à-dire l'octaèdre, le dodécaèdre, l'icosaèdre, et les variétés intermédiaires : elles sont cependant beaucoup moins nombreuses (*Cobalt gris partiel, pl. 8, fig. 2*).

Le Cobalt gris le plus renommé pour sa pureté et pour l'éclat et le volume de ses cristaux, est celui de Tunaberg en Suède : il accompagne des filons de cuivre. On n'en connoît point en France [1].   Lieux

5ᵉ Esp. COBALT OXIDÉ [2].

LES couleurs de cette espèce varient du noir bleuâtre   Caractères: mat au jaune de paille, en passant par les nuances intermédiaires. Ce Cobalt est tendre, quelquefois même friable et terreux ; mais il prend, par le frottement d'un corps poli, un éclat vif et gras fort remarquable. Sa pesanteur spécifique la plus forte est, d'après Gellert, 2,42. Il colore très-sensiblement en bleu le verre de borax.

---

[1] Deborn parle d'un Cobalt sulfuré uniquement composé de Cobalt et de soufre. Est-ce réellement une espèce distincte ? ou n'est-ce pas plutôt le Cobalt gris privé d'arsénic ?

[2] Cobalt oxidé noir. *Haüy.* — *Schwarzer erdkobolt*, le Cobalt terreux noir. *Broch.*

1. Cobalt oxidé mammeloné. *Haüy.* En masses réniformes ou uviformes.

2. Cobalt oxidé terreux. *Haüy.* [1] Il est friable ou même pulvérulent.

3. Cobalt oxidé vitreux [2]. En masses compactes, à cassure, presque vitreuse et même conchoïde ; ou en masses cellulaires semblables à des scories vitreuses.

4. Cobalt oxidé brun [3]. Il est d'un brun qui tire sur le jaune : sa cassure est terreuse, à grain fin.

On le trouve plus particulièrement à Saalfeld, en Thuringe ; — à Kamsdorf, en Saxe, dans les filons de montagnes stratiformes ; — à Alpirsbach, dans le Wirtemberg, au sein des montagnes primitives. (Brochant.)

5. Cobalt oxidé jaune [4]. Il passe du jaune de paille sale au blanc jaunâtre : il prend, comme les autres variétés de cette espèce, un éclat gras par le frottement. Cette variété fort rare, sur-tout lorsqu'elle est pure, se trouve avec la précédente. (Brochant.)

Le Cobalt oxidé est en général peu abondant ; il est souvent mélangé avec les autres espèces de Cobalt, et ses masses renferment quelquefois dans leur centre du Cobalt arsénialé qui y est disséminé en taches rougeâtres. Il recouvre quelquefois d'autres minéraux, et même de l'argent natif. Il est quelquefois assez pur ; mais il contient plus souvent du fer et de l'arsénic.

Les lieux principaux où l'on cite le Cobalt oxidé, sont : — en Saxe, Schnéeberg et Kamsdorf ; — en Tyrol, Kitzbichel ; — en Thuringe, Saalfeld ; — dans le duché de Wirtemberg, Freudenstadt, &c.

---

[1] *Schwarzer kobolt-mulm*, le Cobalt terreux noir friable. *Broch.*
[2] *Verhærter schwarzer erdkobolt*, le Cobalt terreux noir enduré. *Broch.*
[3] *Brauner erdkobolt*, le Cobalt terreux brun. *Broch.*
[4] *Gelber erdkobolt*, le Cobalt terreux jaune. *Broch.*

4ᵉ *Esp.* COBALT ARSÉNIATÉ. *Haüy.* [1]

Ce Cobalt est toujours facile à reconnoître, au moyen Caractères.
de sa couleur rouge-violet, lie-de-vin ou fleur-de-pêcher.
C'est peut-être la seule substance minérale qui offre
cette couleur. Si on joint à ce caractère ceux de n'être
ni volatil, ni fusible seul par l'action du chalumeau, et
sur-tout celui de colorer en bleu le verre de borax, on
aura une méthode sûre d'arriver promptement à la
détermination de cette espèce.

Cobalt arséniaté aciculaire. *Haüy.* [2] Il se présente sous
forme d'aiguilles ou de baguettes aplaties qui partent
en divergeant d'un centre commun, et dont la forme
n'a point encore été déterminée avec certitude : ces
baguettes ont souvent une couleur violette ou lie-de-vin,
et un éclat très-vif.

Cobalt arséniaté pulvérulent. *Haüy.* [3] Son nom indique
la manière dont on le trouve. Comme il accompagne
presque toujours les autres minerais de Cobalt, il sert
à les faire reconnoître, ou au moins à en faire soupçonner la présence.

Le Cobalt arséniaté exposé au feu, se décompose en
partie, l'arsénic se dégage, il reste du Cobalt oxidé
noir. Ce minerai de Cobalt est un des plus abondam- Gissement et lieux.
ment répandus ; mais on ne le trouve jamais en masse ;
en sorte qu'il ne peut être l'objet d'aucune exploitation.

Non-seulement l'une ou l'autre sous-variété de cette
espèce s'offrent dans presque toutes les mines de Cobalt,
mais elles se trouvent encore dans les mines de cuivre
ou d'argent, et dans les gangues quartzeuses, calcaires,
barytiques, &c. de ces mines.

---

[1] *Rother erdkobolt*, le Cobalt terreux rouge. *Broch.* — Fleurs
de Cobalt. *Romé-de-Lisle.*

[2] *Kobolt bluthe*, fleurs de Cobalt. *Broch.*

[3] *Kobolt beschlag*, le Cobalt terreux rouge pulvérulent. *Broch.*

* 5ᵉ Esp. COBALT MERDOIE *.

Caractères.   CE minerai est pulvérulent ; sa couleur varie entre le jaune verdâtre et le vert sale foncé, nuancé de jaune. Il est ou mélangé dans les gangues terreuses des minerais tenant argent, ou bien il recouvre certains minerais d'argent sulfuré. Du moins c'est ainsi qu'on le trouve à Schemnitz en Hongrie, et à Allemont, département de l'Isère.

D'après l'analyse qu'en a faite M. Schreiber, il contient 0,43 de Cobalt, 0,13 d'argent, 0,20 d'arsénic avec un peu de fer, de mercure et même d'eau et d'acide sulfurique.

Il est plus important pour les mineurs, en raison de l'argent qu'il contient , que pour les minéralogistes. C'est une espèce arbitraire.

6ᵉ Esp. COBALT SULFATÉ *.

Caractères.   LE Cobalt sulfaté est translucide, d'un rose pâle ; il est dissoluble dans l'eau, et présente tous les caractères chimiques d'un sulfate de Cobalt.

On l'a trouvé dans les galeries de la mine de cuivre d'Herrengrund, près de Neusohl en Hongrie. Il y étoit sous forme de stalactites qui renfermoient des gouttes d'eau dans leur intérieur. (*TOWNSON.*) Il contient aussi un peu de fer.

Gisement général.   Les seuls minerais de Cobalt qui forment des filons assez volumineux pour mériter l'exploitation , sont le Cobalt arsénical et le Colbat gris. Ce métal appartient plutôt aux pays primitifs qu'aux pays secondaires. C'est principalement dans les montagnes primitives à couches, tels que les gneisses , les micaschistes, &c. qu'on

---

¹ Cobalt arséniaté terreux argentifère. *HAÜY. — Cobaltum stercoreum. LINN.-GMEL. — Vulgairement* mine d'argent merde-d'oie.
* *Naturlicher kobolt vitriol*, le vitriol de Cobalt natif. *BROCH. KLAPROTH.*

le trouve. Il accompagne assez ordinairement d'autres minerais, et particulièrement ceux de bismuth, d'arsénic, d'argent, de nickel, de cuivre gris, &c.

On le trouve aussi ; mais plus rarement, en filons qui traversent des terreins évidemment secondaires : tel est celui de Riegelsdorff en Hesse, de Frankenberg sur l'Eder, et de Bieber dans le comté d'Hanau. Ces filons sont composés de sulfate de baryte, de quartz et de chaux carbonatée. Le Cobalt à l'état d'oxide rose, noir ou gris, et uni avec un peu de nickel et de bismuth, y est en amas disséminés çà et là, et séparés par des espaces stériles. Ces filons traversent des couches de chaux carbonatée compacte, de chaux sulfatée, de schiste noir pyriteux, et enfin de schite bitumineux qui contient du cuivre, et qui offre souvent des impressions de poisson. Cette disposition est au moins aussi remarquable pour le gissement du cuivre que pour celui du Cobalt.

On a trouvé des minerais de Cobalt susceptibles d'être exploités principalement : — en Espagne, dans la vallée de Gistan, au-dessus et à l'est des villages du Plan et de Saint-Jean, et dans une montagne composée d'une roche felspathique : le Cobalt est en filon qui traverse un banc de schiste noir friable, souvent bitumineux. Ce filon, d'un centimètre de puissance, s'élargit jusqu'à près de deux mètres dans la profondeur ; les affleuremens sont en Cobalt oxidé ; le Cobalt arsénical ne se trouve que dans le bas du filon. — En France, dans la vallée de Luchon au milieu des Pyrénées et près du village de Juset ; ce Cobalt est dans un filon de quartz qui traverse une montagne de schiste ferrugineux. On a établi dans la vallée une fabrique de safre et de smalt. — Près de Sainte-Marie aux-Mines, dans les Vosges ; le Cobalt y est en filons très réguliers, et a pour gangue de la chaux carbonatée cristallisée. — En Suède, à Tunaberg et à Los ; les filons qui renferment le Cobalt sont étroits, mais s'élargissent et se rétrécissent successivement ; ce

Lieux.

qui les a fait nommer *filons en chapelet*. — En Norwège, à Modun. — En Saxe ; à Annaberg, il y est en
dendrite, dans une gangue quartzeuse ; et à Schnéeberg,
où il est dans une gangue de quartz et de silex agate
rougeâtre. — En Bohême, à Joachimsthal et à Platten ;
— En Hesse, à Riegelsdorff, &c. dans une disposition
particulière qu'on vient de décrire.

On ne connoît point de mine de Cobalt hors de
l'Europe, et tout le smalt qui est employé dans l'Inde
vient des fabriques d'Allemagne.

12ᵉ *GENRE.* TELLURE. *KLAPROTH.* [1]

CE métal, nouvellement découvert, a des points de
ressemblance assez nombreux avec l'antimoine. On
pourra le reconnoître dans les minéraux qui le renferment, au moyen des caractères suivans.

Caractères. A l'état métallique, il est blanc brillant, lamelleux,
tendre, très-fragile et très-fusible ; sa surface se couvre,
en se refroidissant, d'une cristallisation radiée ; sa pesanteur spécifique est de 6,115. Il laisse sur le papier une
trace noirâtre.

Il brûle facilement, avec une flamme bleue ; son
oxide est blanc, volatil, et répand une odeur particulière qui ressemble à celle des raves.

On voit que tous ces caractères conviennent également
à l'antimoine, à quelques différences près, en plus ou
en moins : ainsi il est moins pesant, mais plus tendre ;
sa couleur se rapproche davantage de celle de l'argent,
ses lames sont généralement plus petites ; l'odeur qu'il
répand au chalumeau est aussi différente. Mais ce qui
prouve qu'il est un métal particulier réellement différent de l'antimoine, c'est qu'il est précipité de ses dissolutions par ce métal.

---

[1] SILVAN. *WERNER.*

Esp. TELLURE NATIF. *Haüy.* [1]

Ce minerai a tous les caractères physiques et chi- Caractères.
miques du Tellure, il est en lames polygones ou en
petits cristaux prismatiques, dont la couleur varie du
blanc d'argent au jaune pâle et même au gris foncé.

Il n'est jamais pur, et contient même toujours de
l'or; mais il renferme, outre ce métal, du fer, du
plomb, de l'argent, du cuivre et du soufre, ensemble
ou séparément. Ces métaux ne paroissent y être qu'accidentellement et non en combinaison ; car leurs proportions varient beaucoup, et d'ailleurs ils n'impriment
aucuns caractères extérieurs, tranchés et constans, aux
variétés dans lesquelles ils entrent. Il nous semble qu'on
peut réduire ces variétés à trois principales.

1. TELLURE NATIF FERRIFÈRE [2]. Il est en petites lames, Variétés.
d'un éclat vif et d'un blanc d'étain tirant un peu sur le
jaune ; sa pesanteur spécifique est de 5,725. Il contient,
d'après M. Klaproth, 0,925 de Tellure, 0,072 de fer, et
0,002 d'or.

Cette variété n'est encore bien connue qu'à Fatze- Lieu
et gissement.
bay, en Transilvanie, dans les mines dites de Maria-
Loretto, &c. Elle y est exploitée comme minerai d'or,
quoiqu'elle en contienne fort peu. On la trouve en filons
dans une montagne de transition composée de chaux
carbonatée compacte, et de l'espèce de brèche que
M. Werner nomme *grauwacke.* Il paroît, d'après
M. Patrin, qu'on a aussi trouvé du Tellure dans les
mines de Berezof, en Sibérie.

2. TELLURE NATIF GRAPHIQUE [3]. Il est, comme le précédent, d'un blanc d'étain ; mais il se présente sous la

---

[1] Or blanc. *Dborn.* — Sylvanite. *Kirwan.*

[2] Tellure natif ferrifère et aurifère. *Haüy.* — *Gediegen silvan*, le silvane natif. *Broch.*

[3] Tellure natif aurifère et argentifère graphique. *Haüy.* — *Schrift-erz*, le silvane graphique, *Broch.* — *Vulgairement* or graphique.

forme de petits cristaux prismatiques , qui par leur arrangement figurent grossièrement de l'écriture.

Sa pesanteur spécifique est de 5,723.

Cette variété est composée , suivant M. Klaproth , de Tellure, o,6o ; d'or, o,3o ; d'argent , o,10.

On ne l'a trouvée qu'à Offenbanya , en Transilvanie. Elle forme , avec le fer sulfuré , le zinc sulfuré , le cuivre gris , &c. des filons qui traversent une montagne composée de porphyre à base de siénite et de chaux carbonatée saccaroïde.

Lieu et gissement.

3. TELLURE NATIF PLOMBIFÈRE [1]. Cette variété renferme, comme on va le voir, une grande quantité de plomb, qui lui imprime une pesanteur de 8,919, et qui lui donne quelquefois une couleur métallique jaunàtre ou d'un gris sombre semblable à celui du fer.

Sa structure est lamelleuse ; ses lames sont un peu flexibles, mais non élastiques ; elles se réunissent quelquefois en prismes hexaèdres très-courts. M. Klaproth a analysé deux sous-variétés de ce Tellure qui lui ont donné les résultats suivans.

	Tellure blanc-jaunàtre.	Tellure feuilleté [2].
Tellure,	0,45	0,52
Plomb,	0,19	0,54
Or,	0,27	0,09
Soufre,	0,00	0,03
Argent,	0,08	0,00
Cuivre,		0,01

Lieu.

Cette variété n'a encore été trouvée qu'à Nagyag, en Transilvanie ; elle y est traitée comme minerai d'or. On voit qu'elle contient, en effet, une grande proportion

[1] Tellure natif aurifere et plombifère. *HAUY*. — *Weiss-silvanerz* et *nagyagerz*, le silvane blanc et la mine de Nagyag. *BROCH*. — Or gris de Nagyag. *DEBORN*. — Tellure feuilleté (*blættererz*). *KLAPROTH*.

[2] M. Lenz a regardé cette sous-variété comme une espèce particulière, et l'a nommée : TELLURE SULFURÉ.

de ce métal, qu'on peut faire paroître sous forme de gouttelettes, en exposant le Tellure plombifère au feu. La gangue de ce Tellure est à-peu-près composée des mêmes minéraux que celle des variétés précédentes : elle contient en outre du manganèse lithoïde rose.

Les minérais de Tellure ont d'abord été pris pour des minerais d'or mélangés d'antimoine, et de quelques autres métaux. Muller de Reichenstein et Bergman soupçonnèrent qu'ils contenoient un métal nouveau. M. Klaproth a confirmé ce soupçon, et a fait connoître les propriétés de ce métal qu'il a nommé *Tellure*. *Annotations.*

15e GENRE. ANTIMOINE.

Un blanc argentin tirant sur le bleuâtre, une cassure lamelleuse et facile à opérer, une grande tendance à la cristallisation, sont les premiers caractères qui frappent dans l'Antimoine, et qui le font distinguer des autres métaux fragiles. Ce métal exposé au chalumeau se fond facilement, donne une fumée blanchâtre et un oxide blanc qui communique au verre une couleur jaunâtre. Il est dissoluble dans l'acide nitrique en grande partie; sa pesanteur spécifique est exprimée par 6,7021. Enfin, en examinant avec attention la direction des lames qui le composent, on remarque qu'elles sont parallèles aux faces d'un octaèdre régulier, et à celles d'un dodécaèdre rhomboïdal. *Caractères.*

La réunion de ces caractères suffit pour distinguer l'Antimoine métallique et pur, de l'Antimoine sulfuré qui donne une odeur sulfureuse par la fusion, du fer arsénical qui a la cassure grenue, de l'argent antimonial dont l'argent se sépare par l'action du chalumeau, du bismuth dont la couleur tire sur le jaune ou sur le violet, et qui se laisse un peu aplatir sous le marteau, &c.

1ʳᵉ *Bsp.* ANTIMOINE NATIF. *Haüy.* ²

Caractères. IL a tous les caractères de l'Antimoine du commerce,
et est sensiblement pur. Il se fond assez facilement au
chalumeau.

Lieux. On le trouve en rognons à Sahlberg , en Suède
(*Shwab.*) ; — à Andreasberg , au Hartz , dans une
gangue de quartz et de chaux carbonatée apathique ; il
contient : Antimoine, 0,98 ; argent , 0,01 ; fer , 0,0025,
(*Klaproth.*) — A Allemont, près de Grenoble, département de l'Isère. (*Schreiber.*) Celui-ci est ordinairement enveloppé d'une croute d'Antimoine oxidé.

Variétés. 1. ANTIMOINE NATIF ARSÉNIFÈRE ². Il est allié avec de
l'arsénic dont la quantité varie de 0,02 à 0,16, sa cassure
est conchoïde et écailleuse ; il présente aussi des facettes
plus petites et plus brillantes que celles de l'Antimoine
natif. Il répand par le choc , et sur-tout par l'action
du feu , une fumée blanche qui donne une forte odeur
d'ail. L'arsénic et l'Antimoine sont unis ici à l'état
métallique.

Cette variété se trouve à Allemont.

2ᵉ *Esp.* ANTIMOINE SULFURE. *Haüy.* ³

Caractères. IL se présente toujours sous la forme d'aiguilles qui
ont un brillant métallique fort éclatant. Ces aiguilles
sont très-fragiles et extrêmement fusibles , même à la
flamme d'une chandelle. Lorsqu'on leur fait éprouver
sur un charbon l'action de la chaleur du chalumeau ,
elles se fondent et disparoissent en s'imbibant dans le
charbon. L'Antimoine sulfuré donne une poussière
noire qui tache fortement ; sa pesanteur spécifique est
de 4,1 à 4,5.

---

¹ *Gediegen spiesglas,* l'Antimoine natif. *Brochant.* — *Regulus
antimonii nativus. Wallerius.*

² *Vulgairement* Antimoine testacé.

³ *Grau-spiesglas-erz,* l'Antimoine gris. *Broch.* — *Vulgairement*
Antimoine cru.

Les aiguilles d'Antimoine sulfuré offrent généralement la forme d'un prisme à quatre pans, terminé par une pyramide à quatre faces (*pl. 7, fig.* 40).

Quoique cette espèce ait beaucoup de tendance à la cristallisation, M. Haüy n'a pu encore en déterminer avec certitude la forme primitive. On apperçoit facilement deux coupes parallèles à l'axe des prismes ; mais les autres coupes ne sont point assez nettes, ni les formes secondaires assez variées pour qu'on puisse arriver par leur moyen à la forme primitive.

I. ANTIMOINE SULFURÉ PUR. Il est tantôt COMPACTE [1], à Variétés. cassure inégale et grenue, tantôt LAMELLEUX [2], tantôt RAYONNÉ [3], et composé ou de gros cylindres cannelés [4], dont les cassures longitudinales présentent des faces d'un poli extrêmement vif [5], ou d'aiguilles [6] moyennes réunies en faisceaux.

Ces diverses sous-variétés sont composées de 0,74 d'Antimoine, et de 0,26 de soufre. (BERGMAN et PROUST.) Elles présentent quelquefois les couleurs métalliques les plus vives et les plus variées.

Elles se trouvent dans presque toutes les mines d'Antimoine : la sous-variété *compacte* est la moins commune.

2. ANTIMOINE SULFURÉ CAPILLAIRE. HAÜY. [7] Il est en prismes mêlés ou agglutinés et déliés comme des cheveux, ordinairement d'un gris sombre d'acier, et quelquefois bleuâtres. Il est très-friable.

---

[1] *Dichtes grau-spiesglas-erz*, l'Antimoine gris compacte. BROCH.
[2] *Blættriges grau-spiesglas-erz*, l'Antimoine gris lamelleux. BROCHANT.
[3] *Strahliges grau-spiesglas-erz*, l'Antimoine gris rayonné. BROCH.
[4] Antimoine sulfuré cylindroïde. HAÜY.
[5] *Quelquefois* Antimoine spéculaire.
[6] Antimoine sulfuré aciculaire. HAÜY.
[7] *Feder-erz*, l'Antimoine en plumes. BROCH. — *Vulgairement* argent en plumes.

On le regarde comme un Antimoine sulfuré, mêlé accidentellement d'arsénic, de fer, d'argent et même d'or.

Lieux. On a trouvé particulièrement ce minerai auprès de Freyberg, à Braunsdorf, à Stollberg au Hartz, &c. On en cite une sous-variété [1] qui vient d'Himmelfurst, près de Freyberg, et du Mexique, et qui est composée de prismes courts finement striés.

5ᵉ Esp. ANTIMOINE OXIDÉ. *Haüy.* [2]

Caractères. IL est d'un blanc nacré ; sa structure est lamelleuse ; il se présente quelquefois sous la forme de prismes ou d'aiguilles : il est toujours très-tendre et même friable. Lorsqu'on l'expose à l'action du chalumeau, il décrépite d'abord, ensuite se volatilise en entier ou en partie, et quelquefois se fond [3].

Lieux. On trouve l'Antimoine oxidé dans différens filons : — à Allemont, département de l'Isère ; il forme une croûte blanche et lamelleuse autour des masses d'Antimoine natif ; il est presque infusible au chalumeau, et contient, suivant M. Vauquelin, c,86 d'oxide d'Antimoine, 0,08 de silice, et 0,03 de fer. — A Przibram, en Bohême ; il est en cristaux blancs, lamelleux, très-friables sur du plomb sulfuré. M. Klaproth assure que c'est de l'oxide pur d'Antimoine [4]. — A Braunsdorf, en Saxe ; — à Malaska, en Hongrie ; — à Tornavara, en Galice ; il est pulvérulent, d'un blanc jaunâtre sale, et recouvre de gros cristaux d'Antimoine sulfuré.

---

[1] Antimoine sulfuré argentifere. *Haüy.* — Argent gris antimonial. *Romé-de-Lisle.*

[2] *Weiss-spiesglas-erz*, l'Antimoine blanc. *Broch.*

[3] Ce caractère a fait soupçonner qu'il y avoit deux espèces distinctes d'Antimoine blanc, l'une qui étoit de l'Antimoine oxidé, et l'autre de l'Antimoine muriaté. En effet on trouve ce minerai décrit sous le nom d'*Antimoine muriaté* dans Kirwan, Daubenton, Delamétherie, &c.

[4] *Annales de Chimie*, tome XLV, page 10.

M. Proust pense qu'il est dû à la décomposition de ce sulfure [1].

4ᵉ *Esp.* ANTIMOINE HYDROSULFURÉ. *Haüy.* [a]

Il est d'un rouge sombre, quelquefois métallique, quelquefois mat, terreux et briqueté ; il est très-friable et même pulvérulent ; il brûle avec une flamme bleuâtre, et s'évapore totalement au chalumeau ; il blanchit dans l'acide nitrique. Ces caractères suffisent pour le faire distinguer du fer ochreux, du cobalt arséniaté, du mercure sulfuré, &c. *Caractères:*

1. ANTIMOINE HYDROSULFURÉ ACICULAIRE. *Haüy.* [3] Il est en petites aiguilles d'un rouge sombre, mais luisant et comme métallique. Celui de Braunsdorf est composé d'Antimoine, 0,67 ; d'oxigène, 0,11 ; de soufre, 0,20. (*Klaproth.*) *Variétés:*

2. ANTIMOINE HYDROSULFURÉ AMORPHE. *Haüy.* [4] Il est d'un rouge de brique terne, quelquefois même jaunâtre ; il est souvent mêlé de petits cristaux de soufre, et brûle absolument à la manière de ce combustible.

Cette espèce accompagne souvent l'Antimoine sulfuré ; elle en recouvre même les masses sous forme d'aiguilles ou d'enduit terreux. *Gissement et lieux.*

On la trouve à Braunsdorf, près de Freyberg, en Saxe ; — à Felsobanya, en Haute-Hongrie ; — à Kapnick, en Transilvanie, — et principalement en Toscane. Elle est toujours trop peu abondante pour être un objet particulier d'exploitation.

L'Antimoine sulfuré est la seule espèce qui se trouve en masse ou en filons de quelque étendue. Les autres *Gissement général.*

---

[a] Il me semble qu'on peut rapporter cette sous-variété à l'ocre d'Antimoine (*spiesglas okker*). *Broch.*

[1] *Roth-spiesglas-ery*, l'Antimoine rouge. *Broch.*

[3] Soufre doré natif. *Romé-de-Lisle.*

[4] Kermès minéral natif. *Romé-de-Lisle.*

espèces sont toujours en petite quantité dans les filons de différentes mines, et accompagnent l'Antimoine sulfuré.

Les filons de cette substance métallique paroissent appartenir également aux terreins primitifs et aux terreins secondaires ; ses gangues ordinaires sont le quartz, la baryte sulfatée et la chaux carbonatée.

On remarque que ces minerais contiennent très-fréquemment de l'or. Tels sont ceux de Transilvanie, de Daourie , d'Espagne , &c.

L'Antimoine natif et arsénifère d'Allemont est dans les fissures multipliées d'une roche micacée évidemment primitive.

Lieux.   Les mines de ce métal les plus remarquables sont : — En France, celle des environs d'Uzès , département du Gard ; — celle de Massiac et de Lubillac , département du Puy-de-Dôme ; l'Antimoine sulfuré y est en canons striés , très-volumineux, réunis en faisceaux : sa gangue est la baryte sulfatée.— Celles du Vivarais ; Genssane dit y avoir remarqué un filon d'Antimoine dans la houille. (*CHAPTAL.*) — Celles de Glandon et des Bias, près Saint-Yrieix, département de la Haute-Vienne.

On trouve de l'Antimoine en Hongrie , dans les mines de Cremnitz et de Chemnitz , et dans celles de Felsobanya ; il adhère ordinairement à la baryte sulfatée. — En Bohême, — en Saxe, — en Toscane , à Pereta, dans la Maremme du Siennois, — en Angleterre , — en Suède, à Salberg; — en Daourie, dans le voisinage du fleuve Amour : l'Antimoine y est dans une gangue quartzeuse. (*PATRIN.*) — En Espagne, dans les provinces de Castille , de Galice , et dans l'Estramadure; mais ces mines ne sont point exploitées. Les seules qui l'aient été, sont situées dans les montagnes de la Manche , près de Santa-Cruz de Mudela. (*LARRUGA.*)

14ᵉ GENRE. BISMUTH.

Caractères.   LE Bismuth est un métal fragile, mais qui s'aplatit cependant un peu sous le marteau avant de se laisser briser. Il est d'un blanc jaunâtre, et prend à l'air une teinte légèrement violette. Sa structure est très-sensiblement lamelleuse, et ses lames sont parallèles aux faces d'un octaèdre régulier, qui est la forme primitive de ce métal.

Sa pesanteur spécifique, lorsqu'il a été fondu, est de 9,822.

Il est tellement fusible, que la chaleur de la flamme d'une bougie suffit pour le faire fondre lorsqu'il est en petits fragmens. Son oxide, en petite quantité, ne communique au verre aucune couleur : mais il le rend plus fusible et plus liquide ; en plus grande proportion, il lui donne, comme le plomb, une teinte jaunâtre.

Le Bismuth est dissoluble dans l'acide nitrique : cette dissolution est décomposée par l'eau qui en précipite l'oxide sous la forme d'une poussière blanche.

Telles sont les propriétés qui peuvent servir à faire distinguer le Bismuth à l'état métallique de tous les autres métaux, et même à le faire reconnoître lorsqu'il est dans l'état d'oxide ou dans toute autre combinai on.

Le Bismuth fondu ne se couvre pas, comme l'An-

gangue, qu'il n'y est pas apparent. Sa pesanteur seule, et une légère efflorescence verdâtre le font soupçonner. On s'assure de sa présence, en mettant le minerai sur le feu. On voit alors le Bismuth suinter de toute part, et venir se figer en globules à la surface du morceau. La pesanteur spécifique du Bismuth natif est de 9,0202.

Ce métal est tantôt en masse, à structure lamellaire, tantôt en petites lames disséminées dans une gangue, et tombant l'une sur l'autre sous divers angles ; tantôt il pénètre ses gangues et s'y divise sous forme de dendrites.

Gisement. On trouve le Bismuth en dendrites à Schnéeberg, en Saxe ; la pierre qui le renferme est un jaspe d'un rouge-brun. Les dendrites de Bismuth font un effet fort agréable par l'opposition de leur éclat métallique avec le fond rembruni de leur gangue. La surface de ce métal natif est quelquefois irisée.

Le Bismuth natif est rarement pur, peut-être même ne l'est-il jamais ; il contient presque toujours un peu de cobalt ou un peu d'arsénic.

Il se trouve toujours en filons, ou disséminé dans les minéraux qui composent les filons. Il accompagne le zinc sulfuré, l'argent natif, et plus rarement le plomb sulfuré.

Ses gangues sont le jaspe rouge, le quartz, la chaux carbonatée, la baryte sulfatée.

Lieux. On trouve du Bismuth natif : en Bohême, à Joachimsthal, en petits cubes, dans une argile noire, ou dans le quartz violet. — En Saxe, à Freyberg, à Schnéeberg, &c. ; il est en grandes lames irisées. — En Souabe, à Wittichen ; — en Suède, près de Loos et de Lofasen, et dans la paroisse de Stora Skedwi, en Dalécarlie ; — — en Transilvanie, près de Salatna ; — en France, dans les mines de Bretagne et dans la vallée d'Ossau, dans les Pyrénées.

2ᵉ ESP. BISMUTH SULFURÉ. *Haüy*. [1]

CETTE espèce rare est difficile à caractériser, et par *Caractères* conséquent à reconnoître. Elle est d'un gris de plomb, avec une légère teinte jaunâtre ; elle présente une structure ordinairement aiguillée, quelquefois lamellaire ; elle se laisse facilement racler avec le couteau. Ses caractères les plus tranchés sont : 1°. de ne point faire effervescence avec l'acide nitrique à froid, et c'est en cela qu'elle diffère du Bismuth natif ; 2°. d'être fusible à la simple flamme d'une bougie, ce qui la distingue du plomb sulfuré ; 3°. de n'être point entièrement volatilisable par le feu du chalumeau, comme l'Antimoine sulfuré avec lequel il est facile de la confondre au premier moment. Ces caractères sont presque les seuls que l'on puisse facilement et efficacement employer pour distinguer le Bismuth sulfuré des autres sulfures métalliques.

Il paroît que ce minéral a pour forme primitive un prisme quadrangulaire. Il est assez pesant : et contient 0,60 de Bismuth et 0,40 de soufre. (*Sage*.) On y trouve aussi quelques autres substances métalliques qui n'y sont qu'accessoires. Il se réduit très-difficilement au chalumeau.

Ce minerai a tantôt la structure aciculaire comme *Variétés.* l'antimoine sulfuré, tantôt la structure lamellaire comme le plomb sulfuré.

Il s'est trouvé à Joachimsthal, en Bohême ; — à *Lieux.* Schnéeberg, en Saxe ; — à Bastnaès, en Suède. Dans ces trois endroits, il a du quartz pour gangue. — On l'a trouvé aussi en aiguilles déliées et ornées de couleurs vives, dans la mine de fer spathique de Biber, en Hesse.

Il ne faut pas confondre le Bismuth sulfuré dont on vient de parler, avec une variété de Bismuth natif qui contient accidentellement un peu de soufre, et que l'on a nommée aussi *Bismuth sulfureux*. (*Haüy*.)

[1] *Wismuth glanz*, la galène de Bismuth. BROCH.

3ᵉ Esp. BISMUTH OXIDÉ. Haüy. ¹

Caractères. LE Bismuth oxidé se présente ordinairement sous la forme d'une poussière ou d'une masse compacte d'un jaune verdâtre. En faisant éprouver à cette matière l'action du chalumeau sur un charbon , elle se réduit facilement en Bismuth métallique. Sa couleur jaunâtre la distingue , au premier coup d'œil , du nickel et du cuivre ; mais sa réduction au chalumeau est le seul caractère dans lequel on puisse avoir une entière confiance.

Gisement. Ce minerai est toujours si peu abondant, qu'il mérite à peine d'être mentionné. Il recouvre ordinairement, sous la forme d'une légère efflorescence , la surface du Bismuth natif , et se trouve par conséquent à-peu-près dans les mêmes lieux que lui.

Gisement général. Le Bismuth est un métal peu répandu dans la nature. Les mines où on le trouve sont peu nombreuses ; il ne forme presque jamais dans ces mines le filon principal ; il accompagne plutôt les autres métaux, tels que le cobalt, l'arsénic, l'argent, même le zinc et le plomb sulfurés.

Le Bismuth paroît appartenir exclusivement aux terreins primitifs ou de cristallisation. Nous venons de citer les métaux qu'il accompagne ; ses gangues sont : le quartz, la chaux carbonatée et la baryte sulfatée.

On prétend cependant qu'on a trouvé du Bismuth disséminé dans la vake. Cette pierre est regardée comme secondaire.

Quoique ce métal soit beaucoup plus rare que l'or, son prix est peu élevé ; ce qui tient au peu d'estime que l'on en fait, parce que ses propriétés sont en petit nombre , et ses usages très-bornés.

Les lieux où on exploite le Bismuth sont : Schnéeberg et Freyberg , en Saxe.

---

¹ *Wismuth okker* , l'ocre de Bismuth. *BROCH.*

ORDRE II.

LES METAUX DUCTILES.

Ces métaux possèdent au plus haut degré les propriétés métalliques dont on a fait le dénombrement au commencement de cette classe. Ils se laissent étendre sous le marteau et sous le laminoir en feuillets d'autant plus minces, qu'ils jouissent d'une plus grande ténacité ; aussi sont-ils beaucoup plus utiles, à l'état métallique, que les premiers.

Quoique la plupart soient très-oxidables, on n'en connoît point encore qui passent à l'état d'acide : les uns s'oxident par le simple contact de l'air, et ne laissent point dégager leur oxigène par l'action du feu. Ce sont le zinc, l'étain, le plomb, le fer, le cuivre et le nickel. Un seul, qui est toujours à l'état liquide, peut s'oxider par l'action de l'air ; mais il laisse dégager son oxigène lorsqu'on l'expose à une chaleur suffisante : c'est le mercure. Les autres, c'est-à-dire, l'argent, l'or et le platine, ne s'oxident que par l'action des acides, par celle de l'électricité, et peut-être aussi par celle d'une chaleur excessive.

15ᵉ Genre. ZINC.

Les espèces de minerais de zinc sont peu nombreuses ; mais elles se présentent sous des aspects si différens, qu'il faut, ou une grande habitude pour les reconnoître, ou l'emploi des caractères suivans.

Le Zinc mêlé au cuivre rouge le change en laiton ou cuivre jaune. Ainsi, en faisant d'abord griller un minerai quelconque que l'on soupçonne contenir du Zinc et le fondant au chalumeau avec du charbon et de la limaille de cuivre, on s'assure que ce minerai est du Zinc, si le cuivre rouge passe à l'état de laiton.

Le Zinc métallique est d'un blanc un peu bleuâtre ; il a la structure très-lamelleuse. Sans être parfaitement ductile, il se laisse un peu aplatir sous le marteau, et s'étend assez bien sous le laminoir.

Il brûle facilement avec une lumière d'un bleu verdâtre, et répand des flocons blancs très-légers.

Sa pesanteur spécifique est de 7,19.

1ʳᵉ Esp. ZINC CALAMINE [1].

Caractères. LES couleurs de ce minerai sont le gris jaunâtre pâle, ou quelquefois très-foncé, et toutes les nuances voisines et intermédiaires : il est infusible au chalumeau, et ne fait aucune effervescence dans les acides.

Le Zinc calamine est très-électrique par la chaleur : le plus léger degré de chaleur suffit pour faire manifester cette propriété à des fragmens fort petits de ce minerai ; il la conserve long-temps. Il jouit aussi de la propriété de se réduire en gelée dans l'acide nitrique. Ces deux caractères ont fait confondre la Calamine avec la mésotype. L'action du chalumeau ne laisse pas subsister cette erreur long-temps. La flamme de cet instrument qui fait fondre la mésotype avec bouillonnement, ne fait éprouver à la Calamine d'autre changement que de la rendre opaque et pulvérulente.

Le Zinc calamine est peu dur ; sa cassure est tantôt terreuse, inégale ou compacte, et tantôt lamelleuse.

Variétés. I. ZINC CALAMINE LAMELLEUX [2]. Cette variété est la plus pure : elle a la structure lamelleuse, et souvent elle est diaphane et limpide. On la trouve ordinairement en petits cristaux, qui sont en général des prismes très-comprimés, à six pans, terminés par deux faces culminantes (*pl. 8, fig. 3*). La forme primitive de ces cristaux est un octaèdre rectangulaire.

---

[1] Zinc oxidé. *HAüY.* — *Galmei*, la Calamine. *BROCH.*

Le Zinc oxidé et le Zinc carbonaté se lient par des nuances insensibles. On doute même s'ils forment deux espèces distinctes. Le nom de *Calamine*, que nous laissons à cette espece, n'indiquant point sa nature, ne peut induire en erreur.

[2] *Blattriger galmei*, la Calamine lamelleuse. *BROCH.*

La pesanteur spécifique de cette variété est de 3,523.
Elle est composée, d'après Pelletier, d'oxide de Zinc,
0,36; d'eau, 0,12, et de silice, 0,50; la quantité de
cette terre varie en raison de la pureté de la gangue.
M. J. Smithson a trouvé, dans la Calamine d'Angleterre, 0,68 d'oxide de Zinc, 0,25 de silice, 0,04 d'eau.

2. ZINC CALAMINE CHATOYANT. *PATRIN*. Il est jaune de
miel, un peu roussâtre, translucide, compacte, comme
bouillonné, et rempli de nuages dans son intérieur,
à la manière de quelques silex agatins; sa surface
est toujours chatoyante. Il se trouve sous forme de
petites masses arrondies, dont la grosseur varie depuis
celle d'un grain de millet jusqu'à celle d'un grain de
raisin long et étranglé dans son milieu : ces masses globuleuses sont réunies en grappes. M. Patrin a trouvé
cette variété dans la mine de plomb argentifère de
Taïna, en Daourie.

3. ZINC CALAMINE COMMUN [1]. Cette variété a la cassure
terreuse ou compacte, la texture quelquefois rayonnée :
elle est souvent opaque, rougeâtre et impure, en raison
du fer, de la chaux carbonatée, ou de l'argile qui la
souillent.

Elle se trouve ordinairement en masses concrétion- Gissement.
nées, qui sont quelquefois cellulaires, comme cariées;
d'autres fois elle est d'un blanc jaunâtre et reçoit le poli
de l'ivoire : telle est celle de Raibel, en Carinthie.
(DEBOR.V.) Ce Zinc calamine se trouve plus ordinairement dans les terreins stratiformes secondaires que dans
les terreins primitifs. M. Werner dit même qu'il ne
se trouve jamais dans ces derniers. Il accompagne,
sous forme de concrétion, le plomb sulfuré et le fer
terreux dans leurs filons. M. Patrin en a vu dans les
monts Altaï qui étoit pénétré d'oxide de cuivre. Il avoit
un aspect soyeux, et la couleur vert-pâle de l'aigue

---

[1] *Gemeine galmei*, la Calamine commune. *BROCH.*

marine. Il se trouve aussi en couches d'une assez grande
étendue , interposées entre des couches de chaux carbonatée. On le rencontre également en masses ondulées , cellulaires , comme vermoulues , et variées de
diverses couleurs. C'est dans ces gissemens qu'il est
souillé des substances citées plus haut. Il est quelquefois
assez dur pour étinceler sous le briquet , et quand il
contient beaucoup de chaux carbonatée , il fait effervescence avec l'acide nitrique.

Le Zinc calamine se rencontre , comme minerai
accessoire , dans beaucoup de mines de plomb ; mais ses
mines exploitables sont moins communes.

On trouve ce minerai : en France , dans le pays de
Juliers , département de la Roër ; il y forme des couches
très - étendues , mais souvent interrompues par des
vallées. Il y est accompagné de couches de minerai de
plomb et de minerai de fer. Ces trois couches , quoique
contiguës , sont assez distinctes. La plus superficielle
est composée de Zinc calamine renfermant du fer oxidé
et du plomb sulfuré ; la seconde est du minerai de
fer oxidé assez pur ; la troisième , qui est la plus inférieure , est composée de plomb sulfuré mêlé de fer
oxidé. Ces couches sont enveloppées dans une masse
de sable , et gissent dans un terrain calcaire. La couche
exploitée est à 3o ou 4o mètres de profondeur. Les
mineurs distinguent le Zinc calamine du fer oxidé ,
dont la couleur est à-peu-près la même , parce que la
poudre du premier est blanchâtre , tandis que celle
du second est de la même couleur que le minerai.
(*DUHAMEL* fils.)

Dans le département de l'Ourthe (duché de Limbourg) , on exploite des couches puissantes de Zinc
calamine. Ces couches caverneuses sont situées entre
deux roches , l'une de schiste , et l'autre de grès quartzeux micacé. — Dans la mine de plomb de S. Sauveur,
en Normandie ; — dans la montagne du Viaume , à
15 kilom. au-dessus de Pontoise et près de Marines ,

dans un terrein de transport. (*GENSSANE.*) — A Passy,
près Paris : il y est disséminé en très-petite quantité
dans les couchés de chaux carbonatée grossière. — En
Angleterre, dans les comtés de Sommerset et de Nottingham ; on en a trouvé en incrustation sur de la chaux
carbonatée ; et dans le Derbyshire , près de Wirk-
Worth : il y est en petits filons caverneux. (*JARS.*) —
En Souabe, près de Fribourg, en Brisgaw ; il en vient
des cristaux très-nets et très-limpides. — Dans le Tyrol,
à Acherain , près de Brisslegge. (*JARS.*) — En Carinthie , à Bleiberg et à Raibel ; — en Pologne ; — dans la
Silésie , à Tarnowitz, et dans les monts Carpathes [1].

2ᵉ *ESP.* ZINC CARBONATÉ. *HAÜY.*

CETTE espèce se lie à la précédente par des nuances Caractères.
insensibles , et a été confondue pendant long-temps
avec elle. Elle est d'un blanc sale ou jaunâtre, et a ,
comme elle, l'aspect pierreux : mais elle n'est point
électrique par frottement, et fait effervescence à chaud

---

[1] Nous rapporterons au genre du Zinc une espèce minérale bien
caractérisée et nouvellement découverte.

ZINC GAHNITE (*). Il est en cristaux octaèdres fort nets, d'un
vert foncé, infusibles au chalumeau, et assez durs pour rayer le
quarts. Il n'est point conducteur de l'électricité, et sa pesanteur
spécifique égale 4,697 (*HAÜY.*), ou 4,261 (*ECKEBERG*).

Il paroît, d'après les analyses suivantes, que ce minéral est essentiellement composé de Zinc oxidé, combiné à l'alumine.

	VAUQUELIN.	ECKEBERG.
Zinc oxidé ,	0,28	0,24
Alumine ,	0,42	0,60
Silice ,	0,04	0,05
Fer,	0,05	0,09
Soufre et perte ,	0,17	0,02
Pierre non attaquée ,	0,04	

On a trouvé ces cristaux en Suède, dans la mine de Fahlun. Ils
avoient pour gangue une roche talqueuse.

(*) Ainsi nommé en l'honneur de M. Gahn, qui a trouvé cette espèce.
—Corindon sinaifère. *HISSINGER.* — AUTOMALITE. *ECKEBERG.*

avec l'acide nitrique. Elle est peu dure et infusible au chalumeau. Sa pesanteur spécifique est de 4 environ.

Le Zinc carbonaté de Carinthie contient, suivant M. Smithson, 0,71 de Zinc oxidé, 0,13 d'acide carbonique, et 0,15 d'eau. Celui d'Angleterre, suivant le même naturaliste, ne renferme que 0,64 d'oxide de Zinc, et 0,35 d'eau.'

Gissement et lieux.

Cette espèce se présente sous forme concrétionnée, dont la cassure est vitreuse, et quelquefois en masse compacte : elle a ordinairement pour gangue de la chaux carbonatée. On la trouve : — à Raibel, en Carinthie ; — dans le comté de Sommerset, et dans le Derbyshire, en Angleterre.

3° Esp. ZINC SULFURÉ. Haüy. [1]

Caractères.

Il est peu de sulfures métalliques qui se présentent sous des aspects plus variés que le Zinc sulfuré. Ce minéral est tantôt d'un jaune transparent de topase, tantôt roussâtre, tantôt brun, ou même presque noir et opaque ; mais sa poussière est toujours grisâtre, ce qui le fait aisément distinguer du plomb sulfuré. Il est plus tendre que le verre ; ce qui ne permet pas de le confondre avec l'étain. Il pétille souvent au chalumeau et s'y fond quelquefois en scorie ; il ne produit d'ailleurs ni flamme bleue, ni flocons blancs : dans l'acide sulfurique, il répand une odeur très-forte de gaz hydrogène sulfuré.

Sa structure est presque toujours lamelleuse et sa forme primitive, qui est le dodécaèdre rhomboïdal, est très-facile à obtenir : la surface de ses lames est très-éclatante.

Le Zinc sulfuré transparent a la réfraction simple ; sa pesanteur spécifique est de 4,166.

Les formes ordinaires du Zinc sulfuré sont celles d'un

---

[1] *Blende*, la BLENDE. BROCH.

Il y en a aussi de tétraèdre et d'octaèdre.

Les Chimistes ne sont pas d'accord sur la composition du Zinc sulfuré. Toutes les analyses indiquent dans ce minerai, du Zinc, du soufre, du fer et de l'eau dans la proportion de 0,04 à 0,06.

Bergman croyoit que le fer étoit essentiel à la réunion du Zinc avec le soufre. M. Guyton assure que le Zinc, à l'état d'oxide, s'unit bien avec le soufre. M. Proust avance que le Zinc est à l'état métallique dans toutes les blendes.

1. ZINC SULFURÉ JAUNE [1]. Ce Zinc est ordinairement Variétés. d'un jaune de topase, ou même d'un jaune de résine assez beau : il passe aussi au jaune de soufre. Ce qui le caractérise particulièrement, c'est d'être phosphorescent par le plus léger frottement, même sous l'eau, et de répandre alors une odeur de gaz hydrogène sulfuré.

Bergman, qui a analysé cette variété venant de Scharfenberg, y a trouvé 0,04 d'acide fluorique.

On trouve en France de très-beaux cristaux de ce Zinc sulfuré dans le filon de Baygorry, dans les Hautes-Pyrénées.

2. ZINC SULFURÉ BRUN [2]. Celui-ci ne diffère du précédent que par sa couleur brune roussâtre ou rougeâtre. Celui de Sahlberg, en Suède, que Bergman a analysé, ne contenoit point d'acide fluorique.

3. ZINC SULFURÉ NOIR [3]. Sa couleur est le noir tirant quelquefois au rougeâtre ; il est opaque et souvent irisé. Il sembleroit, d'après l'analyse que Bergman en a faite, qu'il contient plus de fer que les précédens.

---

[1] *Gelbe blende*, la blende jaune. BROCH.
[2] *Braune blende*, la blende brune. BROCH.
[3] *Schwarze blende*, la blende noire. BROCH.

4. ZINC SULFURÉ COMPACTE *Broch.* [1] Il est d'un noir
de fer passant au gris avec quelques parties jaunâtres ;
mais ce qui le distingue essentiellement , c'est qu'il est
compacte , ayant la texture fibreuse et la cassure conchoïde dans le sens transversal , tandis que les variétés
précédentes sont toutes lamelleuses. Sa raclure est d'un
brun rougeâtre. Ce Zinc sulfuré n'est point phosphorescent par frottement ; il décrépite et se grille au chalumeau avec une flamme bleue et une odeur de soufre.

Il est d'ailleurs composé, d'après l'analyse de M. Hecht,
des mêmes principes que les autres variétés.

« Cette variété a été trouvée dans le comté de Gerold-
» seck , en Brisgaw , dans un filon composé principa-
» lement de plomb sulfuré et de baryte sulfatée. La
» partie du filon où elle se rencontre est composée
» d'argile , au milieu de laquelle elle forme une couche
» de trois à six centimètres d'épaisseur ». (*Brochant.*)
On l'a trouvée aussi dans les mines de plomb du département du Finistère.

Gisement. Le Zinc sulfuré se trouve presque toujours en filon
dans les montagnes primitives et dans les montagnes
secondaires de chaux carbonatée compacte. Il accompagne fréquemment le plomb sulfuré , le fer sulfuré et
le cuivre pyriteux , le cuivre gris , l'argent sulfuré , le
fer carbonaté , le fer oxidulé , et même l'étain oxidé. Il
a ordinairement pour gangue la chaux carbonatée , le
quartz , la baryte sulfatée et la chaux fluatée. Il forme
rarement des filons à lui seul.

Lieux. On trouve le Zinc sulfuré dans presque toutes les
mines. Les plus belles variétés se trouvent en France :
à Vizille , département de l'Isère ; — près de Chatelau-
dren, département des Côtes-du-Nord; celui-ci est en cristaux, d'un rouge de grenat, sur de la chaux carbonatée
compacte. — Près d'Arras , département du Pas-de-
Calais ; M. Pessai l'y a observé sous forme de concrétion

---

[1] Zinc sulfuré concrétionné, *Haüy.*

ramuleuse, dans les fissures d'une chaux carbonatée compacte grise.— A Baygorry, département des Hautes-Pyrénées, &c. — En Suède, à Danemora, &c. &c.

4.ᵉ *Esp.* ZINC SULFATÉ. *Haüy.* [1]

CETTE espèce est un sel blanc, limpide et soluble, d'une saveur stiptique assez forte, se boursoufflant au feu, et s'y changeant en une scorie grise. Il n'est point précipité en noir par l'acide gallique ; ce caractère négatif le distingue du sulfate de fer. Les autres sulfates ont des couleurs propres que ne présente jamais le Zinc sulfaté. *Caractères.*

Le Zinc sulfaté cristallise artificiellement en prisme droit rectangulaire terminé par une pyramide à quatre faces. Il se trouve d'ailleurs très-rarement dans la nature. On l'observe quelquefois en efflorescences capillaires ou même en stalactites ; sur les parois des galeries percées dans les filons de Zinc sulfuré. C'est principalement à Rameslberg près de Goslar, en Suisse ; à Idria, en Carniole ; à Schemnitz, en Hongrie, qu'on recueille ou qu'on prépare ce sel par les moyens que nous décrirons ailleurs : celui de Schemnitz est en stalactites. *Gissement.* *Lieux.*

On en trouve en Cornouailles en petits cristaux d'un aspect brillant, et jaunâtres à leur surface. M. le docteur Schaub y a trouvé environ 0,25 de Zinc, 0,21 d'acide sulfurique, 0,46 d'eau, 0,04 de manganèse, et un peu de silice.

On voit que le Zinc ne se trouve pas à l'état métallique, que son oxide pur et son oxide carbonaté appartiennent aux terreins de la formation la plus nouvelle ; tandis que le sulfure de ce métal se trouve dans les terreins primitifs aussi fréquemment que dans les secondaires. *Annotations générales.*

---

[1] Vitriol de Zinc. *ROMÉ-DE-LISLE*, &c. — VITRIOL blanc. *DAUBENTON.* — *Vulgairement* COUPEROSE blanche, vitriol de Goslar.

16ᵉ *Genre*. FER [1].

Le Fer répandu sur la terre avec une bienfaisante profusion, s'offre sous des formes très-variées. Il est uni aux autres minéraux dans des proportions si différentes, qu'il est difficile de déterminer les limites qui séparent les substances, que l'on nommera *minerai de fer*, de celles qui ne contiennent ce métal que comme principe accessoire. En supposant cette détermination faite avec une suffisante précison, il reste encore à trouver des caractères communs et faciles à observer pour reconnoître tous les minerais de Fer.

Caractères.   Le Fer métallique a un caractère tranché, celui d'être attirable à l'aimant. Le Fer oxidé en a un autre, celui de donner avec l'acide prussique une couleur d'un beau bleu. En rapprochant un minerai de Fer quelconque de l'état métallique, on le met dans le cas de manifester la première propriété. Pour y parvenir, on doit le faire griller graduellement dans la petite cuiller de platine du nécessaire minéralogique, et le chauffer ensuite fortement avec le chalumeau sur un charbon en l'imbibant de graisse. Le globule que l'on obtient acquiert alors la propriété magnétique. Comme cette propriété appartient également au cobalt et au nickel, s'il restoit après cette épreuve quelque doute, on peut faire dissoudre le globule obtenu dans l'acide muriatique, et précipiter cette dissolution avec du prussiate de potasse, on aura un précipité d'un beau bleu.

Ces deux épreuves simples, faciles à faire par-tout avec des réactifs qu'un minéralogiste doit toujours avoir, établissent un caractère commun, un vrai caractère générique pour toutes les espèces de minerai de Fer.

Le Fer métallique et pur est gris, avec une nuance de bleuâtre ; sa texture est grenue ou un peu lamelleuse ; il est dur quoique malléable, et le plus tenace des

---

[1] Mars des alchimistes.

métaux après l'or ; il se dissout dans tous les acides ; s'oxide par l'eau et l'air : la poussière rougeâtre qui le recouvre, et que l'on nomme *rouille*, est un de ses oxides. Il brûle même avec une lumière et des étincelles très-brillantes lorsqu'il est élevé à une haute température. Ses oxides communiquent au verre des couleurs trop variées pour qu'on puisse tirer de cette propriété un caractère distinctif. Ces couleurs sont le noir, le brun, le vert-bouteille, le rouge vif, le jaune sale, &c. Sa pesanteur spécifique peut être exprimée par le nombre 7,78.

Le Fer a, comme l'on sait, la vertu magnétique à un degré très-sensible, et peut acquérir le magnétisme polaire par plusieurs moyens. Le moyen le plus sûr et le plus direct, consiste à frotter toujours dans le même sens un morceau de Fer contre un minerai de Fer oxidulé aimantaire. Le Fer aimanté par ce moyen peut à son tour communiquer sa propriété magnétique à d'autres morceaux du même métal; loin de perdre sa force par cette communication, il en acquiert souvent une plus puissante.

Les barres de Fer qui restent long-temps dans une situation verticale, ou voisine de cette position, deviennent magnétiques. Le pôle boréal est toujours à leur extrémité inférieure.

L'électricité naturelle ou artificielle, la percussion ou le frottement régulier, communiquent au Fer la vertu magnétique. La terre enfin a sur le Fer aimanté une action remarquable et particulière, dont la connoissance tient plus essentiellement à la physique et à la géologie qu'à la minéralogie.

Tels sont les caractères des minerais de Fer et ceux du Fer métallique. Nous reviendrons, dans l'Histoire métallurgique du Fer, sur les nombreuses propriétés de ce métal important.

1ʳᵉ *Esp.* FER NATIF [1].

Caractères.

LE Fer natif n'a pas précisément tous les caractères du Fer forgé : il est plus blanc que lui, souvent encore plus malléable et moins sujet à la rouille ; sa pesanteur spécifique est ordinairement inférieure. Il doit sa couleur, et peut-être sa grande malléabilité, au nickel qu'il renferme assez constamment ; M. Proust l'avoit soupçonné, et ce soupçon paroît actuellement confirmé. Sa légèreté apparente lui vient des cellules assez nombreuses, quoique fort petites, que l'on y remarque.

Gissement et lieux.

On a trouvé du Fer natif dans deux positions, très-différentes, ce qui semble lui assigner deux sortes d'origines.

Dans le premier cas il s'est rencontré à la surface de la terre en masses souvent très-considérables, et isolées au milieu d'un terrein qui ne contient point de mines de Fer, et qui souvent n'est pas de nature à en renfermer. Ces masses sont criblées de cellules à-peu-près sphériques, qui renferment une matière vitreuse. Nous nous bornerons à rapporter les exemples suivans :

1°. Une masse pesant environ 60 myriagrammes, a été trouvée en Sibérie, près des monts Kemir, entre Krasnojarsk et Abakansk ; elle étoit entièrement composée de Fer métallique très-blanc et très-malléable, remplie de cavités sphériques, qui renfermoient une matière vitreuse, jaunâtre et transparente. On ne trouva à l'entour de cette masse aucune trace de scories, mais elle étoit enveloppée d'une croûte ferrugineuse, et située sur la croupe d'une montagne, qui renferme vers son sommet un filon de minerai de Fer d'un bleu noirâtre, contenant 70 p. $\frac{2}{3}$ de Fer. Les Tartares regardoient ce Fer comme une pierre sacrée et tombée du ciel. (*PALLAS.*) Cette masse est maintenant dans la collection

---

[1] *Gediegen eisen*, le Fer natif. *BROCH.*

de l'Académie des Sciences à Pétersbourg. Elle contient
0,98 ½ de Fer sur 0,01 ½ de nickel. (*KLAPROTH.*)

2°. Une autre masse de 1500 myriagrammes assez
semblable à celle de Sibérie, a été trouvée dans l'Amérique méridionale, près de Saint-Yago dans le Tucu-
man, au lieu nommé Olumpa. Le Fer qui la compose
est caverneux comme celui de Sibérie, et contient
comme lui du nickel. Cette masse est située au milieu
d'une immense plaine qui ne présente aucune pierre;
elle est enfoncée en partie dans une terre argileuse. On
trouve aussi, d'après M. Humboldt, dans le Pérou et
au Mexique près de Toluca, des masses de Fer natif
éparses sur les champs, et semblables à celles que l'on
vient de décrire.

3°. Les Maures exploitent en Afrique, sur les bords
du Sénégal, une masse immense de Fer malléable, qui
a cependant besoin d'être forgé avant d'être employé.
(*WALLERIUS.*)

4°. On a aussi trouvé en Bohême une masse de Fer
natif assez semblable à celle de Sibérie. Les globules
vitreux y sont moins abondans et entièrement opaques.

5°. Une masse pesant environ 800 myriagrammes a
été trouvée à Aken, près de Magdebourg, sous le pavé de
la ville; elle avoit, dit M. Chladni, les qualités de l'acier.

6°. Il y a dans le cabinet de Vienne une masse qui
pèse environ 35 kilogrammes, et qui est semblable en
tout aux précédentes; elle est composée de 0,96 ½ de
Fer, et de 0,03 ½ de nickel. (*KLAPROTH.*) Elle est tombée
de l'atmosphère en 1751 à Hraschina, près d'Agram
en Croatie; elle parut dans l'air comme un globe de feu.

L'existence de ces masses isolées a paru difficile à
expliquer. L'opinion le plus généralement reçue actuellement, est qu'elles sont tombées de l'atmosphère, et
qu'elles sont dues à ces météores, en forme de globes
de feu, dont l'apparition est assez fréquente. Nous
reviendrons sur cet article intéressant en traitant des
pierres et des roches qui ont éprouvé l'action du feu.

2

La seconde manière d'être du Fer natif est beaucoup moins remarquable, puisque dans ce cas il. se trouve en filon comme les autres métaux ; mais elle est plus rare et moins bien constatée que la première.

M. Schreiber assure avoir trouvé dans la montagne d'Oulle, près de Grenoble, et dans un filon qui coupoit cette montagne de gneisse, du Fer métallique en stalactite rameuse, enveloppé de Fer oxidé brun fibreux et mêlé de quartz et d'argile.

Bergman, dans sa *Géographie physique*, cite un échantillon de Fer natif en filets malléables, dans une gangue de grenats bruns de Steinbach en Saxe.

Lehman cite une portion de filon bien caractérisée d'Eibestock en Saxe, qui renfermoit aussi des parties de Fer métallique.

M. Karsten a décrit un minerai de Fer oxidé brun, mêlé de Fer spathique et de baryte sulfatée, qui contient du Fer natif disséminé dans sa masse. Ce fer a été trouvé à Kamsdorf en Saxe, et contient, d'après M. Klaproth, 0,06 de plomb, et 0,01 ½ de cuivre ; il n'est presque point ductile.

M. Proust dit qu'il a trouvé du Fer natif en très-petites parcelles dans plusieurs échantillons de Fer sulfuré d'Amérique. Ce Fer métallique est mis à l'abri de l'oxidation par le sulfure de Fer qui l'enveloppe.

On dit en avoir trouvé dans l'île de Bourbon, enveloppé, comme celui d'Oulle, de Fer oxidé brun.

De tous ces exemples, ceux qui sont rapportés par MM. Schreiber et Karsten, paroissent le mieux constatés.

2° Esp. FER ARSÉNICAL. Haüy. [1]

Caractères. CE minéral est d'un blanc d'étain ; il a la cassure à grain fin, mais peu brillante ; il étincèle facilement sous

---

[1] *Gemeiner arsenik kies*, la pyrite arsénicale commune. BROCH. — *Vulgairement* MISPICKEL.

le choc du briquet. Ses étincelles produisent une petite
traînée de fumée blanche qui a une odeur d'ail très-
sensible. Sa pesanteur spécifique est de 6,52. Sa forme
primitive est celle d'un prisme droit à base rhombe ; ses
formes secondaires s'en éloignent peu (*pl. 8 , fig. 5*).

Ce minerai de Fer n'a aucune action sur le barreau
aimanté ; il est d'ailleurs assez difficile à distinguer, à
la première vue , du cobalt arsénical, du cobalt gris
et de l'argent antimonial. Sa dureté, sa scintillation ,
avec une forte odeur d'ail, et sa texture grenue, sont
les caractères qui doivent être particulièrement employés pour le distinguer. Il ne faut pas non plus le
confondre avec le minerai nommé *pyrite arsénicale*.
Celui-ci contient du soufre, tandis que le Fer arsénical
est une combinaison de Fer et d'arsénic à l'état métallique et sans soufre.

Le Fer arsénical paroît appartenir aux terreins pri- *Gissement.*
mitifs. On le trouve ordinairement dans les filons des
mines d'étain. Il accompagne aussi ceux de plomb et
de zinc sulfurés, et le cuivre pyriteux. Ses gangues sont
le quartz, la chaux fluatée, la chaux carbonatée, &c.
On le trouve aussi disséminé dans les roches.

Le Fer arsénical vient principalement de Schlacken- *Lieux.*
wald en Bohème ; — de Freyberg , de Munzig , d'Altenberg , &c. en Saxe ; — de Reichenstein en Silésie ;
— du comté de Cornouailles ; celui-ci est disséminé en
petits cristaux dans une stéatite blanche.

Il est assez difficile d'établir les limites qui séparent *Annotations.*
le Fer arsénical pur du Fer sulfuré arsénical. En sorte
qu'il est très-possible que plusieurs des lieux et des gissemens que nous venons de rapporter conviennent au
Fer sulfuré arsénical.

On ne peut extraire avec avantage le Fer de ce
minerai ; celui que l'on obtient est toujours aigre. On
ne le traite que pour en retirer l'arsénic oxidé, et on
l'emploie aussi dans la préparation de l'arsénic sulfuré.

Variétés. FER ARSÉNICAL ARGENTIFÈRE. *Haüy.* [1] Cette variété est plus blanche que le Fer arsénical pur, et tire même sur le blanc de l'argent. Elle a d'ailleurs tous les caractères du Fer arsénical pur ; mais elle contient de l'argent, dont les proportions varient depuis 1 jusqu'à 15 p. %. M. Klaproth a trouvé dans celui d'Andreasberg, environ 0,13 d'argent, 0,44 de Fer, 0,35 d'arsénic, et 0,04 d'antimoine. Il paroît, d'après cette analyse, que cette variété appartient réellement à l'espèce du Fer arsénical, puisqu'elle ne contient pas de soufre.

On l'exploite à Freyberg et à Braunsdorf en Saxe, comme mine d'argent.

On trouve aussi quelquefois dans le Fer arsénical, de l'or en petite proportion, et du cobalt qui n'en altèrent pas sensiblement les caractères extérieurs.

5ᵉ *Esp.* FER SULFURÉ. *Haüy.* [2]

vulgairement Pyrite martiale.

Caractères. LES couleurs du Fer sulfuré sont le jaune de laiton, le jaune de bronze, le gris d'acier, et quelquefois même le brun. Sa cassure est vitreuse ou raboteuse ; sa texture compacte ou fibreuse.

Le Fer sulfuré étincèle presque toujours sous le choc du briquet, en répandant une odeur sulfureuse, qui se développe encore plus sensiblement par l'action du chalumeau. Exposé au feu, il se décompose et se change en une scorie noirâtre. Le Fer sulfuré naturel est composé, suivant M. Proust, de Fer métallique, 0,53, et de soufre, 0,47. Il est sulfuré au *maximum*, et absolument indissoluble. Le même chimiste croit avoir reconnu du carbone dans le Fer sulfuré du Pérou.

La forme primitive du Fer sulfuré n'est pas encore précisément déterminée. Le cube et l'octaèdre régulier

[1] *Weisserz*, la pyrite arsénicale argentifère. *BROCH.* — *Vulgairement* mine d'argent blanche.

[2] *Schwefel kies*, la pyrite sulfureuse. *BROCH.*

lui conviennent également. Sa pesanteur spécifique est
de 4,10 à 4,74.

Le Fer sulfuré ne peut guère être confondu qu'avec
le cuivre sulfuré ; mais ce dernier est d'un jaune plus vif ;
il est moins dur, faisant rarement et difficilement feu
avec le briquet ; il a souvent des couleurs irisées que ne
présente pas ordinairement le Fer sulfuré ; il se fond au
chalumeau, et donne une scorie qui colore en bleu l'ammoniaque ; enfin toutes ses formes cristallines semblent
être des modifications du tétraèdre.

1. FER SULFURÉ CRISTALLISÉ [1]. Le Fer sulfuré s'offre Variétés.
souvent sous la forme de cubes d'une grande netteté.
Ses formes secondaires les plus ordinaires, sont le dodécaèdre à plans pentagones, mais non réguliers ; l'icosaèdre à faces triangulaires, &c. (pl. 8, fig. 6-11).

FER SULFURÉ TRIGLYPHE. Ce sont des cristaux de Fer sulfuré presque cubiques, dont les faces, ordinairement
un peu relevées dans leur milieu, sont couvertes de
stries, disposées de manière que les stries d'une face sont
constamment perpendiculaires sur celles des faces adja-
centes (fig. 6).

M. Haüy a fait voir que cette forme étoit une espèce
d'ébauche du dodécaèdre, dont la direction des arêtes
culminantes étoit indiquée par les stries.

FER SULFURÉ DENTELÉ, Haüy. [2] en lames souvent épaisses
et dentelées sur leurs bords.

FER SULFURÉ DENDROÏDE, Haüy, en arborisation ou dendrites. Il est ordinairement renfermé entre les feuillets
des pierres fissiles.

2. FER SULFURÉ CONCRÉTIONNÉ. Haüy. Il est sous forme
de concrétions ou de stalactites, cylindriques, globuleuses,
ou simplement mamelonnées. La surface de ces concrétions est quelquefois chagrinée et bronzée ; d'autres fois

---

[1] Gemeiner schwefel kies, la pyrite martiale commune. BROCH.
[2] Pyrite en crête de coq. ROMÉ-DE-LISLE.

dans les argiles, dans les craies, &c. ; il y est en rognons ordinairement épars et isolés. Il appartient donc plus particulièrement aux terreins de sédiment de dernière formation. M. Werner dit qu'on le trouve aussi dans les filons de plomb et dans ceux d'argent.

Annotations. Différentes variétés de Fer sulfuré, mais principalement le Fer sulfuré radié, et celui qui est disséminé en petits cristaux dans les ampelites, sont susceptibles de se décomposer à l'air. Le soufre en absorbant l'oxigène de l'atmosphère, passe à l'état d'acide sulfurique qui se combine avec le Fer et produit du sulfate de Fer ; ce sel s'effleurit, fait boursouffler les pierres, et paroît à leur surface sous la forme d'efflorescence soyeuse, blanche, ou sous celle d'efflorescence jaune, souvent mêlée de sulfate d'alumine. Cette décomposition a lieu jusque dans les cabinets. Lorsqu'elle se fait sur de grandes masses, la chaleur qui se produit est très-forte, et capable d'enflammer les corps combustibles environnans, tels que les houilles.'

Le Fer sulfuré se décompose encore d'une autre manière. Le soufre se dégage, sans qu'on sache par quel moyen ; il ne reste plus que de l'oxide de Fer compacte, d'un brun rouge, couleur du foie ; ce qui a fait donner à ce minerai le nom de *Fer sulfuré hépatique* '. Le sulfure de Fer, ainsi décomposé, conserve encore la forme qu'il avoit avant sa décomposition, et de-là viennent les formes cristallines qu'on a attribuées au *Fer hépatique.* Quelques-uns de ces morceaux de Fer oxidé rouge, renferment vers leur centre des parties de Fer sulfuré non décomposé.

Le Fer sulfuré contient quelquefois d'autres substances métalliques ; telles que du cuivre, de l'arsénic, de l'argent, de l'or, &c. Il porte alors le nom de *Fer sulfuré argentifère, aurifère,* &c. Lorsqu'il se décompose, il laisse à nu ceux de ces métaux qui ne sont

---

' *Leberkies*, la pyrite hépatique. *Broch.*

point oxidables par l'air ; c'est-à-dire l'or, et peut-être même l'argent.

SOUS-ESP. FER SULFURÉ MAGNÉTIQUE [1].

C ETTE sous-espèce a des caractères assez remar- *Caractères.*
quables ; elle a la couleur jaune ou rouge du Fer sulfuré simple ; elle est aussi quelquefois brune, comme le Fer oxidulé ; sa cassure est raboteuse ; sa pesanteur spécifique est de 4,518. (HATCHETT.) Mais ce qui la caractérise particulièrement, c'est la propriété qu'elle a de faire mouvoir le barreau aimanté, propriété qu'elle paroît devoir au Fer qu'elle renferme en plus grande quantité que la pyrite ordinaire. Elle est composée de 0,63 ½ de Fer métallique, et de 0,36 ½ de soufre. (HATCHETT.) Suivant ce même chimiste, le Fer peut recevoir jusqu'à 0,46 de soufre sans perdre sa propriété magnétique. Les aimans que l'on fait avec ces sulfures sont même plus durables que les autres.

M. Emmerling assure qu'on ne trouve le Fer sul- *Gisement.*
furé magnétique que dans les terreins primitifs, principalement dans le micaschiste ; il y est en couche, mélangé de Fer sulfuré simple, et d'autres sulfures métalliques ; il est accompagné d'étain, de grenats, d'amphibole, &c.

On en trouve à Geier en Saxe ; — à Bodenmais en Bavière ; — en Silésie ; — en Angleterre, dans le Carnarvons, au milieu d'une serpentine ollaire d'un vert grisâtre ; il y est accompagné de Fer sulfuré simple (HATCHETT) ; — en France, à l'ouest de Nantes, dans une roche de hornblende noire, dans de la chaux carbonatée, et même avec de la chaux sulfatée lamelleuse (?) et du grenat (DUBUISSON) ; — au Puy-de-Dôme, dans de la diabase. (GÓDON-DE-SAINT-MÉMIN.) [2]

---

[1] *Magnet kies*, la pyrite magnétique. BROCH.

[2] Nous avons placé parmi les combustibles, et sous le nom de graphite, l'espèce qu'on avoit nommée *Fer carburé*. Nous avons alors indiqué nos raisons. Mais il seroit possible que le nom de Fer

4ᵉ *Esp.* FER OXIDULE. *Haüy.* [1]

Caractères. LE Fer oxidulé a souvent la couleur et l'apparence
du Fer métallique, mais il est plus noir que lui et très-
friable; sa poussière est d'un noir pur; sa cassure est
plutôt conchoïde que lamellaire. Il a une forte action
sur le barreau aimanté. Sa pesanteur spécifique varie
depuis 4,24 jusqu'à 4,93.

La forme primitive de cette espèce de minerai de Fer
est l'octaèdre régulier. Il s'offre quelquefois sous cette
forme et sous celle du dodécaèdre rhomboïdal qui en
dérive, et dont les faces sont striées parallèlement à la
grande diagonale des rhombes.

L'action très-forte que ce minerai de Fer exerce sur
le barreau aimanté et la couleur noire de sa poussière,
sont deux caractères qui ne permettent de le confondre
avec aucune autre espèce.

Variétés. Le Fer oxidulé se trouve en masse compacte à cassure
grenue ou même écailleuse; on le voit aussi, mais plus
rarement, en masse qui a la texture fibreuse [2], à fibres

---

carburé dût être appliqué à un minerai trouvé par M. Mossier à la
Bouïche, près de Néry, département de l'Allier. Ce naturaliste l'a
nommé *acier natif.* En effet il a la plupart des caractères de l'acier.
Il pese 7,441; il est plus dur que l'acier trempé; il s'étend à froid
sous le marteau; il acquiert la polarité magnétique et la conserve
long-temps; il prend un éclat très-vif par le poli. Une goutte d'acide
nitrique noircit la place sur laquelle on la répand. Il est composé : de
Fer, 0,94; de carbone, 0,04, et de phosphore, 0,01. (*GODON-DE-
SAINT-MÉMIN.*)

On l'a trouvé au-dessus d'une mine de houille, et parmi des matières qui avoient été altérées par un ancien incendie de cette houille;
il étoit accompagné d'argile schisteuse durcie en brique, de jaspe
porcellanite, de scorie terreuse et d'une matière vitreuse.

La manière d'être de cet acier, nous fait douter que ce soit une
production réelle et constante de la nature.

[1] *Gemeiner magnetischer-eisenstein*, le Fer magnétique commun.
BROCH.

[2] *Fasriger magnetischer-eisenstein*, le Fer magnétique fibreux.
BROCH.

de Taberg est accompagné d'une roche basaltique et de diabase.

Les grenats, la chaux carbonatée, le Fer arsénical, le Fer sulfuré, le cuivre sulfuré l'avoisinent ordinairement. Cependant M. Werner pense qu'on peut trouver aussi du Fer oxidulé dans des roches de seconde formation ; tels que les trapps et les vakes. Il cite celui qu'il a observé en petites veines dans le basalte de Pflausterkante, près de Marksuhl (*Journal des Mines*, n° 96). On connoît en Espagne du Fer oxidulé octaèdre dans de la chaux sulfatée. (BROCHANT.)

Le Fer oxidulé sablonneux forme des dépôts dans le fond des vallées, sur le bord des fleuves ou des torrens, qui paroissent avoir séparé par le lavage les matières terreuses ou pierreuses qui l'enveloppoient autrefois.

Le Fer oxidulé en masse se trouve principalement en Suède ; il y fait même l'objet d'une exploitation impor-

---

¹ *Eisensand*, le Fer magnétique sablonneux. BROCH. — Fer oxidulé arénacé. HAÜY.

tante, et fournit le Fer le plus estimé. Ce minerai contient 80 à 90 p. ⅌ de Fer.

On en trouve aussi : — à Schmalzgrube en Saxe, entre des couches de chaux carbonatée primitive; — en Norwège; — en Sibérie; — en Bohême; — en Silésie; — en Corse; — en France, à 9 kilomètres au S. O. de Nantes, &c.

Le Fer oxidulé fibreux vient de Bibsberg en Suède.

Le Fer oxidulé sablonneux se trouve en Allemagne, sur les bords de l'Elbe; — en Suède; — en Italie, près de Naples, sur le rivage de la mer; — en France, à Saint-Quay, près de Châtel-Audren, département des Côtes-du-Nord; il renferme 30 p. ⅌ de titane (*Descotils.*), &c.

Ce minerai est souvent assez pur et assez abondant pour être un objet d'exploitation.

Variétés.   FER OXIDULÉ AIMANTAIRE. Cette variété joint aux caractères de l'espèce précédente, celui de posséder la vertu magnétique avec assez d'intensité, pour manifester très-facilement et sur de fortes aiguilles, des pôles magnétiques, et même pour enlever avec facilité de la limaille de Fer. Elle est en masse compacte, à cassure grenue ou lamelleuse. Ses couleurs varient du noir au brun-rouge, et même au blanchâtre, en raison des matières pierreuses étrangères qui y sont mélangées.

Gisement et lieux.   On trouve plus particulièrement le Fer aimantaire, qui appartient également aux pays primitifs, en Suède, dans la Dalécarlie; — en Norwège; — en Sibérie; — en Chine; — A Siam; — dans les îles Philippines; — en Angleterre, dans le Devonshire; il y est, dit-on, en filons, dirigés de l'est à l'ouest. — Il est rare en France. Geoffroy en cite en Auvergne, et Hellot, dans les environs de Saint-Nazaire. — On dit aussi qu'on en trouve dans l'île d'Elbe.

Annotations.   Ce minerai de Fer a, comme on vient de le dire, des pôles magnétiques; c'est-à-dire qu'un fragment de ce

Fer oxidulé présenté alternativement par ses deux
bouts à la même extrémité d'une aiguille aimantée, la
repousse par l'un et l'attire par l'autre. D'après l'observation de M. Haüy, cette propriété est commune à
presque tous les minerais de Fer qui sont assez près de
l'état métallique, pour avoir de l'action sur le barreau
aimanté. Si cette vertu n'est pas toujours sensible, c'est
qu'on emploie pour l'essayer des aiguilles trop fortes,
qui détruisent le foible magnétisme de ces minerais, et
qui en changent même les pôles par leur seule influence;
mais en employant de petites aiguilles, on peut remarquer le magnétisme polaire dans la plupart des minerais
de Fer brun. La variété dont nous traitons, ne diffère
donc des autres que parce qu'elle possède cette propriété
avec plus d'intensité.

Les pôles magnétiques du Fer oxidulé aimantaire
sont ordinairement situés dans le sein de la terre comme
ils le seroient dans une aiguille aimantée librement suspendue. Quelquefois cependant certains morceaux ont
leurs pôles dans une direction opposée à celle qu'ils
prendroient, s'ils eussent été abandonnés à leur propre
mouvement [1].

5ᵉ Esp. FER OLIGISTE. Haüy. [2]

La couleur de ce minerai de Fer est le gris d'acier, et Caractères:
il se confond souvent par cette apparence avec l'espèce
précédente. Il a quelquefois un éclat très-vif. Mais quelque noir qu'il paroisse, sa poussière est rougeâtre, et
teint en brun-rouge le papier ou la porcelaine sur
lesquels on l'écrase.

La cassure de cette espèce est raboteuse et vitreuse
dans certaines variétés. Quoique fragile, le Fer oligiste est

---

[1] L'explication de ce phénomène, dans la théorie d'Æpinus, est
trop intimement liée avec celle du magnétisme pour qu'on puisse
même l'indiquer ici. Voyez le *Traité de Physique*, par M. Haüy,
tome 2, pag. 58 et suiv.

[2] *Eisenglanz*, le Fer spéculaire. BROCH.

assez dur pour rayer le verre. Il fait mouvoir, mais foiblement, le barreau aimanté ; il n'agit en aucune manière sur le Fer en limaille. Sa pesanteur spécifique est de 5,01 à 5,21. Traité au chalumeau avec le borax, il communique à ce sel une teinte d'un vert sombre.

Il a pour forme primitive un rhomboïde si voisin du cube, que pendant long-temps on l'a confondu avec lui. Les angles de ce rhomboïde sont de 93^d et 87^d. La division mécanique ne s'opère avec facilité que sur quelques morceaux non cristallisés.

Les variétés de formes qui appartiennent à cette espèce, sont trop nombreuses et trop différentes pour qu'on puisse les caractériser par une description générale. On choisira donc pour exemple les formes les plus communes, que nous rapporterons à deux variétés principales.

Variétés. 1. FER OLIGISTE COMPACTE [1]. Il est en masse ou en cristaux solides, durs, à texture compacte et à cassure raboteuse. Il ne se trouve que dans les terrains non volcaniques.

FER OLIGISTE C. BINOTERNAIRE. *Haüy.* (*pl. 8, fig. 12.*) Solide composé de six pentagones, six triangles isocèles, et douze triangles scalènes. Cette forme appartient au plus grand nombre des cristaux que l'on trouve dans les fameuses mines de l'île d'Elbe. Ces cristaux ordinairement réunis en groupes, sont souvent remarquables par le chatoyement et la vivacité des couleurs irisées qu'ils présentent.

FER OLIGISTE C. TRAPÉZIEN. *Haüy.* (*pl. 8, fig. 13.*) Solide formé par deux pyramides hexaèdres, tronquées très-près de leur base et opposées base à base.

Cette variété se trouve principalement dans les mines de Fer de Framont, dans les Vosges. Ses cristaux sont fort petits, mais leurs couleurs sont quelquefois encore plus éclatantes que celles de la variété précédente.

---

[1] *Gemeiner eisenglanz*, le Fer spéculaire commun. BROCH.

Les variétés de formes du Fer spathique sont presque
toutes les mêmes que celles de la chaux carbonatée ; elles
présentent cependant quelques modifications qui sont
particulières à ce minerai. Nous citerons :

Le Fer spathique contourné en petits rhomboïdes qui sont
marqués d'un pli sur chaque face dans le sens de la
grande diagonale.

Le Fer spathique lenticulaire. C'est le rhomboïde obtus
très-aplati, dont les arêtes obtuses sont émoussées. Il est
implanté par ses arêtes aiguës ; cette forme est la plus
commune.

Le Fer spathique laminaire. Il est en masses, dont la structure offre de grandes lames.

Le Fer spathique lamellaire. Il est aussi en masses ; mais
les lames qui les composent sont fort petites ; en sorte
qu'il a souvent l'aspect d'une chaux carbonatée lamellaire, d'un gris jaunâtre ou d'un gris sale et opaque.

Le Fer spathique se trouve en filons puissans dans les **Gissement.**
montagnes primitives, sur-tout dans les roches de gneiss
pur ou dans celles d'un gneiss mêlé d'amphibole,
dont les zones sont singulièrement contournées. Il est
accompagné quelquefois de Fer brun fibreux, de Fer
sulfuré, de cuivre pyriteux, souvent de cuivre gris
(à Baygorry), de quartz, de chaux carbonatée, de roche
talqueuse, &c. C'est ainsi qu'on le trouve — en France, **Lieux.**
à Allevard et à Vizille, département de l'Isère ; à Saint-
George d'Huretière, département du Mont-Blanc ; à Baygorry, dans les Basses-Pyrénées ; — en Styrie, à Eisenerz ;
— en Saxe, — en Hongrie ; — dans le pays de Nassau-
Siegen ; — à Bendorf, sur la rive droite du Rhin, près Co-
blentz ; — en Hesse, à Huttenger et à Schmalkaden, &c.

Les principes constituans du Fer spathique sont, **Annotations.**
comme l'observe M. Haüy, extrêmement variables.
On vient de voir que quelques échantillons ne sont
composés que de Fer et d'acide carbonique ; d'autres
renferment de la chaux et très-peu de Fer ; en sorte
que ce minerai passe à l'espèce de la chaux carbonatée

11. M

brunissante par des nuances insensibles. On remarquera aussi que sa forme primitive est absolument la même que celle de la chaux carbonatée, et qu'elle ne varie pas, quelle que soit la composition du Fer spathique. Ces considérations avoient engagé M. Haüy à regarder ce minerai comme de la chaux carbonatée mêlée accidentellement de Fer en proportions très-variables. Mais les dernières analyses du Fer spathique, celles qui prouvent que très-souvent ce minerai, quoique d'ailleurs bien cristallisé, transparent et homogène, ne contient pas de chaux, permettent difficilement de croire que la chaux soit la seule substance qui ait pû lui donner la forme.

Le Fer spathique est un minerai de Fer riche et précieux. Comme il peut donner directement de l'acier, on l'a appelé souvent *mine d'acier*.

Lorsqu'il sort de la mine, il est d'un jaune pâle, mais il brunit très-promptement par l'exposition à l'air. On attribue cet effet au manganèse qu'il renferme ordinairement.

9ᵉ *Esp.* FER PHOSPHATÉ.

Caractères. Ce minerai se trouve tantôt en masses à texture lamelleuse, tantôt sous forme pulvérulente. Dans l'un et l'autre cas, il est d'un bleu sombre; c'est son caractère distinctif le plus apparent : il prend au chalumeau une couleur jaune de rouille, et se fond en un globule qui a le brillant métallique. Il est entièrement dissoluble dans l'acide nitrique affoibli et dans l'ammoniaque. Ces dissolutions ne conservent rien de la couleur bleue. Tels sont les caractères communs aux deux sous-espèces qui appartiennent à cette espèce.

1ʳᵉ *SOUS-ESP.* FER PHOSPHATÉ LAMINAIRE.

Caractères. Il est composé de lames très-fragiles placées lâchement à côté les unes des autres et faciles à séparer. Ces lames vues en masses, sont d'un bleu assez foncé; mais prises séparément, elles sont translucides; réduites en poudre, elles donnent une poussière d'un bleu clair.

La pesanteur spécifique de ce Fer phosphaté est de 2,6. Cette pesanteur qui est foible pour un minerai de Fer, paroît due à la grande quantité d'eau qu'il contient.

M. de Fourcroy a analysé un échantillon de ce minerai rapporté de l'Isle-de-France, et l'a trouvé composé de Fer, 0,412; d'acide phosphorique, 0,192; d'eau, 0,312; d'alumine, 0,050; de silice ferruginée, 0,012; perte, 0,020.

Ce phosphate de Fer sensiblement pur, ne doit point être confondu avec le manganèse phosphaté ferrugineux des environs de Limoges. Il a été trouvé dans l'Isle-de-France par M. Roch. — M. Abildgaard en avoit aussi reçu du Brésil; et M. Mossier l'a trouvé à Labouiche, près de Neris, département de l'Allier. *Lieux.*

2ᵉ SOUS-ESP. FER PHOSPHATÉ AZURÉ [1].

Ce Fer est d'un bleu pâle ou d'un bleu sale. M. Werner dit qu'il est d'un blanc grisâtre avant d'avoir été exposé à l'air. Il est pulvérulent, terreux et tache assez facilement les doigts: il devient brun dans l'huile, et cette expérience facile à faire, le distingue avec certitude du cuivre bleu qui y conserve sa couleur. *Caractères.*

Le Fer azuré se trouve toujours en petites masses, en petits nids ou en globules au milieu des argiles qui renferment ou qui ont renfermé des matières organisées. La preuve qu'il doit dans ce cas son origine à l'influence de ces corps, c'est qu'on le trouve plus particulièrement dans les cavités qu'ils occupoient; il recouvre même les fragmens de roseau et les ossemens qui sont enfouis dans ces argiles. On le trouve aussi dans les tourbières et autres lieux marécageux. M. Chaptal l'a observé dans l'intérieur de quelques morceaux de Fer sulfuré décomposé. Il ne se présente jamais en masses ni même en amas considérables. *Gissement.*

On le trouve en France, près de Caen, sur les bords *Lieux.*

---

[1] Fer azuré. HAÜY. — Bleu de Prusse natif. ROMÉ-DE-LISLE. — *Blaue-eisenerde*, le Fer terreux bleu. BROCH. — Fer prussiate.

2

du Canal ; il enduit des végétaux enfouis dans une argile brune. — A Hurzot, près de Lierre, département des Deux - Nethes. Il remplit les cavités d'une pierre brune et très-poreuse. (DEKIN.) — En Saxe, près de Steinbach et de Schneeberg; — en Pologne, — en Baviere, — en Thuringe, dans des boules terreuses et isolées, au milieu d'un terrein qui renferme d'ailleurs beaucoup de rognons de Fer sulfuré. — En Écosse, dans des tourbières ; — en Sibérie, dans des coquilles fossiles qui font partie d'une mine de Fer limoneuse. (SAGE); — en Sicile, dans les laves de l'Etna et du val di Noto ; il tapisse toutes les cellules de ces laves.

Annotations.   Le Fer azuré n'a point encore été analysé complètement. M. Klaproth y a trouvé du phosphate de Fer, et ce qui nous porte à croire que ce sel métallique n'y étoit point comme principe accidentel, c'est l'analyse que M. de Fourcroy a faite de la poussière bleue interposée entre les lames du Fer phosphaté laminaire. Il a reconnu cette poussière pour être un véritable phosphate de Fer. M. Proust considère aussi le Fer azuré comme un phosphate de Fer bleu.

Ce minerai de Fer, peu abondant, n'a encore été employé que comme couleur grossière.

10ᵉ ESP. FER SULFATÉ. HAÜY. [1]

Caractères.   Le Fer sulfaté a une saveur astringente particulière qui le caractérise toujours. On le trouve ordinairement dans la nature, sous la forme d'efflorescences blanches verdâtres ou jaunes qui se distinguent de l'alumine sulfatée par le précipité bleu que leur dissolution donne avec le prussiate de Potasse.

Le sulfate de Fer préparé par l'art a un aspect tout-à-fait différent du Fer sulfaté natif : il est d'une couleur vert-pomme, avec une transparence et une cassure vitreuse ; il offre le phénomène de la réfraction double ; il s'effleu-

_____

[1] *Natürlicher vitriol*, le vitriol natif. BROCH. — *Vulgairement* couperose verte, vitriol vert.

rit à l'air, est plus dissoluble dans l'eau chaude que dans l'eau froide, et cristallise par refroidissement ; sa forme primitive est le rhomboïde aigu, et presque toutes ses formes secondaires représentent ce même rhomboïde, dont les angles et les arêtes sont altérés par des facettes qui n'effacent pas entièrement la forme primitive.

Le Fer sulfaté se trouve rarement en masse, et encore *Gissement.* plus rarement cristallisé, peut-être même jamais. On ne le voit qu'en efflorescences diversement colorées, et quelquefois en croûtes plus ou moins épaisses, à texture fibreuse, et d'un brillant soyeux. Il se trouve ainsi à la surface des schistes argileux qui renferment des sulfures de Fer. Il est produit, comme on l'a dit à l'article du Fer sulfuré, par la décomposition de ce minerai.

Le Fer sulfaté est rarement pur ; il est souvent mélangé d'alumine sulfatée, de zinc et de cuivre sulfatés.

On trouve du Fer sulfaté, et on prépare ce sel dans presque toutes les mines qui contiennent des sulfures de Fer, de cuivre ou de zinc, ces deux derniers n'étant presque jamais exempts de Fer. On le retire aussi des schistes pyriteux, comme on l'expliquera dans l'article du traitement métallurgique du Fer. L'acide gallique décompose le sulfate de Fer, et précipite ce métal en une poussière noire excessivement tenue, qui est la base de l'encre. On trouve certains schistes renfermant du Fer sulfaté qui, délayés dans l'eau, la colorent en noir : on les a nommés *pierres atramentaires* [1].

11ᵉ Esp. FER CHROMATÉ. Haüy.

CETTE espèce nouvellement découverte, n'est encore *Caractères.* connue que sous une forme : elle est en masse assez dure pour rayer le verre ; sa cassure est raboteuse, quelquefois un peu lamelleuse ; sa couleur est le brun noirâtre ; sa poussière est d'un gris foncé.

Le Fer chromaté n'agit point sur le barreau aimanté ;

[1] Ils ne paroissent pas différer de l'ampelite alumineuse.

il est absolument infusible lorsqu'il est seul ; mais il
donne une couleur verte assez vive au verre de borax.
Ce caractère remarquable servira constamment à le
faire reconnoître , quelle que soit la forme sous laquelle
on le trouve.

Sa pesanteur spécifique est de 4,03.

Lieux.   Le Fer chromaté a été découvert dans le département du Var, à la Bastide de la Carrade, près de Gassin.
M. Pontier l'a d'abord trouvé disséminé sur le sol d'un
vallon , ensuite il l'a découvert en place et en rognons
épars dans une roche de serpentine. Ce minerai, analysé par M. Vauquelin, lui a paru composé de Fer
oxidé , 0,34 ; d'acide chromique, 0,43 ; d'alumine, 0,20 ;
de silice , 0,02.

Il a été trouvé depuis par M. Meder, sur les bords
du Viasga, dans les monts Ourals ; sa texture est lamelleuse, assez éclatante : on voit quelques taches verdâtres
à sa surface ; sa pesanteur spécifique est de 4,057. Il a
été analysé par M. Lowitz et par M. Laugier, qui y
ont obtenu les mêmes résultats. Il est composé, d'après
ce dernier, d'oxide de chrome, 0,53 ; d'oxide de Fer,
0,34 ; d'alumine , 0,11 ; d'un peu de zinc et de manganèse.

On a parlé des usages que l'on peut faire du Fer
chromaté à l'article du Chrome.

12e Esp. FER ARSÉNIATÉ.

Caractères.   CE minerai, encore très-rare , est d'un vert-olive
foncé ; sa poussière est jaunâtre ; il cristallise en petits
cubes fort nets ; il se boursouffle au chalumeau , donne
une odeur d'ail qui décèle l'arsénic, et se fond. Sa pesanteur spécifique est de 3.

Outre l'arsénic et le Fer oxidé, M. Chenevix a trouvé
du cuivre dans les échantillons qu'il a analysés. Il ne
faut cependant pas croire que ce minerai doive sa
couleur au cuivre , car M. Klaproth en a examiné un
échantillon d'un beau vert-olive , qui ne contenoit

point de ce métal. Celui que M. Vauquelin a analysé étoit composé, de Fer oxidé, 0,48 ; d'acide arsénique, 0,18 à 0,20 ; d'eau, 0,32 ; de chaux carbonatée, 0,02 à 0,03.

Le Fer arséniaté a pour gangue une pierre com- *Gissement.* posée de quartz, de cuivre pyriteux, de cuivre gris, de cuivre vitreux, d'oxide de Fer et de nickel sulfuré.

Il se décompose facilement à l'air et devient d'un brun rougeâtre. On ne l'a trouvé jusqu'à présent que dans le comté de Cornouailles, dans les mines de Mutzel, mais non dans celle de Mul-Gorland, où se trouve le cuivre arséniaté. Il tapisse de ses petits cristaux cubiques les cavités des minerais qui composent ces mines. (*BOURNON.*)

Les particularités que l'on vient de faire connoître *Gissement* sur les gissemens de chaque espèce de minerai de Fer, *général des* preuvent que le Fer, répandu dans toutes les sortes de *minerais de* terreins, ne se trouve cependant pas indifféremment sous *Fer.* tous les états dans ces divers terreins. On doit avoir remarqué que les oxides noirs ou bruns foncés, c'est-à-dire ceux dans lesquels ce métal est uni à peu d'oxigène, appartiennent exclusivement et directement aux terreins primitifs, puisqu'ils en font souvent partie intégrante : tels sont le Fer oxidulé, le Fer oligiste, le Fer arsénical.

Les oxides de Fer rouges ou jaunes, qui paroissent devoir leur oxidation à l'air atmosphérique, appartiennent plus particulièrement aux terreins secondaires ou tertiaires, c'est-à-dire aux terreins de sédimens et à ceux d'alluvion : si on les rencontre dans les terreins primitifs, ils ne font pas partie constituante de leurs roches, mais se trouvent dans les filons ; tels sont les Fers rouge et brun, hématite, compacte, fibreux, ocreux, &c. Ces minerais paroissent être des oxides purs dégagés de tout mélange par une espèce de lavage ou de filtration. Au contraire, les minerais de Fer qui sont mélangés de diverses terres, tels que les Fers sablo-

neux, argileux, limoneux, appartiennent plus particulièrement aux terreins d'alluvion, et semblent avoir
été pétris avec les terres qu'ils contiennent.

On croit aussi avoir observé que les mines de Fer,
remarquables par leur richesse et par la pureté de leur
minerai, sont plus abondantes vers le nord que dans
le midi.

Principales mines de Fer. Il n'y a pas de pays qui n'ait des mines de Fer, et il y
en a même peu qui n'en possèdent un grand nombre :
nous n'indiquerons ici que les plus remarquables.

Espagne. En Espagne, les mines les plus importantes de ce
métal sont composées de Fer spathique, de Fer rouge
hématite et de Fer brun fibreux. Elles sont situées dans
les provinces de Biscaye et de Catalogne, à Mondragon
en Guipuscoa, à Somma-Rostro, &c. Leur minerai est
tellement facile à traiter, qu'il se fond et se forge de suite
sans passer par le haut fourneau.

France. Nous diviserons en deux sortes les mines de Fer qui
se trouvent en France ; savoir : les minerais de Fer *en
roche*, et les minerais de Fer d'alluvion.

Les principales mines en roche se trouvent — dans
le département de l'Arriége, au pied des Pyrénées : ce
sont du Fer brun fibreux et du Fer spathique ; on
les traite comme ceux d'Espagne. — Dans le département des Pyrénées orientales ; ces mines sont situées
dans la vallée de Vicdessos, principalement dans la
montagne de Rancé. Le Fer brun fibreux qui les
constitue est en couches inclinées dans de la chaux
carbonatée grise, mais primitive. (*Picot de la Peyrouse.*)
— Dans le département de l'Ardèche, à la Voulte,
sur le bord du Rhône ; cette mine nous paroît appartenir plutôt à l'espèce du Fer oligiste compacte qu'à
celle du Fer rouge hématite. — Dans le département
de l'Isère, à Vizille et à Allevard, près de Grenoble :
le minerai est du Fer spathique en filons dans du
gneisse. A Articol ; le minerai est du Fer brun fibreux,

également en filons dans du gneiss. — Dans le département du Mont-Blanc, à Saint-George d'Huretière : c'est encore du Fer spathique en petits filons irréguliers et en amas disséminés dans une montagne de gneiss. — A Framont, dans les Vosges ; cette mine est célèbre par les beaux cristaux irisés de Fer oligiste qui tapissent ses cavités.

Les mines de Fer dites d'*alluvion* sont encore plus communes que les précédentes : elles se composent des minerais de Fer rouge compacte, de Fer granuleux, de Fer argileux et de Fer limoneux. On en trouve presque partout, dans le département du Cher et de l'Indre (Berri) ; — dans celui de l'Eure (Normandie) ; — dans celui de l'Orne, à Domfront : c'est un minerai de Fer rouge compacte en couches. (B*aillet*.) — Dans celui de la Nièvre (Nivernois) ; — dans celui de la Côte-d'Or (Bourgogne) ; — dans celui de la Haute-Marne (Champagne) : on y remarque principalement les mines de Fer de Poisson ; elles sont situées dans des excavations naturelles de vingt à trente mètres de largeur, d'une profondeur inconnue et à parois perpendiculaires : ces excavations sont creusées dans de la chaux carbonatée grossière ; les mêmes assises de pierres se correspondent exactement d'un mur à l'autre. On trouve au milieu de l'une de ces cavités, un obélisque naturel de pierre calcaire, dont les assises correspondent aussi avec celles des parois de l'excavation. (B*aillet*.) — Dans les départemens du Doubs et de la Haute-Saône (Franche-Comté) ; — dans celui de la Moselle (Lorraine) : c'est à ce département qu'appartiennent les mines de Saint-Pancreix, à huit kilom. de Longwi. Leur minerai et celui d'Aumetz et d'Audun dans le même département, sont en filons verticaux et parallèles dans de la chaux carbonatée coquillière. (H*éron*.) Ce minerai est composé de morceaux dont la grosseur varie depuis celle d'une noix jusqu'à celle des deux poings : quelques-uns sont géodiques. C'est du Fer brun compacte, d'un jaune

quable par le grand nombre de filons verticaux et parallèles qui la forment : elle est très-élevée et très-escarpée, sur-tout du côté du midi. Le minerai est un mélange de Fer oligiste, d'argile et de petits grains de falspath ; ce qui donne à la roche qu'il forme un aspect porphyritique. (NAPIONE.) Le Fer de Suède est le plus estimé dans le·commerce. On trouve également des montagnes de Fer oxidulé en Laponie.

Norwège. Les mines d'Arendal, en Norwège, fournissent du Fer oxidulé mêlé de grenat et d'autres pierres des terreins primitifs.

Sibérie, &c. La Sibérie a de riches mines de Fer qui fournissent, en concurrence avec la Suède, la plus grande partie du Fer employé en Russie et dans le reste de l'Europe. Celles qui sont exploitées pour cet objet sont situées dans la chaîne des monts Ourals. On exploite aussi en Sibérie, près de Ribenskoï, entre Oudinsk et Krasnoïsk, une mine qui est entièrement composée de bois fossile ferrugineux. On y trouve des troncs d'arbres entiers enfouis dans un terrain sabloneux et argileux. (PALLAS.)

Le Fer se trouve également dans les autres parties du monde ; mais ses mines ne sont ni assez connues ni assez importantes pour nous intéresser. On sait qu'on trouve en Canada des mines nombreuses et très-riches qui fournissent du Fer de bonne qualité.

17ᵉ GENRE. ÉTAIN [1].

Caractéres. LES minerais d'Etain sont peu variés et assez reconnoissables par une grande dureté et une pesanteur spécifique qui passe toujours 6,9. Ces minerais, grillés et fondus avec du verre, lui donnent une couleur blanc de lait.

L'Etain, à l'état métallique, est d'un blanc tirant sur celui de l'argent : il est plus dur, plus ductile et

[1] JUPITER des alchimistes. — *Cassiteros* des Grecs. — *Plumbum album* des Latins ; le *stannum* paroît avoir été un alliage.

plus tenace que le plomb. Lorsqu'on plie un barreau ou une lame d'Etain, ce métal fait entendre un petit craquement qu'on a nommé *cri de l'Etain*. Il est très-fusible et s'oxide facilement à l'air. Son oxide est gris et indissoluble dans le verre, auquel il donne une couleur blanche opaque et beaucoup plus pure que celle qui lui est communiquée par les minerais d'Etain.

La pesanteur spécifique de ce métal est de. 7,296 : c'est le plus léger des métaux ductiles.

L'existence de l'Etain natif est encore un problême. Les échantillons, que l'on a cités comme appartenant à cette espèce, sont ceux de Cornouailles et du bourg d'Epieux, près Cherbourg. L'un et l'autre sont en grains malléables, formant une masse friable ; mais l'un et l'autre ont été regardés comme produits par l'art et enfouis depuis long-temps dans la terre.

1ʳᵉ *Esp.* ÉTAIN OXIDÉ. *Haüy.* [1]

La pesanteur de ce minerai, qui est au moins de 6,9, peut seule, dans bien des cas, faire soupçonner la présence d'un métal ; ses couleurs varient du noir brunâtre presqu'opaque et un peu métallique, jusqu'au gris jaunâtre limpide [2], en passant par des nuances rougeâtres ou jaunes. Il est dur au point de faire feu sous le choc du briquet ; sa cassure est raboteuse : exposé au chalumeau, il pétille et ne se réduit à l'état métallique sur le charbon qu'avec difficulté.

Caractères.

Ce minerai se trouve très-fréquemment cristallisé, ses cristaux dérivent d'une manière très-visible d'un cube, qui est leur forme primitive. Ce sont généralement des prismes à quatre pans principaux terminés par

---

[1] *Zinnstein*, la mine d'Etain commune. *Broch.*

[2] Ce qu'on nommoit *Etain blanc*, n'étoit pas un minerai d'Etain, mais un scheelin ; cependant M. Proust regarde comme un véritable minerai d'Etain, l'Etain blanc des mines de Monterey en Galice.

des pointemens qui offrent beaucoup de variétés dans le nombre et la disposition des facettes qui les composent. La plupart de ces cristaux sont maclés.

L'Etain oxidé , d'après M. Klaproth, est presque pur , malgré les aspects extrêmement différens sous lesquels il se présente. Celui de Cornouailles est composé de 0,77 d'Etain , 0,21 d'oxigène , d'un atôme de fer, et d'un peu de silice.

·1. ETAIN OXIDÉ CRISTALLISÉ. Ses formes les plus ordinaires sont :

L'ETAIN OXIDÉ PYRAMIDÉ. C'est un prisme droit à quatre pans terminés par une pyramide à quatre faces.

L'ETAIN OXIDÉ DIOCTAÈDRE. Ce même cristal dont les arêtes des prismes sont remplacées par des facettes linéaires.

2. ETAIN OXIDÉ CONCRÉTIONNÉ. *Haüy*. [1] Cette variété est d'un brun un peu châtain ; sa texture est fibreuse comme celle du bois [2]. Elle est ordinairement en morceaux globuleux, réniformes ou tuberculeux , composés de fibres convergentes et de zones ondulées et parallèles ; ce qui indique une formation par concrétion à la manière de toutes les stalactites.

Ce minerai est absolument infusible et irréductible au chalumeau. Il se trouve plus particulièrement en Cornouailles , dans les paroisses de Colomb , de Saint-Denis et de Roach. Il y est sous forme de stalactites , dans un terrein d'alluvion.

M. Humboldt a rapporté de Goanaxuato, au Mexique, de l'Etain concrétionné , qui est composé de 0,95 d'oxide d'Etain et de 0,05 de fer. Cet oxide contient environ 0,29 d'oxigène. (*Descostils*.)

L'Etain oxidé est la seule espèce qui se trouve en masses considérables , et qui soit un objet d'exploita-

---

[1] *Kornisches zinn-erz* , la mine d'Etain du Cornouailles. *Broch*.

[2] De-là les noms qu'on lui a donnés de *woodtin* en anglais et de *holtz-zinn* en allemand (Etain ligneux).

tion. Il appartient exclusivement aux terreins primitifs et même à ceux de la plus ancienne formation ; car non-seulement on le trouve en filons dans le granit, mais encore en amas, en couches, ou disséminé dans les couches de gneiss, de micaschiste et de porphyre. Les filons d'Etain adhèrent très souvent par leurs salbandes à la roche qui les renferme ; ils sont toujours coupés par les autres filons, et ne les coupent jamais. L'Etain paroît donc être un des métaux de la plus ancienne formation : il est accompagné de substances qui appartiennent à cette même époque, telles que le scheelin, le fer arsénié, la topase, le quartz, la chaux fluatée, la chaux phosphaté, l'amphibole, le mica vert et noir, la chlorite, &c. ; tandis qu'on n'y trouve presque jamais ni chaux carbonatée, ni baryte sulfatée, ni zinc, ni plomb, ni argent, substances qui accompagnent fréquemment les autres métaux.

L'Etain oxidé se trouve aussi en grains ou en sable dans les terreins d'alluvion qui sont composés des débris des roches primitives. Ces dépôts sont souvent assez étendus.

? 2ᵉ Esp. ÉTAIN PYRITEUX. Brochant. [1]

Ce minerai rare est d'autant plus difficile à reconnoître, qu'il est fréquemment mêlé d'autres sulfures métalliques.   *Caractères.*

La couleur de cette espèce est le gris de l'acier passant au jaune du bronze, avec l'éclat métallique dans sa raclure. Sa cassure est inégale et même grenue ; sa pesanteur spécifique n'est que de 4,35.

L'Etain pyriteux est assez facile à racler ; il fond au chalumeau en une scorie noirâtre, en répandant une odeur sulfureuse : il colore en jaune le verre de borax. Il contient, suivant M. Klaproth, 0,34 d'Etain, 0,25 de soufre, et 0,36 de cuivre. Comme on n'a point encore trouvé ce minerai homogène et cristallisé, on ne sait

---

[1] *Zinnkies*, l'Etain pyriteux. BROCH. — Etain sulfuré. HAÜY.

pas précisément si le cuivre est une de ses parties essentielles [1].

L'Etain pyriteux ne s'est encore trouvé bien certainement qu'à Wheal-Rock, dans le comté de Cornouaille.

Lieux.   Nous avons dit que l'Etain oxidé étoit le seul qui fût
l'objet d'une exploitation : les mines d'Etain que nous
allons faire connoître en sont donc principalement
composées.

L'Etain est un des métaux le moins abondamment
répandu dans la nature. Beaucoup de vastes contrées
en manquent absolument. On exploite ce métal :

En Espagne, dans la Galice, près de Monterey. Ce
minerai est disséminé dans des filons qui traversent le
granite. (HOPPENSACK. *Journal des Mines.*)

En Angleterre, dans le comté de Cornouailles. Ces
mines sont des plus célèbres et des plus anciennes : le
minerai s'y trouve de trois manières : 1°. Faisant partie
de la roche qui est un granite ; 2°. en filons ; 3°. en
couches d'alluvion.

Les filons traversent le schiste primitif ou le granite.
Ceux qui sont dans le granite, ont peu d'étendue,
et diminuent de puissance dans la profondeur. Ceux
qui coupent le schiste primitif conservent à-peu-près
la même puissance l'espace de quatre cents mètres. Cette
puissance varie cependant de un à quatre mètres : ils
contiennent du cuivre rouge, du fer sulfuré, &c.
(BONNARD. *Journ. des Mines.*) Parmi les mines d'Etain
de cette contrée, il y en a deux, celle de Huel-Cock,
dans la commune de Saint-Juste, et celle de Penzance,
dont les filons se prolongent sous la mer : elles ont
été exploitées par des galeries poussées jusque sous

---

[1] C'est à cause de cette incertitude, et pour ne rien préjuger sur
sa composition, que nous avons laissé à ce minerai le nom d'*Etain
pyriteux*, que lui donnent les minéralogistes allemands.

les eaux. Dans celle d'Huel-Cock, le toit est si près du fond de la mer, qu'on entend le bruit des vagues et le roulis des galets. Dans celle de Penzance, on a fait à l'extrémité de la galerie sous-marine, un puits qui est environné d'eau à la haute mer.

On trouve également de l'Etain : — en Bohême, à Schlakkenwald ; — en Saxe, à Seiffen, à Geier, à Altenberg. Dans ces deux pays, les mines d'Etain sont sous forme d'amas (*stockwercke*) produits par la réunion d'une multitude de petits filons qui se croisent en tous sens. Ces filons renferment en même temps des topases.

Dans les Indes orientales, à Banca et à Malaca.

La position des mines qui fournissoient l'Etain aux anciens, est un point historique intéressant qui n'est pas encore éclairci. Les îles Cassitérides qui étoient le lieu d'entrepôt d'où les marchands phéniciens tiroient ce métal, sont, selon quelques historiens, les îles Sorlingues, et alors l'Etain devoit venir des mines du comté de Cornouailles. Selon d'autres (M. Ch. Coquebert, &c.), c'étoient les îles situées sur les côtes de Galice en Espagne. L'Etain y étoit apporté des mines de cette province ou du Portugal, qui en possédoit alors.

L'Etain des Indes a été également connu des anciens. Diodore-de-Sicile le cite parmi les productions de ces contrées.

18ᵉ *Genre.* PLOMB [1].

Les minerais de Plomb sont très-nombreux ; ils sont Caractères. aussi très-différens par leur composition ainsi que par leurs propriétés extérieures : ils n'ont d'autres caractères communs qu'une pesanteur spécifique toujours au-dessus de 5, un aspect vitreux, et comme gras dans leur cas-

---

[1] SATURNE des alchimistes.

Les anciens désignoient indistinctement par le nom de *Plomb* l'étain et le plomb : mais ils distinguoient le premier par l'épithète de *Plomb blanc*, et le second, par celui de *Plomb noir*.

sure, lorsqu'ils n'ont pas le brillant métallique ; enfin ils sont presque tous faciles à ramener à l'état métallique au moyen du chalumeau, en les grillant et les traitant sur le charbon avec un fondant alcalin.

Le Plomb métallique est d'un gris livide ; il se ternit assez promptement à l'air ; il n'a presque point de ténacité ni d'élasticité, et ne rend aucun son ni par le choc, ni par la flexion ; il répand, lorsqu'on le frotte, une odeur désagréable ; il fond long-temps avant de rougir.

Son oxide en petite quantité ne donne aucune couleur au verre ; en quantité plus considérable, il lui communique une couleur jaune.

La pesanteur spécifique de ce métal est de 11,352.

Le Plomb cristallise en octaèdres par refroidissement. Ces octaèdres, implantés les uns au-dessus des autres, forment des espèces de pyramides quadrangulaires.

1re ESP. PLOMB NATIF.

L'EXISTENCE du Plomb natif dans les terreins d'une formation aqueuse, c'est-à-dire dans les filons et dans les couches, n'a encore été constatée par aucune bonne observation ; mais il paroît que M. Rathké a trouvé dans l'île de Madère ce métal en masses contournées et engagées dans une lave tendre.

2e ESP. PLOMB SULFURÉ. HAÜY. [1]

Caractères. LE Plomb sulfuré est d'un gris métallique assez brillant, sa texture est lamelleuse, rarement grenue, quelquefois striée.

Lorsqu'il est lamelleux, il se divise avec la plus grande facilité en cube parfait, qui est sa forme primitive. La poussière de ce minerai est sèche au toucher et d'un noir assez pur.

Le Plomb sulfuré chauffé sur un charbon, au moyen du chalumeau, se décompose, le soufre se dégage, le

---

[1] *Bleiglanz*, la GALÈNE. BROCH.

Plomb se sépare et fond. Sa pésanteur spécifique est de 7,587. Il est essentiellement composé de Plomb et de soufre, dans le rapport de 0,60 à 0,85 de Plomb sur 0,15 à 0,25 de soufre. Il contient en outre, mais accidentellement, de l'argent, de l'antimoine, &c. dans des proportions très-variables.

Le Plomb sulfuré cristallise assez bien : sa forme la plus ordinaire est l'octaèdre ; ses autres formes tiennent de celle-ci ou du cube. On peut reconnoître diverses variétés de Plomb sulfuré qui diffèrent par leur texture, et plutôt encore par l'influence des métaux qui s'y rencontrent ordinairement.

1. PLOMB SULFURÉ LAMINAIRE. *Haüy.* [1] Il a la texture *Variétés.* lamelleuse, à lames plus ou moins grandes : sa surface est quelquefois ornée des couleurs les plus vives.

2. PLOMB SULFURÉ COMPACTE. *Haüy.* [2] Il a le grain fin et serré comme celui de l'acier ; il en a aussi la couleur. Il contient souvent plus d'argent que les autres.

3. PLOMB SULFURÉ STRIÉ. *Haüy.* [3] Sa texture est striée et brillante. On croit que les stries que fait voir cette variété, sont dues à l'antimoine qu'elle renferme [4].

Le Plomb sulfuré se trouve en masses considérables : *Gisement.* c'est le seul minerai de Plomb qui soit un objet d'exploitation. Il se trouve également dans les montagnes pri-

---

[1] *Gemeiner Bleiglanz*, la galène commune. BROCH.

[2] *Bleischweif*, la galène compacte. BROCH. — *Vulgairement* galène à grain d'acier. — Plomb sulfuré argentifère. *Haüy.*

[3] Plomb sulfuré antimonifère. *Haüy.*

[4] Nous indiquerons ici deux minerais de Plomb analysés par M. Klaproth.

PLOMB SULFURÉ ANTIMONIÉ (*spiess-glanz bleierz*), KARST. d'un gris de Plomb peu éclatant ; cassure inégale ; à gros grain ; assez tendre. Il est composé de Plomb, 0,42 ; d'antimoine, 0,20 ; de cuivre, 0,12 ; de soufre, 0,18 ; de fer, 0,05. (KLAPROTH.)

PLOMB SULFURÉ BISMUTHIQUE. Il est composé de Plomb, 0,33 ; de bismuth, 0,27 ; d'argent, 0,15 ; de soufre, 0,16 ; de fer, 0,04. On le trouve à Schappach, vallée de Schwarzwald. (KLAPROTH.)

2

mitives et dans les montagnes secondaires, notamment
dans celles de chaux carbonatée compacte ; il y est disposé en filons puissans ou en vastes couches. Il est
accompagné de toutes sortes de gangues et de tous les
métaux susceptibles de se trouver dans les mêmes circonstances que lui. Les minéraux qui se voient le plus
ordinairement avec lui, sont, parmi les pierres et les
sels, le quartz, la baryte sulfatée, la chaux carbonatée,
la chaux fluatée, et même le silex agate et le silex calcédoine ; et parmi les métaux, ce sont, le zinc sulfuré
qui y est presque toujours joint, le zinc oxidé, le fer
et le cuivre pyriteux, le cuivre gris, le fer spathique,
l'argent rouge, l'argent sulfuré, &c.

Le Plomb sulfuré paroît donc avoir été formé à toutes
les époques, mais plus abondamment, vers les derniers
momens de la formation générale, puisque la plupart
de ses mines se trouvent dans les terreins secondaires,
et que beaucoup alternent avec des bancs de chaux
carbonatée coquillière. On trouve quelquefois du bitume
dans les filons de Plomb sulfuré, et du Plomb sulfuré dans les couches de houille. Ce dernier cas a été
observé en Suède et à Hargenthen, dans la Lorraine
allemande.

On donnera plus bas, en parlant des principales
mines de Plomb, des exemples du gissement du Plomb
sulfuré.

3e *Esp.* PLOMB OXIDÉ [1].

Caractères. CE minerai est le résultat de la combinaison du Plomb
avec l'oxigène, sans qu'aucun autre corps y soit réuni
comme principe essentiel. Il a l'aspect ou terreux ou
compacte ; ses couleurs varient entre le gris, le jaune, le
brun, le rouge et les nuances intermédiaires ; il se réduit
facilement sur le charbon par l'action du chalumeau.

[1] CÉRUSE, MASSICOT et MINIUM natif. — M. Haüy regarde
cette espèce comme formée des variétés terreuses du Plomb carbonaté.

Il diffère peu du Plomb carbonaté ; il est même difficile
de l'en distinguer lorsqu'il est jaune et compacte, et qu'il
fait effervescence avec l'acide nitrique. Il faut s'assurer
alors, au moyen de l'acide muriatique, si cette effervescence est due au dégagement de l'acide carbonique ou à
celui du gaz oxigène, qui est quelquefois en excès dans
cet oxide.

1. PLOMB OXIDÉ TERREUX [1]. Il est friable ou dur, opaque   Variétés.
et terne. Il se trouve en petites masses ou en poussière,
disséminée dans les différens minerais de Plomb ou dans
leur gangue. Lorsqu'il est mélangé de chaux carbonatée
ou de Plomb carbonaté, il fait effervescence avec tous
les acides, et il n'est plus possible alors de le distinguer
du Plomb carbonaté amorphe. Il est souvent mélangé
de fer ou de cuivre oxidés.

Le Plomb terreux gris se trouve quelquefois en petites
couches, qui alternent avec de l'argile et du Plomb
sulfuré. On en cite à Eichelberg ; il y est disséminé dans
du grès (BROCHANT.) ; — à Bleystad et à Mies en Bohême ;
— à Freyberg en Saxe ; — à Tarnowitz en Silésie ;
— à Zellerfeld au Hartz ; — à la mine de la Croix,
département des Vosges, en France, &c. — Le jaune
se trouve dans la mine d'Isaac, près de Freyberg en
Saxe ; — dans celle de la Croix ; — à Andréasberg au
Hartz, &c. — Le rouge, à Kall, dans le pays de Julliers ;
— à Langenheck, à quatre lieues de Dietz, pays de
Trèves, &c.

2. PLOMB OXIDÉ JASPOÏDE [2]. Ce minerai est compacte ;
il a la cassure lisse comme celle du jaspe : sa couleur est le
brun-jaunâtre ; mais sa poussière est d'un jaune d'ocre.
Si on le chauffe au chalumeau, il fond sans répandre
d'odeur d'ail ; mais si on le fond sur le charbon, il
dégage cette odeur et devient attirable à l'aimant.

Il ne fait point effervescence avec les acides, mais

[1] *Bleierde*, le Plomb terreux. BROCH. — Céruse native. KIRW.
[2] Plomb suroxigéné, &c. LELIÈVRE.

il change l'acide muriatique en acide muriatique oxigéné. M. Vauquelin a trouvé dans ce minerai : oxide de Plomb, 0,22 ; oxide d'arsénic, 38 ; oxide de fer, 39.

M. Lelièvre, qui a décrit ce minerai, ne sait point d'où il a été apporté. M. Patrin soupçonne qu'il vient des mines de Daourie.

4ᵉ Esp. PLOMB CARBONATÉ. Haüy. [1]

Caractères.

CETTE espèce de Plomb est généralement, ou diaphane, ou blanche, ou d'un jaune enfumé ; elle a un aspect gras, et quelquefois un luisant métallique. Elle se trouve en petites masses, ou en cristaux, ou même en petites paillettes brillantes [2]. Elle fait effervescence dans l'acide nitrique étendu d'eau, et noircit subitement par l'action des sulfures alcalins ; enfin elle décrépite au feu, mais se réduit facilement sur le charbon au moyen du chalumeau.

Ce Plomb a une réfraction double très-puissante ; sa pesanteur spécifique est de 6,071 à 6,558 ; sa forme primitive est un octaèdre rectangulaire.

Il contient, d'après MM. Westrumb et Klaproth, 0,81 d'oxide de Plomb, et 0,16 d'acide carbonique.

Variétés.

1. PLOMB CARBONATÉ CRISTALLISÉ. Ses cristaux sont communément petits ; leurs faces ont un poli vif ; leur forme générale se rapproche de l'octaèdre ou du prisme hexaèdre pyramidé. (*Pl. carb. sexoctonal, pl. 8, fig. 19.*)

2. PLOMB CARBONATÉ ACICULAIRE. Haüy. Il est en aiguilles d'un blanc soyeux très-éclatant, qui sont tantôt libres, tantôt réunies en faisceaux, et souvent recouvertes d'une poussière d'un vert brillant, qui est du cuivre malachite.

Cette belle variété se trouve dans les mines du Hartz.

3. PLOMB CARBONATÉ BACILLAIRE. Haüy. Il est en baguettes cannelées et entrelacées dans toutes sortes de

---

[1] *Weiss-bleierz*, le Plomb blanc. *BROCH.*
[2] *Bleiglimmer*, le Plomb micacé. *BROCH.*

sens. Il ressemble beaucoup à une variété de baryte
sulfatée qui a la même forme. On le trouve en Saxe.

4. PLOMB CARBONATÉ MASSIF [1]. Il est en masses compactes jaunâtres, à cassure luisante et comme onctueuse, qui sont tantôt absolument amorphes et tantôt
mamelonnées. Ce Plomb fait une vive effervescence
dans l'acide nitrique, ce qui le distingue du Plomb
oxidé. On le cite à Zellerfeld au Hartz.

Le Plomb carbonaté n'est pas très-abondant dans la   Gissement
nature ; il accompagne toujours d'autres minerais de   et lieux.
Plomb, et ne se trouve jamais en grandes masses. Les
principales mines qui en renferment, sont : en France,
Poullaouen et Huelgoet en Bretagne ; Sainte-Marie-
aux-Mines, dans les Vosges ; Saint-Sauveur en Languedoc. — Au Hartz, la mine de Zellerfeld. — En
Bohême, celle de Praibram. — En Ecosse, celle de
Leadhill. — En Daourie, les mines de Gazimour ; ce
sont celles qui ont fourni les plus beaux cristaux, &c.

* 5e ESP. PLOMB NOIR [2].

CE minerai de Plomb ne peut être considéré comme   Caractères.
une véritable espèce ; il est tantôt d'un noir foncé,
parsemé de quelques points brillans et tache fortement
les doigts [3] : tantôt d'un noir bleuâtre [4]. Il est, ou pulvérulent, ou bien en petits cristaux prismatiques, dont la
surface est rude. Il se réduit facilement au chalumeau,
et répand quelquefois une odeur sulfureuse.
Le Plomb noir est peu abondant ; il se trouve à la
surface ou dans les cavités des autres minerais de Plomb.
Il paroît dû à la décomposition du Plomb sulfuré, et
plutôt encore à celle du Plomb carbonaté. Les formes
qu'il présente appartiennent à cette dernière espèce.

---

[1] *Natürlicher bleiglas*, le verre natif de Plomb. BROCH.
[2] Plomb noir. HAÜY.
[3] *Schwarz bleierz*, la mine de Plomb noire. BROCH.
[4] *Blau bleierz*, la mine de Plomb bleue. BROCH.

Lieux. On trouve particulièrement les deux variétés de couleurs à Zschopau en Saxe.

6ᵉ ESP. PLOMB SULFATÉ. Haüy. [1].

Caractères. IL se présente ordinairement sous forme de cristaux diaphanes et incolores, ou d'un jaune roussâtre et translucide. Leur forme générale est l'octaèdre et ses dérivés (pl. 8, fig. 20). Il ne fait point effervescence avec l'acide nitrique, et se réduit à la simple flamme d'une bougie. Ces deux caractères chimiques suffisent pour le distinguer du Plomb carbonaté, auquel il ressemble d'ailleurs par tous les caractères extérieurs.

Il est assez tendre et même très-fragile. Sa pesanteur spécifique est de 6,3. (KLAPROTH.) Sa forme primitive est un octaèdre dans lequel les pyramides obtuses ont pour base un rectangle. Ce minerai est composé, d'après M. Klaproth, de 0,71 d'oxide de Plomb, de 0,25 d'acide sulfurique, et de 0,02 d'eau.

Lieux. On a trouvé le Plomb sulfaté en Andalousie, sur du Plomb sulfuré qui étoit comme carié ; — en Ecosse, à Wanlockhead, près de Leadhill, — et dans l'île d'Anglesey. Ce dernier est le plus connu ; il est disséminé en cristaux assez nets dans les cavités d'une pierre cellulaire et friable, composée de silice, d'oxide de fer rouge et de cuivre sulfuré. Il paroît qu'il doit sa naissance à la décomposition des sulfures qui l'accompagnent.

7° ESP. PLOMB PHOSPHATÉ. Haüy. [2]

Caractères. LA couleur la plus ordinaire de ce minerai de Plomb, est le vert, et même le vert pur de l'herbe. Elle passe par des nuances insensibles jusqu'au jaune-verdâtre. Il y en a aussi de gris-brun, de rougeâtre et même de violet sale [3]. Quelle que soit sa couleur, sa poussière est

---

[1] *Naturlicher blei vitriol*, le vitriol de Plomb natif. BROCH.

[2] *Grun-bleierz*, le Plomb vert. BROCH.

[3] Il me semble qu'on peut rapporter à cette variété de couleur l'espèce établie par M. Werner, sous le nom de *braun bleierz*. La mine de Plomb brune. BROCH.

toujours grise. Sa cassure est vitreuse, avec un aspect gras.

Le Plomb phosphaté ne fait aucune effervescence dans les acides, et se fond au chalumeau sur le charbon en un globule, qui prend une surface polyédrique en se figeant. Il n'est point réductible en Plomb sans l'addition d'un peu de potasse et de charbon.

Ce minerai est généralement transparent. Sa pesanteur spécifique est de 6,909 à 6,941. On le trouve cristallisé, et sa forme primitive est un dodécaèdre bipyramidal comme celui du quartz. L'incidence des faces des deux pyramides l'une sur l'autre, est de $81^d\frac{1}{2}$.

Suivant M. Klaproth, ce minerai est toujours composé, quelle que soit sa couleur et le lieu d'où il vient, de 0,77 à 0,80 d'oxide de Plomb, de 0,19 à 0,18 d'acide phosphorique, et de 0,015 d'acide muriatique, qui se trouve constamment dans toutes les variétés de phosphate de Plomb.

PLOMB PHOSPHATÉ CRISTALLISÉ. La forme générale de ses cristaux est un prisme à six pans; ou tronqué net, ou bordé à sa base de facettes, ou terminé par une pyramide. — *Variétés.*

PLOMB PHOSPHATÉ BRIOÏDE. Il ressemble à cette mousse courte que l'on nomme *brium*, et il tapisse sous cette forme des pierres très-ferrugineuses.

On voit encore le Plomb phosphaté sous forme de petites aiguilles ou de mamelons.

1. PLOMB PHOSPHATÉ ARSÉNIÉ. Il est jaune et composé de Plomb oxidé, 0,77; d'acide phosphorique, 0,09; d'acide arsénique, 0,04; d'eau, 0,07. (*LAVOISIER.*) Il vient de Johanngeorgenstadt en Saxe [1].

Le Plomb phosphaté se trouve, comme le Plomb — *Lieux.*

---

[1] Est-ce le même minerai qui a été nommé *Plomb arséniaté?* celui-ci est d'un jaune blanchâtre, et disposé en lames hexagonales, arrangées et groupées en *roses.* M. Rose y a trouvé: Plomb, 0,75; oxigène, $0,04\frac{1}{2}$; acide arsénique, 0,19; acide muriatique, $0,01\frac{1}{2}$.

carbonaté, dans les mines qui contiennent ce métal à
l'état de sulfure, principalement dans celles qui ont
pour gissement des montagnes primitives. Ce minerai
n'est pas très-commun. On le trouve principalement :
— en France, dans les mines d'Huelgoet en Bretagne ;
il y est d'un gris-violâtre : ses cristaux sont assez volumineux. — Aux mines de la Croix, dans les Vosges, en
cristaux verts ; — près de Fribourg en Brisgaw ; — au
Harts ; — en Saxe ; — en Bohême ; — au Pérou, &c.

8ᵉ Esp. PLOMB ARSÉNIÉ. Haüy.

Caractères. — IL est ordinairement d'un jaune pâle un peu verdâtre, très-peu brillant ; il se réduit assez facilement
en Plomb au chalumeau, en répandant des vapeurs
arsénicales reconnoissables par leur odeur d'ail ; il est
friable. Sa pesanteur spécifique est de 5,046. Il paroît,
d'après les essais et les analyses que l'on en a faits,
qu'il est composé d'oxide de Plomb uni à de l'oxide
d'arsénic.

On le trouve en petits cristaux aciculaires ou en filamens soyeux contournés. On en connoît aussi en masses,
dont l'aspect est gras et vitreux.

Gissement — Cette espèce, encore peu connue, paroît avoir les
et lieux. mêmes gissemens que les autres minerais de Plomb. On
l'a trouvée : — en France, dans le filon de Plomb sulfuré
de la mine de Saint-Prix, département de Saône-et-
Loire : elle a pour gangue la chaux fluatée, le quartz et
le Plomb sulfuré lui-même. (CHAMPEAUX.) — En Andalousie, elle est en grains réunis en grappe, ayant pour
gangue du felspath, du quartz et du Plomb sulfuré [1].
— En Sibérie, à Nertschink [2]. Celle-ci est composée
de 0,35 de Plomb, 0,25 d'arsénic, et 0,14 de fer.
(BINDHEIM.)

---

[1] Plomb vert arsénical. PROUST.
[2] Blei-niere, KARST. — Plomb réniforme.

9ᵉ *Esp.* PLOMB MURIATÉ. *Brochant.* [1]

LE Plomb muriaté est d'un jaune-verdâtre ; sa cassure Caractères.
longitudinale est lamelleuse dans deux sens perpendiculaires l'un sur l'autre, et sa cassure transversale est
conchoïde. Il est translucide et assez tendre.

Il se fond au chalumeau en un globule, qui éclate
s'il est chauffé fortement sur un charbon ; l'acide muriatique se dégage alors sous forme de vapeur, et le Plomb
est revivifié.

Il est composé, d'après M. Klaproth, de 0,855 d'oxide
de Plomb, 0,085 d'acide muriatique, 0,060 d'acide carbonique [2].

On l'a trouvé dans le Derbyshire et dans les montagnes de Bavière. Le premier qui est cristallisé en
cube, est celui que M. Klaproth a analysé.

10ᵉ *Esp.* PLOMB CHROMATÉ. *Haüy.* [3]

CE Plomb est d'un beau rouge-orangé ; il est translu- Caractères.
cide ; sa raclure est d'un jaune-orangé ; sa cassure est
inégale ; il donne une couleur verte au verre de borax.
Ce caractère le distingue suffisamment de tous les minéraux rouges avec lesquels on pourroit le confondre ; tels
que le mercure, l'arsénic et l'argent sulfurés. Le cuivre
oxidulé rouge pourroit seul avoir ce caractère ; mais ce
minerai est d'une couleur rouge si différente, qu'on n'a
pas même besoin de recourir à des caractères plus essentiels pour le distinguer du Plomb chromaté. Sa pesanteur
spécifique est de 6,026.

On le trouve ordinairement cristallisé. Sa forme générale est celle d'un prisme à quatre pans, quelquefois

---

[1] *Hornblei.* KARST. — *Vulgairement* Plomb corné.
[2] *Annales de Chimie*, tome 44, page 245 : on trouve dans Karsten
et dans Brochant, oxide de Plomb, 0,55 ; acide muriatique, 045.
Mais les observations que fait M. Klaproth à la fin de l'analyse rapportée dans les *Annales de Chimie*, prouvent qu'il y a erreur dans
le résultat donné par M. Karsten.
[3] *Rothes-bleierz*, le Plomb rouge. BROCH.

terminé par des pyramides. Ses pans sont striés en longueur. Sa forme primitive est un prisme droit à bases carrées.

Il est composé de 0,64 d'oxide de Plomb, et de 0,36 d'acide chromique. (*Vauquelin.*)

Lieu et gisement. Ce minerai de Plomb n'a encore été trouvé qu'en Sibérie, dans la mine d'or de Bérésof, située sur la pente orientale des monts Ourals, à trois lieues d'Ekatherinbourg; il est disséminé sur une gangue quartzeuse, dans un filon de Plomb sulfuré, parallèle à celui qui renferme les pyrites aurifères décomposées, qui sont l'objet de l'exploitation de cette mine. M. Pallas dit l'avoir retrouvé à quinze lieues, au nord de cette mine, dans des collines composées de bancs de grès et de couches d'argile qui alternent ensemble. Ses cristaux sont disséminés dans l'argile et sur le grès, et sont également accompagnés des cubes de fer sulfuré aurifère qu'on vient de citer.

La gangue quartzeuse du Plomb chromaté contient dans sa partie supérieure de l'oxide d'antimoine, de l'oxide de Plomb et de la silice, et dans sa partie inférieure, elle est presqu'entièrement siliceuse. (*Thenard.*) Le Plomb chromaté est souvent accompagné de Plomb chromé. Ce minerai est employé par les peintres russes [1].

11° Esp. PLOMB CHROMÉ.

Caractères. Il est d'un vert assez pur; il conserve cette couleur au feu, et la donne au verre de borax; il communique une couleur rouge-orangé à l'acide nitrique. Ces caractères le distinguent du cuivre oxidé et du Plomb phosphaté vert. Il se trouve disséminé en petites aiguilles ou en poussière sur la gangue et même sur les cristaux

---

[1] M. Humboldt a trouvé à Zimapan au Mexique, un chromate de Plomb qui est brun ; il diffère du rouge non-seulement par sa couleur, mais aussi par ses principes constituans. M. Descotils y a trouvé: Plomb métallique, 0,69 ; oxigène présumé, 0,05 ; acide chromique, 0,16 ; oxide de fer, 0,05 ½ ; acide muriatique sec, 0,01 ¼.

du Plomb chromaté. On le regarde comme une combinaison d'oxide de Plomb et d'oxide de chrome.

12ᵉ ESP. PLOMB MOLYBDATÉ. HAÜY. [1]

CE minerai est d'un jaune pâle assez sale ; il a une
cassure conchoïde ; il décrépite fortement au chalumeau, et se fond en un globule noirâtre parsemé de
Plomb ; il donne au verre de borax une couleur d'un
blanc-bleuâtre. Sa pesanteur spécifique est de 5,486.

Sa forme primitive est un octaèdre rectangulaire à
triangles isocèles. Ses formes secondaires sont, ou des
tables à huit pans (*pl. 8, fig. 21, Pl. mol. triunitaire*),
ou l'octaèdre primitif altéré par diverses facettes (*pl. 8,
fig. 22, Pl. mol. triforme*).

Il est essentiellement composé de 0,58 de Plomb, et de
0,28 d'acide molybdique. (*MACQUART.*)

Ce Plomb a été d'abord trouvé à Bleyberg en Carinthie, sur une pierre calcaire compacte. On l'a trouvé
depuis à Freudenstein, près de Freyberg, et à Annaberg
en Saxe ; — en Autriche ; — à Zeezbauya en Hongrie,
— et à Zimapan au Mexique, sur de la chaux carbonatée compacte. (*HUMBOLDT.*)

Telles sont les espèces de minerais de Plomb connues.
On voit que le Plomb est un des métaux qui présente
le plus grand nombre de combinaisons naturelles. Nous
n'ajouterons rien à ce que nous avons dit sur son gissement général à l'article du Plomb sulfuré. Cette espèce
étant la seule qui se trouve sous un grand volume, on
ne regarde comme mines de Plomb que les minières
qui la renferment en quantité exploitable. Les principales mines de Plomb, sont :

En France, celles : — de Pompean, de Poullaouen
et d'Huelgoet, dans le département du Finistère. On a
trouvé dans la première, qui est abandonnée, du bois
fossile. (*GILLET-LAUMONT.*) Ce sont, dans les deux der-

Caractères.

Principales mines de Plomb.

France.

[1] *Gelbesbleiert*, le Plomb jaune. BROCH.

nières, deux filons puissans parallèles, encaissés dans un
terrein primitif ; on a trouvé dans ces filons des cailloux
roulés, que M. Daubuisson regarde comme des noyaux
quartzeux formés par cristallisation. — De Saint-Sauveur en Languedoc ; — de la Croix, dans les Vosges ; le
Plomb sulfuré est disséminé dans un filon puissant de
granite qui semble décomposé ; il y est mêlé avec beaucoup de fer oxidé rougeâtre et caverneux. — De Védrin,
dans le département de Sambre-et-Meuse ; c'est un filon
de fer brun ocreux, mêlé de sulfure de Plomb ; il
traverse des couches presque perpendiculaires de chaux
carbonatée. — De Vienne, département de l'Isère ; les
filons sont composés, les uns de baryte sulfatée, d'autres
de silex agate, et d'autres de silex corné ; ils sont encaissés
dans un schiste talqueux. — De Pezey, dans le département du Mont-Blanc ; le filon est aussi dans un schiste
talqueux blanchâtre.

Allemagne.   En Carinthie, à Bleyberg, il paroît que le Plomb
sulfuré s'y trouve de deux manières ; en couches qui
alternent avec des couches de chaux carbonatée compacte et de lumachelle chatoyante (DOLOMIEU.), et en
grains disséminés dans une montagne composée de grès
quartzeux friable et de cailloux roulés. Il est accompagné de cuivre oxidé et de fer oxidé brun. On sépare
par le criblage et par le lavage le Plomb sulfuré, qui
est très-abondant. (LENOIR.)

En Silésie, à Tarnowitz, dans la principauté d'Op-
peln ; le gisement de cette mine mérite d'être remarqué.
Les couches qui renferment les minerais de Plomb,
reposent sur des couches horizontales de chaux carbonatée compacte, de 5 à 5 centimètres d'épaisseur, et
mêlée de coquilles fossiles, de limon noir et d'asphalte.
Le banc dont le minerai fait partie, est une chaux carbonatée imprégnée de fer ocreux, et renfermant quelques
grains de Plomb sulfuré. La couche de minerai proprement dit, consiste en une marne ferrugineuse brune,
dans laquelle le Plomb sulfuré est disposé en veines,

en masses rondes, et même en petits grains. Cette couche
est sinueuse; les parties concaves sont plus riches que les
parties convexes; elle est recouverte, 1°. d'un banc très-
épais de chaux carbonatée compacte, qui est pénétrée
d'oxide de fer et de zinc calamine, et qui renferme
de grosses boules de fer brun compacte; 2°. d'une
couche de marne très-ferrugineuse, renfermant même
des boules de fer brun; les assises inférieures de cette
couche contiennent du zinc calamine; 3°. d'une
terre bleuâtre spongieuse, d'argile, et enfin de sable.
(*DAUBUISSON.*)

En Espagne, les mines de Plomb sulfuré sont très-   *Espagne.*
abondantes. Les plus importantes se trouvent dans des
collines de granite de la province de Jaen et dans le
territoire de la petite ville de Canjagar.

En Angleterre, les plus remarquables sont celles du *Angleterre.*
Derbyshire; elles sont situées dans le lieu nommé *Peak.*
Les filons sont très-nombreux, et renfermés dans de la
chaux carbonatée compacte qui contient des coquilles
fossiles, et notamment des entroques. Les uns sont hori-
sontaux, et doivent être considérés comme des couches;
les autres sont inclinés et coupent les couches. Ils ne
pénètrent jamais dans le schiste qui recouvre le calcaire;
ils sont assez irréguliers dans leur direction, dans leur
puissance et dans leur richesse, et aboutissent quelquefois à de vastes cavernes. C'est dans ces mêmes montagnes qu'on trouve les masses d'amygdaloïde, nommée
toadstone; elles interrompent complètement les filons,
mais ne dérangent en aucune manière les couches. Le
Plomb sulfuré de ces filons a pour gangue de la baryte
sulfatée, de la baryte carbonatée et de la chaux fluatée.
Les filons semblent dans quelques points n'avoir aucune
adhérence à la masse de la montagne, et les surfaces en
contact sont luisantes et même *miroitantes.* Les ouvriers
appellent cette partie brillante *kable* ou *caulk* (*FAUJAS.*),
slickenside. (*MAW.*) Ces deux minéralogistes assurent
que dès qu'on met cette singulière pierre à découvert,

en tout ou en partie et par un moyen quelconque, elle pétille, et fait une explosion terrible, qui détache de gros morceaux du filon. Ce fait singulier qui paroît assez bien constaté, n'a encore été expliqué par personne. Enfin on trouve dans quelques filons de Plomb de ce pays du pétrole et du bitume élastique.

Divers lieux. On cite du Plomb sulfuré dans beaucoup d'autres lieux. On peut même dire qu'il y en a dans presque tous les pays ; mais nous n'avons aucune particularité à rapporter sur les autres mines de ce métal.

On dit qu'elles sont très-rares dans l'Asie boréale. On n'en trouve ni dans la chaîne des monts Altaï, ni dans celle des monts Ourals. (*PATRIN.*) Il y en a aussi très-peu au Pérou.

19ᵉ *GENRE.* NICKEL. *HAÜY.*

CE métal est encore rare, et peu connu à l'état de pureté. On l'a regardé pendant long-temps comme un métal fragile ou très-peu ductile, et encore attribuoit-on au fer le peu de ductilité qu'il montroit. C'est à MM. Vauquelin, Thenard et Richter, qu'on doit les expériences qui ont prouvé la ductilité de ce métal.

Caractères. Le Nickel purifié est d'un blanc brillant semblable à celui de l'argent ; il est presqu'aussi malléable que ce métal, il paroît jouir également d'une grande ténacité ; il ne s'altère point à l'air. Sa pesanteur spécifique est de 8,666 lorsqu'il a été forgé. (*RICHTER.*)

Ce métal possède, avec le fer et le cobalt, la propriété d'acquérir le magnétisme polaire, et présente les mêmes phénomènes que le fer. La force magnétique du Nickel est plus foible que celle de l'acier, dans le rapport de 1 à 4. (*BIOT.*)

L'oxide pur du Nickel est d'un beau vert ; il donne à l'ammoniaque une couleur d'un bleu très-pâle, et au verre dans lequel on le fait fondre une couleur d'un brun hyacinthe.

Ce métal est très-difficile à fondre ; il faut l'exposer

à une chaleur très-forte et très-long-temps continuée. Il ne s'oxide point par la seule action de l'air, et ne devient que terne au feu. Ses oxides se réduisent par l'action du feu sans addition de corps combustible. (RICHTER.)

1ʳᵉ Esp. NICKEL ARSÉNICAL. HAüY. [1]

CE minerai est d'un rouge ou d'un jaune pâle de cuivre ; sa cassure est inégale et grenue, ordinairement à petits grains ; il est assez dur pour étinceler sous le choc du briquet ; il répand alors une odeur d'ail qui fait reconnoître l'arsénic qu'il renferme ; il est attaquable par l'acide nitrique, et sa dissolution donne un dépôt verdâtre. Sa pesanteur spécifique est de 6,608 à 6,648. Il n'a offert jusqu'à présent aucune forme cristalline. *Caractères.*

. Le Nickel arsénical est essentiellement composé de Nickel et d'arsénic ; il contient en outre, mais comme principes accessoires, du fer, du soufre, du cobalt et même du bismuth. (THENARD.)

Cette espèce de Nickel est la seule que l'on trouve en masses volumineuses ; elle forme des filons, ou se rencontre dans les filons d'argent, de cobalt et de cuivre. Elle appartient aux terrains primitifs. Ses gangues ordinaires, sont le quartz, la baryte sulfatée et la chaux carbonatée spathique. *Gissement.*

On trouve ce minerai dans beaucoup de lieux, notamment en Saxe, à Schnéeberg, Annaberg, Freyberg, &c. ; — en Bohême, à Joachimsthal ; — en France, à Allemont. Ce dernier contient de l'argent. *Lieux.*

2ᵉ Esp. NICKEL OXIDÉ. HAüY. [2]

ON n'a encore vu ce minerai que sous la forme d'une poussière vert-pomme qui recouvre d'autres minerais de Nickel, et principalement le Nickel arsénical ; *Caractères.*

---

[1] *Kupfernickel*, le KUPFERNIKEL. BROCH.
[2] *Nikkel-okker*, l'ocre de Nikel. BROCH.

il pénètre et colore quelquefois certaines matières terreuses.

Cette poussière verte ressemble un peu à de l'oxide
de cuivre ; elle s'en distingue en ce qu'elle colore
l'ammoniaque en un bleu pâle, qui n'est point perma-
nent, et qu'elle se réduit en Nickel métallique par la
seule action du chalumeau ; elle se dissout d'ailleurs
fort bien dans l'acide nitrique. (RICHTER.)

Gissement
et lieux. Le Nickel oxidé ne se trouve jamais en masse ; il
accompagne ordinairement le Nickel arsénical. M. Klaproth l'a reconnu dans la chrysoprase de Kosemülz, et
sur-tout dans la pierre tendre et verte [1] qui sert de
gangue à ce silex [2].

20e GENRE. CUIVRE [3].

Caractères. LE Cuivre est un des métaux dont la présence se
manifeste le plus facilement au moyen de la couleur
verte que son oxide communique toujours au verre de
borax, et de la couleur d'un beau bleu d'azur qu'il
donne à l'ammoniaque. En faisant usage de l'un de ces
deux moyens, et pour plus de sureté, de l'un et de
l'autre successivement, on reconnoîtra le Cuivre par-
tout où il se trouvera.

Le Cuivre, à l'état métallique, est d'un jaune rougeâtre particulier; il est très-malléable, plus dur et plus
élastique que l'argent, et le plus sonore des métaux.

---

[1] M. Karsten a nommé PIMÉLITE cet oxide terreux de Nickel.

[2] M. Richter dit avoir reconnu dans les minerais de cobalt de
Saxe, et dans l'eau-mère du sulfate de cuivre de Rothenturger, un
métal nouveau qui a des rapports assez nombreux avec le cobalt et
le Nickel. Il l'a nommé NICCOLANE. Ce métal est d'un gris d'acier
tirant légèrement sur le rouge; il est assez dur, s'étend un peu à froid
sous le marteau, mais il se casse à chaud ; sa cassure est grenue; il
est magnétique ; sa pesanteur spécifique est de 8,6 ; il donne des
dissolutions vertes dans les acides. Ce métal se distingue sur-tout du
Nickel, parce que ses oxides ne peuvent pas se réduire sans l'intermède d'un corps combustible.

[3] VÉNUS des alchimistes.

Il doit être placé le quatrième dans l'ordre de ductilité, et le troisième dans celui de tenacité : il est moins fusible que l'or, mais il l'est plus que le fer. Sa pesanteur spécifique, lorsqu'il a été fondu, est de 7,7880. Il répand, par le frottement, une odeur particulière et nauséabonde.

1ʳᵉ Esp. CUIVRE NATIF. Haüy. [1]

Caractères. Il a tous les caractères du Cuivre purifié par les opérations métallurgiques ; mais sa pesanteur spécifique de 8,5844 est plus considérable. Il offre les formes régulières qui paroissent être communes à presque tous les métaux, c'est-à-dire le cube, l'octaèdre, le cubo-octaèdre, le cubo-dodécaèdre, &c. Il se présente aussi, comme les autres métaux malléables, en rameaux et en filamens : il est rare sous cette dernière forme, qu'on n'a encore trouvée qu'aux environs de Temeswar et dans les mines de Cornouailles. Dans ce dernier lieu, ses filamens sont entrelacés comme un filigrane. On voit également le cuivre natif en lames, en grains, en concrétion ou stalactite, en masses amorphes, &c.

Gissement. Le Cuivre natif offre deux sortes de formations différentes : tantôt il entre dans la composition des roches et dans celle des filons qui les traversent ; tantôt il est d'une formation beaucoup plus récente, mais plus rare ; il constitue alors ce que l'on nomme *Cuivre concrétionné ou de cémentation.* Il vient des dissolutions de sulfate de Cuivre qui coulent dans les mines, et qui sont décomposées par le fer, par les corps organisés et par tous les corps combustibles que rencontrent ces eaux cuivreuses [2].

Lieux. Les mines qui contiennent du Cuivre natif sont, en France, les seules mines de Baygorry et celles de Saint-Bel près Lyon, encore y est-il rare, et il nous a même

---

[1] *Gediegen kupfer*, le Cuivre natif. BROCH.
[2] Nous parlerons de la préparation en grand du Cuivre de cémentation en traitant de la métallurgie de ce métal.

paru qu'on ne trouvoit, dans cette dernière mine, que du
Cuivre de cémentation. Il est au contraire très-abondant
dans les mines de Tourniski, à cent vingt lieues au
nord d'Ekaterinbourg, dans la partie orientale des
monts Ourals, en Sibérie. On en trouve aussi dans les
mines de Saxe, dans celles de Hongrie, dans la fameuse
mine de Fahlun en Suède ; dans celles de Cornouailles
en Angleterre, &c. &c.

Les gangues du Cuivre sont le quartz, la chaux carbonatée, la chaux fluatée, la baryte sulfatée, et, à Ober-
tein, la prehnite : cette dernière gangue est la plus
remarquable.

2ᵉ Esp. CUIVRE SULFURÉ. Haüy. [1]

Caractères. Ce minerai a la texture compacte, la cassure conchoïde et quelquefois terne ; il est rarement lamelleux.
Sa couleur est le noir de fer ou le gris de plomb ; il
est quelquefois rougeâtre lorsqu'il est mélangé de Cuivre
oxidulé.

Il est très-fusible ; il fond même à la flamme d'une
bougie : mais il est plus difficile à réduire que le Cuivre
oxidulé. Il a d'ailleurs la propriété commune à toutes
les mines de Cuivre, de colorer le verre de borax en
vert et l'ammoniaque en bleu.

Ce minerai de Cuivre est assez tendre, et s'égrène
sous le couteau, mais il ne se coupe pas, comme l'argent sulfuré. Sa pesanteur spécifique est de 4,81 à 5,338 ;
sa forme primitive est le prisme hexaèdre régulier.
(Haüy.)

Le Cuivre sulfuré est composé, d'après M. Klaproth,
de Cuivre, $0,78 \frac{1}{2}$; de soufre, $0,18\frac{1}{2}$; de fer, $0,02$.

Il se trouve ordinairement en masses amorphes, et
quelquefois, mais rarement, en prismes hexaèdres réguliers ou en cristaux qui dérivent de cette forme.

Nous rapporterons à cette espèce la variété qu'on

---

[1] *Kupfer-glas*, le Cuivre vitreux. BROCH.

nomme Cuivre spiciforme [1]. Elle est en petites masses ovales, aplaties, relevées par des saillies noirâtres en forme d'écailles ; elle ressemble à un petit cône de pin ou à un épi qui auroit été fortement comprimé. Aussi beaucoup de Minéralogistes regardent-ils cette variété comme résultant de la minéralisation de ces fruits par le Cuivre vitreux.

On trouve le Cuivre sulfuré spiciforme à Frankenberg, dans des filons qui traversent un terrein primitif. Cette disposition seroit fort remarquable, si on ne se rappeloit que les filons sont souvent d'une formation très-différente de celle du terrein qui les renferme.

Le Cuivre sulfuré est un des minerais de Cuivre les *Gisement.* plus purs et les plus riches : il forme des filons trèspuissans, qui renferment aussi du Cuivre oxidulé. Il est quelquefois recouvert de Cuivre malachite soyeux.

On trouve cette espèce importante dans presque *Lieux.* toutes les mines de Cuivre des terreins primitifs, notamment en Sibérie, — en Suède, — en Saxe à Freyberg et à Marienberg, — en Cornouailles ; c'est de ce dernier lieu que viennent les plus beaux cristaux.

3ᵉ *Esp.* CUIVRE PYRITEUX. *Haüy.* [2]

Le Cuivre pyriteux est d'un jaune métallique assez *Caractères* vif : il ressemble beaucoup au fer sulfuré ; mais le jaune de ce dernier est beaucoup plus blanc que celui du Cuivre pyriteux : celui-ci est d'ailleurs moins dur ; il n'étincelle que difficilement sous le choc du briquet ; il se laisse même entamer par le couteau ; il a la cassure raboteuse et non vitreuse ; il se fond au chalumeau en un globule noir que l'on amène difficilement à l'état de Cuivre métallique.

Cette espèce a pour forme primitive le tétraèdre, et

---

[1] Cuivre gris spiciforme. *Haüy.* — Argent en épis.

[2] *Kupfer-kies*, la pyrite cuivreuse. *Broch.*

pour formes ordinaires, ses dérivés immédiats. Lorsqu'elle est en masse, elle présente souvent les couleurs irisées les plus vives. Ce caractère peut aider à la faire distinguer du fer sulfuré qui n'offre jamais les mêmes couleurs. Sa pesanteur spécifique est de 4,3154.

On trouve le Cuivre pyriteux cristallisé en tétraèdre, en cubo-tétraèdre, en dodécaèdre : on le rencontre aussi en concrétions ou stalactites ; sa surface est alors bronzée, terne et même criblée d'une infinité de petits trous.

Le Cuivre pyriteux n'est point, comme le Cuivre sulfuré, le résultat de la combinaison presque pure du Cuivre et du soufre. Ce minerai contient toujours du fer dans des proportions tellement variables, qu'il n'est pas possible d'établir des limites entre cette espèce et le fer sulfuré : il n'est pas aussi facilement décomposable dans l'air humide que le fer sulfuré. Cependant il s'altère quelquefois, et donne du sulfate de Cuivre. Il renferme aussi, dans quelques cas, un peu d'or et un peu d'argent.

Gissement. Ce minerai n'est pas le plus riche des minerais de Cuivre, mais il est très-commun, ses filons sont très-multipliés et souvent fort puissans ; ce sont enfin ceux qu'on exploite le plus ordinairement. Il contient depuis deux jusqu'à vingt pour cent de Cuivre. Il accompagne un grand nombre d'autres minerais, tels que le fer spathique, le cuivre gris, &c.

Le Cuivre pyriteux se trouve dans les terreins primitifs et dans ceux de transition. On dit aussi qu'il se rencontre en couches dans les terreins *stratifiés ;* mais on ne dit pas si ces terreins sont secondaires ou primitifs, et je ne sache pas qu'on ait encore trouvé ce Cuivre dans les filons de plomb ou de zinc sulfurés qui coupent les couches de chaux carbonatée secondaire.

Lieux. Le minerai de Cuivre de la mine exploitée à Saint-Bel, près Lyon, appartient à cette espèce.

Parmi les variétés de cette espèce, la plus remarquable et la plus tranchée est :

Le Cuivre pyriteux panaché [1]. Il est composé absolument des mêmes principes que le Cuivre pyriteux ;
mais ses qualités extérieures sont un peu différentes ;
ses couleurs sont vives et panachées de rouge, de brun,
de bleu, de violet et même de vert ; il est assez tendre
pour se laisser racler par l'ongle : sa poussière est rougeâtre. Lorsqu'on en casse des masses, sa cassure est
raboteuse ou conchoïde, à petites cavités.

Il se comporte au chalumeau comme le Cuivre pyriteux. On le trouve particulièrement à Freyberg, en
Saxe ; — en Bohême ; — au Hartz ; — en Hongrie ; —
dans le Derbyshire, &c.

4ᵉ Esp. CUIVRE GRIS. Haüy. [2]

Le Cuivre gris est d'un gris d'acier plus ou moins
foncé, tantôt brillant, tantôt terne. Sa cassure est raboteuse et presque grenue ; cependant son éclat métallique
est assez vif. Sa poussière est noire, passant quelquefois
au rougeâtre.

Ce minerai est ordinairement difficile à fondre au
chalumeau ; il donne un globule brun et fragile qu'il
n'est pas facile de réduire, et qui colore en jaune rougeâtre le verre de borax. (Broch.)

Il ne fait pas mouvoir le barreau aimanté comme le
fer oxidulé et le fer oligiste dont il a quelquefois l'apparence.

Lorsque ce minerai de Cuivre est cristallisé, ses caractères deviennent beaucoup plus précis ; sa forme primitive est le tétraèdre régulier, et ses formes secondaires très-multipliées dérivent évidemment de ce
solide qu'elles ne masquent jamais totalement (pl. 8,
fig. 23 et 24). Le Cuivre gris et le Cuivre pyriteux sont

---

[1] Cuivre pyriteux hépatique. Haüy. — Bunt kupfererz, la mine
de Cuivre panachée. Broch.

[2] Fahlerz, le Cuivre gris. Broch. — Argent gris. Delaméth.

jusqu'à présent les seuls minerais qui aient présenté cette forme. Sa pesanteur spécifique est de 4,8648.

Il est difficile de déterminer, parmi les nombreuses substances que l'analyse extrait du Cuivre gris, quelles sont celles qui lui sont essentielles : elles varient extrêmement par leur nature et par leurs proportions. Nous avons cru cependant pouvoir le diviser en deux sous-espèces fondées sur la présence ou l'absence d'un des principaux métaux accessoires.

1re SOUS-ESP. CUIVRE GRIS ARSÉNIÉ [1].

Caractères. NOUS ne pouvons lui assigner d'autres caractères extérieurs que ceux que nous venons d'attribuer à l'espèce en général : il est plus gris que la sous-espèce suivante, et paroit essentiellement composé de Cuivre, d'arsénic, de fer et de soufre, comme le font voir les analyses suivantes publiées dernièrement par M. Klaproth.

	De Yung-hohe-birke, près Freyberg.	De Kraner, près Freyberg.	De Jonas, près Freyberg.
Cuivre,	0,4100	0,4800	0,4250
Arsénic,	0,2400	0,1400	0,1560
Fer,	0,2250	0,2550	0,2750
Soufre,	0,1000	0,1000	0,1000
Argent,	0,0040	0,0050	0,0090
Antimoine,			0,0150
Perte,	0,0200	0,0200	0,0200

2e SOUS-ESP. CUIVRE GRIS ANTIMONIÉ [2].

Caractères. CE minerai ne diffère pas beaucoup extérieurement de ceux qui composent la sous-espèce précédente. Il est d'un gris plus foncé que le Cuivre gris arsénié, et passe quelquefois au noir de fer ; il est aussi plus dur, et sa cassure est plus brillante ; mais il diffère réellement du Cuivre gris arsénié par la nature d'un de ses

---

[1] *Fahlerz* proprement dit de KLAPROTH.
[2] *Schwarz gultigerz*, la mine noire riche. BROCH. — *Graugultigerz*. KLAPROTH. — La mine grise riche. BROCH.

principes accessoires, ainsi que le prouvent les analyses suivantes faites à différentes époques par M. Klaproth [1].

	Cristallisé, de Kapnick.	Cristallisé, de Zilla, près Clausthal, au Hartz [2].	En masse, de Poratsch en Haute-Hongrie.	En masse, d'Annaberg.	Du val Loanzo, par N. prione.	Cristallisé, de Saint-Venzel, près Wolfach.	De Cremnitz en Hongrie.
ivre,	0,3775	0,3750	0,3900	0,4025	0,2950	0,2600	0,3136
timoine,	0,2500	0,2900	0,1950	0,2500	0,3690	0,2700	0,3409
,	0,0525	0,0650	0,0750	0,1850	0,1210	0,0700	0,0350
fre,	0,2800	0,2150	0,2600	0,1250	0,1470	0,2550	0,1150
gent,	0,0025	0,0800		0,0050	0,0070	0,1325	0,1477
c,	0,0500						
rcure,							
énie,			0,0625				
				0,0075	0,0400		
rte,	0,0375	0,0250	0,0175	0,0370	0,0320	0,0125	0,0168

On voit que les principes que l'on peut regarder comme essentiels à ce minerai, sont le Cuivre, l'antimoine, le fer et le soufre. On remarquera que les deux derniers exemples indiquent une quantité considérable d'argent. On ne sait encore si cette circonstance apporte dans ce minerai des différences extérieures et constantes.

Le Cuivre gris est le minerai de Cuivre le plus communément exploité, et celui dont l'exploitation est souvent fort avantageuse en raison de l'argent qu'il contient. Il se trouve en filons très-puissans dans les montagnes primitives, principalement dans les roches fissiles à base de talc, de stéatite ou de mica, dans les gneisses, &c.

Les filons qui le renferment sont ordinairement très-

Gisement.

---

[1] Ces analyses et les précédentes sont tirées du *Journal des Mines*, tome 18, page 25. On les a aussi rapportées dans le *Journal de Physique*; mais quelques nombres sont différens, ce qui est probablement dû à des fautes d'impression. On a supprimé ici les matières terreuses.

[2] On le connoît dans ce pays sous le nom de *weisgültigerz*, nom qui appartient en Saxe à un minerai de plomb renfermant de l'argent et de l'antimoine. (*DAUBUISSON.*)

riches en productions minérales variées et en cristaux fort nets.

Le fer spathique, le cuivre pyriteux, l'argent rouge, le quartz cristallisé, l'accompagnent très-communément. Ses gangues sont la chaux carbonatée, le quartz, la chaux fluatée. On trouve aussi avec lui le zinc sulfuré, le plomb sulfuré, &c.

Lieux. Ce minerai est très-commun dans les pays de mines. On le trouve : — en France, à Baygorry, dans les Pyrénées ; à Sainte-Marie-aux-Mines, dans les Vosges ; à Servos, dans le département du Mont-Blanc ; dans le département du Mont-Tonnerre, &c. ; — en Saxe, à Freyberg ; — en Hongrie, à Schemnitz ; — dans les mines du Hartz, &c.

5ᵉ *Esp.* CUIVRE OXIDULÉ [1].

Caractères. CET oxide de Cuivre est ordinairement d'un rouge foncé et très-vif, et lorsque le minerai massif et compacte n'offre pas très-sensiblement cette couleur, il suffit de le broyer pour la faire paroître.

Ce minerai rouge peut facilement se confondre au premier moment avec quelques autres minerais de la même couleur qui appartiennent à d'autres métaux ; mais une expérience facile le fait reconnoître sans équivoque : elle consiste à le mettre dans l'acide nitrique, qui le dissout avec effervescence et prend une couleur verte.

Le Cuivre oxidulé est friable ; il se fond difficilement au chalumeau ; mais il se réduit facilement à l'état métallique lorsqu'on le chauffe sur un charbon. Celui de Cornouailles est composé, d'après M. Chenevix, de 0,885 de Cuivre, et de 0,115 d'oxigène.

La forme primitive de ce minerai de Cuivre est l'octaèdre régulier ; ses formes secondaires sont peu diffé-

---

[1] Cuivre oxidé rouge. *Haüy.* — *Roth-kupfererz*, la mine de Cuivre rouge. *Brocn.*

rentes de l'octaèdre. D'ailleurs on en trouve une variété cubique assez rare, à Moldava en Hongrie.

On trouve le Cuivre oxidulé en masses *compactes* [1], mais peu volumineuses ; en beaux cristaux octaèdres [2], en filamens *capillaires* [3] d'un rouge très-vif, qui a l'éclat de la soie ; enfin sous forme d'une poussière rouge assez brillante. Il recouvre fréquemment, on peut même dire presque toujours, le Cuivre natif. Ce n'est guère que dans les mines qui contiennent cette espèce de Cuivre que l'on rencontre également le Cuivre oxidulé, qui est ordinairement accompagné de Cuivre malachite et de fer oxidé terreux. Il ne se présente jamais en masses très-considérables, et n'est l'objet d'aucune exploitation particulière.

On trouve ce minerai en Angleterre, dans le comté de Cornouailles : il y est en masses couvertes de cristaux octaèdres ; — à Rheinbreibach, dans les environs de Cologne : ce lieu a fourni les plus beaux échantillons de la variété capillaire. — En Sibérie, dans la partie orientale des monts Ourals, en cristaux octaèdres implantés les uns sur les autres ; et dans la mine de Nikolaew, en octaèdres isolés recouverts de Cuivre malachite. Ces cristaux se sont dégagés de l'intérieur d'un jaspe rouge qui se décompose peu à peu. Quelques minéralogistes ont rapporté ces octaèdres de Nikolaew au Cuivre sulfuré.

1. CUIVRE OXIDULÉ ARSÉNIFÈRE. HAüY. Cette variété, reconnue par M. Lelièvre, se fond en bouillonnant au chalumeau. Lorsqu'on la chauffe sur un charbon, elle répand une odeur arsénicale très-sensible ; ce qui prouve qu'elle contient de l'acide arsénique.

---

[1] *Dichtes roth-kupfererz*, le Cuivre oxidé rouge compacte. BROCH.

[2] *Blätriges roth-kupfererz*, le Cuivre oxidé rouge lamelleux. BROCHANT.

[3] *Haarfarmiges roth-kupfererz*, le Cuivre oxidé rouge capillaire. BROCH. — *Vulgairement* fleurs de Cuivre.

Marginal notes: Variétés. Gissement. Lieux. Variétés.

On la trouve dans les mines qui renferment du Cuivre arséniaté ; ce qui nous feroit penser que l'acide arsénique existe dans ce minerai comme principe accessoire; mais qu'il n'y est point combiné.

2. CUIVRE OXIDULÉ FERRIFÈRE [1]. Ce minerai est en masses, d'un rouge de brique terne et opaque; il a d'ailleurs tous les caractères du Cuivre oxidulé pur dont il ne diffère que par le fer oxidé brun qu'il renferme dans des proportions très-variables. Il est infusible au chalumeau, et colore le verre de borax en un vert sale.

Cette variété, tantôt compacte, tantôt pulvérulente, se trouve dans les mines qui renferment le Cuivre oxidulé. Comme elle y est en masses beaucoup plus considérables que celui-ci, elle devient quelquefois l'objet d'une exploitation particulière.

6ᵉ Esp. CUIVRE AZURÉ [2].

Caractères.   LA couleur de ce beau minerai suffit pour le faire reconnoître ; il est d'un bleu d'azur souvent très-éclatant, quelquefois cependant un peu pâle. Il conserve sa couleur dans l'huile, tandis que le fer azuré y noircit : il tache le papier en bleu, se laisse facilement briser et se dissout avec effervescence dans l'acide nitrique. Sa pesanteur spécifique est de 3,608.

Cette espèce cristallise fort nettement, et ses formes sont exactement les mêmes que celles de l'azur de Cuivre résultant de la combinaison de l'ammoniaque avec l'oxide de ce métal, quoiqu'il n'y ait d'ailleurs aucune ressemblance entre les principes constituans de ces deux espèces.

Ce minerai a pour forme primitive un octaèdre à triangles scalènes, dont les joints naturels s'apperçoivent facilement.

Il est composé de Cuivre, d'acide carbonique et d'un

---

[1] *Ziegelerz*, la mine de Cuivre couleur de brique. *BROCH.*

[2] Cuivre carbonaté bleu. *HAÜY.* — *Kupfer lazur,* l'azur de Cuivre. *BROCHANT.*

peu de chaux. On pense que c'est à cette dernière substance qu'il doit la propriété de conserver sa couleur
bleue.

Le Cuivre azuré se trouve en petits cristaux (*pl. 8*,   Variétés.
fig. 25, Cuivre azuré uniternaire), en petites lames, en
grains, en concrétions mamelonnées et striées du centre
à la circonférence [1] ; enfin en masses informes. Quelquefois les matières terreuses qui le souillent rendent sa
couleur plus pâle. On le nomme, lorsqu'il est en masses
ou en grains, *bleu de montagne*.

Le gissement du Cuivre azuré est peu important. Ce   Gissement.
minerai ne s'est trouvé jusqu'à présent qu'en masses
très-petites et superficielles : non-seulement il n'a
été l'objet d'aucune exploitation, mais il est toujours
en quantité si foible dans les mines, qu'il n'influe pas
sensiblement sur leur produit. Il accompagne assez
ordinairement le Cuivre malachite dans les filons des
montagnes primitives ; sa gangue est presque toujours
une roche ferrugineuse dont le fer est à l'état d'oxide
rouge ou brun.

Il se trouve dans tous les pays de mines, en Bohême,   Lieux.
en Saxe, au Hartz, en Sibérie, &c. &c.

On nomme *pierre d'arménie* des pierres ou quart- Annotations.
zeuses ou calcaires, pénétrées et colorées par le Cuivre
azuré. Wallerius dit qu'on emploie cette couleur dans
la peinture sous le nom de *bleu de montagne artificiel*.
C'est dans le Tyrol que se fait cette préparation. Il
paroît que d'autres substances que celles-ci ont également reçu le nom de *pierre d'arménie*.

Lorsque le Cuivre azuré est pulvérulent et mélangé
d'une certaine quantité de matières terreuses, on lui
donne le nom de *cendre bleue native*, par analogie
avec la couleur de ce nom, qui est employée dans la
peinture. La cendre bleue native sert aussi quelquefois
au même usage.

---

[1] *Strahlige kupfer lazur*, l'azur de Cuivre rayonné. BROCH.

7ᵉ *Esp.* CUIVRE MALACHITE [1].

Caractères. CE minerai est caractérisé par sa couleur qui est toujours verte, et qui varie seulement du vert-pomme
au vert de prés et au vert d'émeraude, &c. Il est tantôt
compacte et luisant à sa surface, et tantôt fibreux, avec
la surface soyeuse; mais il n'est jamais cristallisé régulièrement. Il fait très-facilement effervescence avec
l'acide nitrique chaud, et s'y dissout en lui communi-
quant une couleur verte. L'ammoniaque dans laquelle on
le met prend une belle couleur bleue; mais elle acquiert
cette couleur lentement, ce qui distingue la Malachite
du Cuivre muriaté qui lui ressemble d'ailleurs beaucoup
extérieurement. La Malachite ne se fond que dans le
borax et lui donne une teinte verte : elle a enfin tous les
caractères des oxides de Cuivre.

Sa pesanteur spécifique varie de 3,57 à 3,68 en raison de l'homogénéité des morceaux. Sa dureté est très-
peu considérable, souvent même ce minerai de Cuivre
est pulvérulent, et dans tous les cas il se laisse facilement
rayer par le fer.

Cette espèce est composée, comme la précédente, de
Cuivre et d'acide carbonique; mais il paroît qu'elle contient de l'eau et qu'elle ne renferme point de chaux.
M. Klaproth y a trouvé 0,58 de Cuivre, 0,12 d'oxigène,
0,18 d'acide carbonique, et 0,12 d'eau.

Variétés. 1. CUIVRE MALACHITE SOYEUX [2]. Il se présente sous
forme de houppes de la grosseur d'une noix et au-delà.
Ces houppes sont composées de fibres déliées et divergentes, d'un vert pur souvent très-intense, et d'un
éclat soyeux très-vif. C'est un des plus beaux minerais
connus, et la surface de ces houppes ressemble ordinairement au velours vert le plus éclatant.

---

[1] Cuivre carbonaté vert. *Haüy*. — *Malachit*, la MALACHITE.
Broch.

[2] *Fasriger malachit*, la malachite fibreuse. *Broch.*

2. CUIVRE MALACHITE CONCRÉTIONNÉ [1]. Il est en masses mamelonnées composées de couches ondulées parallèles, striées dans le sens de leur épaisseur. Les surfaces de contact de ces couches sont souvent recouvertes de Cuivre malachite pulvérulent, ou sont ornées de dendrites noires qui produisent un très-bel effet sur ce fond d'un vert mat.

Cette variété se trouve en masses souvent très-volumineuses, et pesant plus de dix myriagrammes ; mais ces masses sont rarement homogènes et compactes : elles présentent au contraire de nombreuses cavités comme toutes les masses de stalactite. On choisit celles qui n'ont point ce défaut, on les scie en tables qui reçoivent un poli très-vif et qui offrent des zones vertes de toutes les nuances possibles. Les grosses masses, susceptibles d'être employées de cette manière, sont très-rares, et on cite comme un morceau unique dans ce genre, une table de Malachite qui est à Saint-Pétersbourg, et qui a 85 centimèt. de long sur 45 de large.

3. CUIVRE MALACHITE CHRYSOCOLLE [2]. Cette variété a toujours l'apparence terreuse ; elle est plus souvent en poussière répandue à la surface des autres minerais de Cuivre, qu'en masse ; elle est d'un vert tendre et quelquefois pâle.

4. CUIVRE MALACHITE FERRUGINEUX [3]. Il est vert-olive, vert-pistache ou vert-poireau et très-facile à casser ; sa cassure est tantôt terreuse [4] et tantôt

---

[1] *Dichter malachit*, la malachite compacte. BROCH.

[2] *Kupfergrün*, le vert de Cuivre, ou la CHRYSOCOLLE. BROCH. — Cuivre carbonaté vert pulvérulent. HAÜY. — Vulgairement vert de montagne.

[3] *Eisenschüssiges kupfergrün*, le vert de Cuivre ferrugineux. BROCHANT.

[4] *Erdiges eisenschüssiges kupfergrün*, le vert de Cuivre ferrugineux terreux. BROCHANT. — Vulgairement cobalt terreux vert.

vitreuse [1] ou même résineuse [2] : il est alors presque opaque.

Ce minerai, que nous devons regarder comme un simple mélange de fer oxidé et de Cuivre malachite, est rare : on ne l'indique qu'à Saalfeld et à Kamsdorf en Saxe ; — à Lauterberg, au Hartz ; — à Freudenstadt dans le Wirtemberg.

Gissement. Le Cuivre malachite accompagne la plupart des autres minerais de Cuivre. La variété *soyeuse* se trouve principalement à la surface des masses de Cuivre sulfuré, de Cuivre gris, et même de fer oxidé limoneux. La Malachite compacte se rencontre dans les cavités des filons d'une manière plus indépendante.

On trouve souvent le Cuivre azuré et la Malachite intimement mélangés dans le même morceau. Debru cite un grès de Sibérie qui renferme des noyaux de Cuivre malachite chrysocolle dont le centre est bleu. On trouve en Thuringe un grès semblable, qui est exploité comme minerai de Cuivre, et qui contient en outre de l'argent, du cobalt et du plomb. Les mineurs allemands le nomment *grès cuivreux* (*kupfersanderz*).

Lieux. Les plus beaux morceaux de Malachite soyeuse et compacte viennent des monts Ourals en Sibérie. On rencontre aussi ces deux variétés dans presque toutes les mines de Cuivre de Bohême, de Saxe, de Hongrie, du Tyrol, &c. que nous avons déjà citées.

Annotations. On trouve des os, et sur-tout des dents d'animaux fossiles, qui ont été pénétrés de Cuivre azuré ou de Cuivre malachite, et qui en prenant ces couleurs ont augmenté de dureté au point de devenir susceptibles de recevoir un poli brillant. On a nommé ces pierres

---

[1] *Schlackiges eisenschüssiges kupfergrün*, le vert de Cuivre ferrugineux scoriacé. BROCH. — *Vulgairement* Cuivre vitreux vert.

[2] *Pechertz* de quelques minéralogistes allemands. Il ne faut pas confondre ce minerai avec l'urane oxidulé qui a reçu le même nom.

Turquoises [1], parce que les premières ont été apportées de Turquie. On en trouve aussi en Perse, à Nichapour en Carasson, et dans une montagne nommée *Phirous*, qui est entre l'Hircanie et la Parthide. (*Chardin*.) Celles de Perse sont plus sujettes à verdir que les autres. Ces pierres ont été assez estimées autrefois : on en faisoit des chatons de bagues, et quelques autres bijoux ; elles étoient même portées à un prix assez élevé.

On en a trouvé une mine à Simorre, département du Gers. Ces *turquoises*, qu'on a nommées *de nouvelle roche*, présentent, lorsqu'elles sont polies, des raies et des veines que l'on ne voit pas sur les *turquoises* dites *de vieille roche*.

8ᵉ *Esp.* CUIVRE DIOPTASE [2];

Ce minerai est d'un beau vert, ordinairement trans- *Caractères;* lucide ; il perd sa couleur au chalumeau et devient d'un brun-marron ; mais il n'y fond point. Il est à peine assez dur pour rayer le verre. Sa structure est sensiblement lamelleuse ; sa forme primitive est un rhomboïde obtus dont l'angle placé au sommet est de 111⁴ ; sa forme ordinaire est le dodécaèdre : enfin sa pesanteur spécifique est de 3,3.

La Dioptase, à peine connue, paroît être composée d'environ 0,3 de silice, 0,3 de Cuivre oxidé, et 0,4 de Cuivre carbonaté. (*Vauquelin*.) On l'avoit placée parmi les pierres; mais cette grande quantité de Cuivre nous a engagé à la classer parmi les espèces de ce métal. On l'a trouvée en Sibérie avec du Cuivre malachite.

*9ᵉ *Esp.* CUIVRE BITUMINEUX [3].

Ce minerai, toujours en masse, a la cassure vitreuse ; *Caractères* sa couleur est le vert foncé ; il brûle avec flamme, en répandant une odeur bitumineuse.

---

[1] *Türkis*, la turquoise. BROCH.

[2] DIOPTASE. HAÜY. — Emeraudine. DELAMÉTH.

[3] *Kupfer brand-erz*, la mine de Cuivre bitumineuse. BROCH.

II. P

Gissement. C'est plutôt un mélange d'oxide vert de Cuivre et
de bitume qu'une véritable combinaison. Il se trouve
ordinairement dans les terreins schisteux secondaires,
et forme des couches qui alternent avec des schistes bitumineux. Nous ne parlons de cette fausse espèce, que
parce qu'elle est assez importante comme objet d'une
exploitation lucrative.

Lieux. On la trouve dans le val de Villiers, département du
Haut-Rhin, — en Dalécarlie, — en Suède, — en Hongrie, &c.

10ᵉ Esp. CUIVRE SULFATÉ. Haüy. [1]

Caractères. CE minerai bleu céleste est une substance saline dans
l'acception vulgaire de ce mot. Il est fort dissoluble dans
l'eau ; il a une saveur métallique très-stiptique et une
cassure vitreuse ; il est très-fusible dans son eau de cristallisation ; enfin il a encore pour caractère de laisser
sur le fer, lorsqu'il est un peu mouillé, des traces
rougeâtres de Cuivre.

Sa forme primitive est le parallélipipède obliquangle
irrégulier ; c'est une forme qni n'appartient qu'au felspath et au Cuivre sulfaté. Mais ici les formes secondaires rappellent un peu la forme primitive, qui n'est
jamais entièrement enveloppée par les facettes addi-
tionnelles.

Gissement. Le Cuivre sulfaté se trouve très-rarement dans la nature. Les eaux qui coulent dans les galeries des mines
de Cuivre sulfuré, en tiennent ordinairement en dissolution, et lorsqu'elles filtrent à travers les terres, elles
déposent quelquefois sur les parois de ces galeries une
couche peu épaisse et de peu d'étendue de Cuivre sulfaté ; c'est celui que l'on nomme *Cuivre sulfaté natif*.

Le Cuivre sulfaté appartient donc plutôt à la métallurgie qu'à la minéralogie. Aussi nous ne ferons l'his-

---

[1] *Vulgairement* vitriol bleu, vitriol de Cuivre, vitriol de Chypre,
couperose bleue. — CALCHANTE des anciens minéralogistes.

toire de sa préparation et de ses usages qu'en traitant de
la métallurgie du Cuivre.

11ᵉ Esp. CUIVRE PHOSPHATÉ. Brochant. [1]

C e minerai, encore peu connu, est d'un vert d'éme- Caractères.
raude ou d'un vert-de-gris un peu tacheté de noir. Il est
opaque et tendre; sa cassure est fibreuse , brillante et
d'un éclat soyeux.

On le trouve en masse, ou disséminé, ou cristallisé
en très - petits cristaux hexaèdres obliquangles. Ces
cristaux sont réunis en groupes uviformes et réniformes
dans des cavités. Ils sont très-éclatans.

M. Klaproth dit qu'il se fond au chalumeau sur le
charbon, en une scorie brune, qui s'arrondit et se divise bientôt en plusieurs morceaux. Il prend, en se
refroidissant, un aspect métallique, mais terne. Il est
composé d'oxide de Cuivre, 0,68, et d'acide phosphorique, 0,32.

On a trouvé le phosphate de Cuivre près de Nevers, Lieux
d'après M. Sage ; — à Rheinbreidbach, près de Colo- et gissement.
gne, et à Firneberg, dans la principauté de Nassau-
Usingen. Il y est mêlé de Cuivre arséniaté et accompagné de plomb carbonaté. Il a pour gangue un quarts
blanc opaque et carié.

12ᵉ Esp. CUIVRE MURIATÉ. Haüy. [2]

Cette espèce est d'un vert sombre, et passe du vert- Caractères.
émeraude au vert-poireau.

Jetée sur un corps enflammé, elle communique à la
flamme une couleur verte et bleue très-remarquable.
De l'ammoniaque versée sur sa poussière, prend presqu'à l'instant une couleur bleue très-vive. Elle se dissout
dans l'acide nitrique sans effervescence, ce qui la distingue du Cuivre-malachite. Exposée à la flamme du

---

[1] *Phosphorsaures kupfer.* KARSTEN.
[2] *Salz-saures kupfer.* KARSTEN.

chalumeau sur un charbon, elle se réduit bientôt à l'état métallique, sans répandre aucune odeur arsénicale, et se distingue, par ce moyen, du Cuivre arséniaté.

Sa pesanteur spécifique est de 3,52, et sa forme primitive paroît être l'octaèdre régulier. (*Lucas.*)

On a trouvé deux variétés de cette espèce.

Variétés.   1. CUIVRE MURIATÉ MASSIF. *Haüy.* [1] Il est en masses d'un vert de poireau assez brillant ; ces masses sont rayonnées dans leur intérieur, et mêlées d'un peu d'oxide de fer. Elles offrent quelques petits cristaux qui paroissent prismatiques, mais qui se rapportent à l'octaèdre cunéiforme. (*Lucas.*) Cette variété vient de Rémolinos, dans le Chili.

Elle est composée, d'après M. Proust, de Cuivre oxidé noir, 0,76, d'acide muriatique, 0,11, et d'eau, 0,13. Ce chimiste fait observer que ce minerai et le suivant sont des muriates de Cuivre au *minimum* d'acide, et que c'est à cette composition qu'ils doivent leur indissolubilité dans l'eau.

2. CUIVRE MURIATÉ PULVÉRULENT. *Haüy.* [2] C'est un sable d'un beau vert, mêlé de quartz ; il a été rapporté du Pérou par Dombey. On sait, d'après le récit de l'indien qui le lui vendit, qu'il se trouve dans le sable d'une petite rivière de la province de Lipès, à deux cent lieues des mines de Copiapo. On a nommé ce sable *atacamite*, du nom du désert dans lequel se perd cette rivière.

Ce minerai, dégagé des corps étrangers qui y son mêlés, est composé :

	D'après M. Klaproth,	D'après M. Proust,
De Cuivre oxidé,	0,73	0,71
D'acide muriatique,	0,10	0,11
D'eau de cristallisation,	0,17	0,18

---

[1] Cuivre muriaté. *BROCH.*
[2] Sable vert du Pérou.

On a trouvé du Cuivre muriaté vert et pulvérulent sublimé dans quelques fissures des laves du Vésuve.

13e Esp. CUIVRE ARSÉNIATÉ. Haüy. [1]

Le Cuivre combiné avec l'acide arsénique, et considéré comme ne formant qu'une espèce, se présente avec des apparences si différentes, qu'il est difficile, peut-être même impossible, de distinguer cette espèce par des caractères extérieurs généraux pris de la couleur, de la dureté, de la cassure ou de la texture. Il faut encore avoir recours ici aux propriétés physiques et chimiques pour en tirer des caractères essentiels.

Parmi les variétés du Cuivre arséniaté, les unes ont une couleur verte d'émeraude ou d'olive; d'autres sont d'un vert si foncé, qu'elles paroissent noires; d'autres au contraire ont des couleurs si pâles, qu'elles passent au brun, au gris cendré ou au blanc satiné. Les unes sont cristallisées, les autres sont fibreuses. Leurs fibres réunies forment des concrétions, dont la texture est rayonnée et la surface soyeuse. Aucune n'est assez dure pour rayer le verre.

Mais les propriétés communes à toutes les variétés sont: d'être dissolubles sans effervescence dans l'acide nitrique; de communiquer à l'ammoniaque, et sur-le-champ, une très-belle couleur bleue; de fondre au chalumeau en répandant des vapeurs d'ail très-sensibles, et d'offrir des particules de Cuivre métallique dans les parties du globule qui touchent le charbon.

On n'a point encore déterminé précisément quelle étoit la forme primitive du Cuivre arséniaté. M. Haüy soupçonne que c'est l'octaèdre obtus. On ne sait point non plus si les variétés de Cuivre arséniaté, qui sont nombreuses et très-différentes entr'elles, appartiennent à une même espèce, ou si elles doivent être séparées en

Caractères.

---

[1] Olivenerz, le Cuivre arsénical. Broch.

plusieurs. En attendant que la solution de cette question soit donnée par de nouvelles observations , nous les considérerons comme des variétés principales appartenant à une espèce unique.

1. CUIVRE ARSÉNIATÉ OBTUS [1]. Il est d'un bleu sombre assez foncé et cristallise en octaèdre‑obtus , divisible, suivant MM. Karsten et Haüy, parallèlement à ses faces. Cette observation a engagé M. Haüy à regarder l'octaèdre comme forme primitive. L'angle d'incidence d'une des faces de la pyramide de cet octaèdre sur celle qui lui est adjacente dans la pyramide opposée , est de 139ᵈ 47′. (*Haüy.*)

Cette variété est composée, de Cuivre oxidé, 0,49; d'acide arsénique, 0,14, et d'eau, 0,35. (*CHENEVIX.*) Sa pesanteur spécifique est de 2,881.

2. CUIVRE ARSÉNIATÉ LAMELLIFORME. *Haüy.* [2] Celui-ci se présente sous la forme de lames hexaèdres , dont les bords sont des biseaux alternativement inclinés en dessus et en dessous. Ces lames , d'un beau vert d'émeraude , sont divisibles parallèlement à leurs bases. Elles sont très‑peu dures , et leur pesanteur spécifique est de 2,548.

MM. Chenevix et Vauquelin ont analysé cette variété. Leurs résultats ne se ressemblent point , en sorte qu'on seroit porté à croire qu'ils n'ont pas fait leur travail sur du Cuivre arséniaté appartenant à la même variété.

	CHENEVIX.	VAUQUELIN.
Cuivre ,	0,58	0,59
Acide arsénique,	0,21	0,43
Eau ,	0,21	0,17
Perte ,		0,01

---

[1] Cuivre arséniaté octaèdre-obtus. *Haüy. BOURNON.*

[2] Arséniate de Cuivre en lames hexaèdres à bords inclinés. *BOURNON.*

3. Cuivre arséniaté aigu [1]. Ses cristaux sont des octaèdres aigus. Il y a dans chaque pyramide deux faces qui sont plus inclinées que les deux autres ; elles se rencontrent au sommet de la pyramide, sous un angle de 84ᵈ, et à sa base, sous un angle de 96ᵈ. (*Bournon.*)

Cette variété est d'un vert-bouteille tellement foncé, qu'il paroît quelquefois noir ; mais cette dernière couleur n'est que superficielle, et en l'enlevant, la teinte verte reparoît. C'est la variété la plus dure ; elle raye la chaux fluatée ; sa pesanteur spécifique est de 4,280.

M. Chenevix y a trouvé, cuivre oxidé, 0,60, acide arsénique, 0,49.

C'est la seule variété qui ne contienne pas d'eau de cristallisation. Aussi M. Chenevix la regarde-t-il comme le seul véritable arséniate de Cuivre. Il considère les autres comme des arséniates d'hydrate de cuivre [2].

4. Cuivre arséniaté trièdre. *Haüy. Bournon.* Cette variété rare est en petits cristaux prismatiques, d'un vert bleuâtre. Les prismes sont à bases triangulaires ; ils sont légèrement striés transversalement. Leur pesanteur spécifique est de 4,28.

5. Cuivre arséniaté capillaire. *Haüy.* C'est une des variétés dont les couleurs sont les plus différentes. Elle est vert-pré, vert-jaunâtre, jaune-doré, et composée d'une multitude d'aiguilles déliées, capillaires, réunies lâchement. M. de Bournon l'a d'abord regardée comme une variété de l'octaèdre aigu.

	Chenevix.	Klaproth.	Vauquelin.
Cuivre,	0,51	0,50	
Acide arsénique,	0,29	0,45	... 0,80
Eau,	0,18	0,05	0,05
Silice,	0	0	0,02
Arséniate de fer,	–	●	0,07 à 8

---

[1] Cuivre arséniaté octaèdre-aigu. *Haüy. Bournon.*

[2] M. Haüy a fait voir qu'on pouvoit regarder cette forme comme secondaire et dérivant de l'octaèdre obtus, en supposant une loi

6. Cuivre arséniaté mamelonné. *Haüy.* Ses couleurs sont a-peu-près les mêmes que celles de la variété précédente. Cependant on en voit aussi de bleuâtre, de mordoré, et même de blanc satiné. Il est en masses compactes mamelonnées, d'une texture fibreuse. Les couleurs y sont disposées par couches sinueuses, parallèles et souvent concentriques. Il a quelquefois beaucoup de ressemblance avec le minerai d'étain, que les Anglais nomment *woodtin.*

Cette variété, qui paroît être à très-peu-près la même que celle que M. de Bournon a nommée *hématitiforme,* est très-sujette à se décomposer. Les filets se séparent et tombent à la manière des fibres des pyrites. M. de Bournon suppose qu'on peut attribuer cet effet à la perte de l'eau que contient naturellement ce minerai, dans lequel M. Chenevix a trouvé, cuivre, 0,50, acide arsénique, 0,29, eau, 0,21.

7. Cuivre arséniaté ferrifère [1]. Celui-ci est bleu-pâle ou jaune-brunâtre très-clair, quelquefois nuancé de verdâtre. Il ne s'est encore présenté que sous forme de mamelons, dont la surface est couverte de petits cristaux qui sont des prismes tétraèdres à base rhombe, terminés par un pointement à quatre faces. Sa pesanteur spécifique est de 3,4. (*Bournon*) Il est composé d'un mélange de cuivre et de fer arséniatés [a].

---

de décroissement très-simple de deux rangées en hauteur sur deux des arêtes horizontales de l'octaèdre, et de quatre rangées en hauteur sur les deux autres arêtes.

[1] Arséniate cupro-martial. *Bournon.* — Cuivre arséniaté ferrifère mamelonné drusillaire. *Haüy.*

[a] On ne connoit point encore suffisamment ni la forme primitive, ni la composition des diverses variétés de Cuivre arséniaté que nous venons de décrire, pour décider si ce sont de simples variétés, ou s'il faut en faire plusieurs especes distinctes, fondées sur la présence ou l'absence de l'eau de cristallisation, sur celle du fer, ou sur toute autre considération suffisamment importante. Nous avons donc cru devoir suivre la marche de M. Haüy, et les considérer toutes provisoirement comme de simples variétés.

On a d'abord trouvé le Cuivre arséniaté dans les Lieux et gissement. mines de cuivre du comté de Cornouailles. Il a été découvert il y a plus de vingt ans dans la mine de Carrarach, paroisse de Gwennap, et dans celle de Tincroft, paroisse d'Allogan. Il a ensuite disparu presqu'entièrement dans ces mines. Mais depuis quelques années on vient de le trouver assez abondamment dans la mine de Huel-Gorland.

Ces mines sont dans un terrein granitique, dont le granite se décompose. Le Cuivre arséniaté a du quartz pour gangue; il est ordinairement accompagné de Cuivre sulfuré, de Cuivre malachite, de fer oxidé brun, d'arsénic sulfuré, &c. On le trouve aussi dans les mines de Cuivre d'Eisenstein et de Firneberg, principauté de Nassau-Usingen.

La plupart des minerais de Cuivre appartiennent, Gisement général. comme on l'a vu, aux terreins primitifs. Ceux qui se trouvent exclusivement dans ces terreins sont le Cuivre natif, le Cuivre oxidulé, le Cuivre sulfuré, le Cuivre pyriteux et le Cuivre gris. Il paroît que les minerais de Cuivre phosphaté, muriaté et arséniaté, dont le gissement est moins connu, se rencontrent aussi dans les terreins primitifs.

Il paroît aussi que le Cuivre se trouve plus particulièrement dans les terreins primitifs à couches, tels que les gneisses, les pétrosilex, &c. que dans les terreins granitiques et porphyritiques.

On trouve du Cuivre oxidé et même du Cuivre natif dans certaines amygdaloïdes à base de cornéenne. Nous donnerons comme exemple de ce gissement, 1°. les amygdaloïdes d'Oberstein, qui renferment des agates et de la préhnite pénétrée de Cuivre; 2°. des amygdaloïdes entièrement semblables aux précédentes, dans lesquelles étoient exploitées les anciennes mines de Cuivre des îles Cyanées. (*Faujas.*) Le Cuivre n'est pas même le plus ancien des métaux qui se rencontrent dans les terreins primitifs à couches, car il coupe la plupart des filons qu'il rencontre, et n'est ordinairement coupé que par les filons de fer oxidulé et de fer oxidé hématite.

Les minerais de Cuivre forment presque toujours des filons, ou font partie des autres filons pierreux ou métalliques. On ne les trouve ni en masse ni en couche, à l'exception du Cuivre bitumineux. M. J. Esmark dit aussi que le minerai de Cuivre d'Herengrund forme trois bancs dans une brèche composée de quartz, de felspath et de mica.

Le Cuivre azuré, et sur-tout le Cuivre malachite, se trouvent dans toutes sortes de terreins, jusque dans les sables des terreins de transport, dans les schistes bitumineux, &c. Ils pénètrent des os et des bois fossiles, et sont, comme on le voit, d'une formation postérieure aux autres minerais de cuivre.

Bergman dit qu'on trouve aussi le Cuivre dans la chaux carbonatée, et il cite, pour appuyer cette assertion, les mines de Tunaberg en Suède, et celles d'Håkansbo et de Mörshylte; mais il ne dit pas de quelle nature sont ces mines de Cuivre. Jars assure que la mine de Cuivre pyriteux d'Ecton en Angleterre, est dans une montagne de chaux carbonatée.

Principales mines de Cuivre.

Les mines de Cuivre sont assez répandues. Nous ne citerons ici que les plus importantes.

Espagne.

Les mines exploitées en Espagne sont celles de Rio-tinto, sur la frontière de Portugal. Le minerai est du cuivre pyriteux jaune, en filon de cinquante mètres d'épaisseur ; il ne rend guère que de 4 à 6 p. $\frac{o}{o}$ de Cuivre. (HOPPENSACK.) [1]

France.

Les mines de Baigorry, dans la partie septentrionale et moyenne des Pyrénées; le filon est du Cuivre gris et du Cuivre pyriteux, qui sont accompagnés de fer spathique. Ces mines ont donné environ 250 milliers de Cuivre par an jusqu'en 1770.

[1] *Journal des Mines*, n° 29, page 400.

Celle de Saint-Bel, près Lyon; c'est un filon puissant de Cuivre pyriteux, ou plutôt de fer sulfuré, contenant un peu de Cuivre. Ce filon est dans une roche stéatiteuse. Il a environ 4 mètres d'épaisseur. Le minerai est très-pauvre, ne donnant guère que 3 p. $\frac{o}{o}$ de Cuivre. On grille le plus pauvre pour le laver et en retirer du sulfate de fer et du cuivre de cémentation. Cette mine et celle de Chessy, qui en est très-voisine, donnent environ 15,000 kilogrammes de Cuivre par an.

Celle de Giromagny, célèbre mine des Vosges, ne contient pas seulement du Cuivre, elle renferme aussi de l'argent gris, du plomb sulfuré, &c. Le Cuivre y est à l'état pyriteux. Il en est à-peu-près de même des mines de Sainte-Marie.

On a exploité aussi une mine de Cuivre gris aux environs de Servoz, dans le département du Mont-Blanc. Les filons, mêlés de Cuivre pyriteux, de plomb sulfuré, de zinc, &c. ont pour gangue de la baryte sulfatée, &c. et sont encaissés dans des couches de schiste luisant ou dans une roche granitique.

Les mines de Cuivre de Piémont, exploitées avec le plus d'activité, sont celles de la Valteline. Le minerai est du Cuivre pyriteux renfermé dans une montagne de stéatite schisteuse. Les filons sont exploités à 160 mètres de profondeur. Quelques parties traitées avec un soin particulier, pourroient donner jusqu'à 20 pour $\frac{o}{o}$; mais on n'évalue le produit moyen qu'à 8 ou 10 p. $\frac{o}{o}$. Cette mine fournit environ 75,000 kilogr. de Cuivre par an. (ROBILANT.)

Piémont.

Les mines de Cuivre du comté de Cornouailles sont dans un terrain primitif. Le minerai le plus abondant est le Cuivre pyriteux, mais il y a aussi beaucoup de Cuivre oxidulé et de Cuivre natif. On croit avoir remarqué que ce dernier se rencontroit plus fréquemment vers la surface que dans la profondeur. C'est dans ces mines qu'on a trouvé toutes les variétés de Cuivre arsénialé.

Angleterre.

La mine de Cuivre des environs d'Ecton, sur les frontières des comtés de Derby et de Stafford, forme une masse considérable dans un terrein de chaux carbonatée à couches obliques ou presque perpendiculaires.

L'île d'Anglesey renferme une des mines de Cuivre les plus riches. La masse ou les filons ont, dans quelques endroits, plus de 20 mètres d'épaisseur, et donnent un Cuivre pyriteux, qui rend depuis 16 jusqu'à 40 p. $\frac{0}{0}$ de Cuivre; on y a trouvé aussi du Cuivre natif vers la surface de la terre et sous une tourbière. Le minerai est grillé, et on en recueille le soufre. Une partie du même minerai grillé est lavée. L'eau qui est employée à ce lavage et celle qui est retirée du fond de la mine, contenant du sulfate de Cuivre, sont décomposées par le fer, et on en retire du Cuivre de cémentation. Le minerai est transporté à Reuvenhead, près de Liverpool, et à Swansey, dans le sud du pays de Galles, pour être fondu. La mine d'Anglesey rend, dit-on, 60,000 quintaux de Cuivre par an. (*PENNANT.*)

Irlande. En Irlande, dans le comté de Wicklow, sont les mines de Cronebane et de Bally-Murtagh. La montagne qui renferme ces mines de Cuivre est primitive ; elle est composée de cornéenne et de schiste argileux, qui alternent avec des bancs de pétrosilex et de stéatite. Le minerai est du Cuivre pyriteux, qui rend depuis 1 jusqu'à 10 p. $\frac{0}{0}$ de Cuivre. On grille ce minerai, on le lave et on mélange l'eau de lavage avec celle de la mine pour en retirer le Cuivre par cémentation. On ne fond ce Cuivre qu'à Liverpool.

Allemagne. On citera dans le duché de Brunswick la mine de Tresbourg ; c'est un Cuivre pyriteux très-ferrugineux. (*JARS.*)

Dans le Hartz, la mine de Cuivre de Lauterberg. Il paroît que le minerai est du Cuivre pyriteux azuré, dispersé en rognons dans un filon de quartz friable. La montagne qui renferme ce filon est de schiste.

On trouve en Hesse des mines de Cuivre d'une nature assez remarquable, et qui se rapportent à l'espèce que nous avons nommée Cuivre bitumineux.

L'une de ces mines est celle de Riegeldorff. Elle consiste en une couche bitumineuse, qui est située sous d'autres couches de chaux carbonatée, de chaux sulfatée, de chaux carbonatée compacte et de schiste noir pyriteux. La couche métallifère, épaisse de 2 décimètres, est un schiste marneux et bitumineux, imprégné de Cuivre. Le minerai s'y trouve à l'état de Cuivre pyriteux, de Cuivre sulfuré et de Cuivre oxidulé. On y voit souvent des impressions de poissons. — Au-dessous de la couche métallifère, est un banc de sable imprégné de Cuivre, puis un banc épais de grès rouge et grossier, composé de cailloux roulés, de quartz et de pétrosilex. — Les couches supérieures à ce grès sont coupées par des fentes presque verticales, qui sont de vrais filons. On remarque que les couches correspondantes sur les parois du même filon, sont plus basses sur une paroi que sur l'autre. — Ces fentes ou filons sont remplis de sulfate de baryte, de quartz et de chaux carbonatée, et quelquefois de cobalt en amas séparés par des espaces stériles. Ce cobalt y est en oxide noir ou gris, ou à l'état d'arséniate ; il est ordinairement uni à un peu de nickel et de bismuth. — Les couches de Cuivre ne donnent que 1 et $\frac{1}{2}$ à 3 p. $\frac{0}{0}$ de Cuivre. Le produit annuel de ces mines n'est guère que de 2,500 quintaux de Cuivre. (*KARSTEN*, dans le *Journal des Mines*.)

On trouve des mines semblables à celle de Riegelsdorff, à Frankenberg sur l'Eder, et à Bieber dans le comté d'Hanau. Elles sont traversées, comme la précédente, par des filons qui contiennent du cobalt. A Frankenberg, le minerai de Cuivre est disséminé dans une couche d'argile que l'on sépare par le lavage. (*Journal des Mines*.)

Dans le comté de Mansfeld, près d'Eisleben, on exploite une mine dont le minerai est un Cuivre pyriteux, quelquefois mêlé de Cuivre natif. Il est disséminé dans une couche de schiste ardoisé, qui n'a guère plus de 2 décimètres d'épaisseur, et qui est située sous d'autres couches d'ardoises secondaires portant des empreintes de fougères. Il ne contient que 2 p. ⅛ de Cuivre, mais ce Cuivre contient jusqu'à 0,0075 d'argent.

L'exploitation de cette mine est très-difficile, car pour extraire le minerai avec l'économie nécessaire, il faut que les mineurs n'enlèvent que la couche de minerai, avec la couche d'ardoise qui est au-dessus et qui contient aussi un peu de minerai. Ils ne donnent pas plus de 5 décimètres aux galeries, ne travaillent que couchés, et sont obligés, eux et les enfans qui charrient le minerai, de ne pénétrer qu'en rampant dans ces galeries. On comptoit, en 1766, neuf mines semblables en exploitation dans le comté de Mansfeld. Elles rendoient de 4 à 5,000 quintaux de minerai par semaine. (JARS.)

Hongrie. On cite en Hongrie les mines de Cuivre de Herengrund, à deux lieues de Neussol ; ce sont des couches de près de 4 mètres. Le minerai est du Cuivre gris renfermé dans une brèche schisteuse micacée. Il contient de l'argent.

Suède. En Suède, celles de Fahlun, dans la Dalécarlie ; elles doivent être placées parmi les mines de Cuivre les plus anciennes et les plus productives. La montagne qui les renferme est une cornéenne micacée. Le minerai est du Cuivre pyriteux qui forme un filon ou plutôt une masse de 400 mètres de long, 240 de large, et 320 de profondeur perpendiculaire. L'exploitation de cet amas immense se fait avec une grande activité, et on ne peut descendre dans ces vastes souterrains sans être frappé du spectacle remarquable des travaux bruyans et variés qui s'y exécutent à la lueur des lampes et des flambeaux. Vingt chevaux charrient dans les galeries le minerai détaché ; des machines à molettes l'élèvent au jour ; des pompes agissant continuellement, épuisent les eaux ; enfin, pour que rien ne retarde l'activité de cette exploitation, on a établi dans l'intérieur même de la mine, les forges où se réparent les outils des mineurs. Le minerai n'est cependant pas très-riche ; il contient environ 2 à 2 et ½ p. § de Cuivre. (*Jars.*)

En Norwège, celles de Rœras, à seize milles au sud-est de Drontheim. La roche qui renferme le filon de Cuivre est une cornéenne schisteuse, micacée et quartzeuse. (*Bergman.*) *Norwège.*

Il y a en Sibérie deux mines de Cuivre principales, qui diffèrent entièrement par leur nature de celles que nous venons de citer. Elles sont toutes les deux dans la chaîne des monts Ourals. *Sibérie.*

L'une est la mine de Goumechew, dans la partie centrale de la chaîne, à douze ou quinze lieues d'Ekaterinbourg. — Le filon est à-peu-près vertical. Il a depuis 2 mètres jusqu'à 20 mètres d'épaisseur. Son mur est de la chaux carbonatée saccaroïde, et son toit un schiste argileux en décomposition. La gangue du minerai est une argile diversement colorée. Le minerai consiste en Cuivre natif, Cuivre sulfuré et Cuivre malachite, et c'est dans cette mine qu'on a trouvé autrefois les plus beaux morceaux de malachite. Ces diverses substances sont disséminées dans l'argile ; elles sont plus abondantes vers le mur que dans d'autres parties. Le minerai ne rend que 3 à 4 p. § en cuivre, mais cependant la mine fournit 4,000 quintaux de Cuivre. (*Patrin.*)

Les autres mines sont celles de Tourinski, situées sur la rivière Touria, à cent lieues et plus au nord d'Ekaterinbourg. Les collines qui les renferment sont composées d'un porphyre tendre, olivâtre, à base de cornéenne. Le minerai, la gangue et le mur sont semblables à ceux de Goumechew. Le filon a au moins 8 mètres d'épaisseur, il est beaucoup plus riche que celui de Goumechew. Le Cuivre natif y est très-commun, et pénètre jusque dans le marbre, qui sert de mur.

Le minerai rend de 18 à 20 p. $\frac{0}{0}$. Le produit annuel de ces mines est de 20,000 quintaux de Cuivre. (PATRIN.)

Orient de l'Asie. On trouve aussi du Cuivre dans le Kamtchatka et dans l'île dite Mednoï-Ostrow, qui est sur ses côtes orientales.

Il y a également au Japon, dans les provinces de Kijnok et de Surunga, des mines de Cuivre importantes, puisque ce pays verse ses Cuivres jusqu'en Europe. — On en connoît en Chine, dans la province de Yun-Nan. — Parmi les îles de la mer des Indes, on cite celles de Formose, de Macassar, de Bornéo et de Timor, comme renfermant des mines de Cuivre très-riches. Quelques-unes, comme celle de Bornéo, donnent l'alliage connu sous le nom de *tombac*.

Archipel d'Europe. Parmi les îles de l'Archipel, celle d'Eubée, et surtout celle de Chypre, étoient célèbres par leurs mines de Cuivre.

Afrique. Il y a des mines de Cuivre en Barbarie, dans le royaume de Maroc; — en Abyssinie, &c. Il y en a aussi dans les montagnes qui sont au nord du Cap de Bonne-Espérance, au-delà du pays des Namaquas, sur la côte occidentale d'Afrique. Le minerai est du Cuivre sulfuré, probablement riche et facile à traiter, puisque les naturels du pays savent fondre ce minerai, et en retirer le Cuivre métallique. (BARROW.)

Amérique. Les mines de Cuivre d'Amérique sont encore peu connues quant à leur nature, mais la richesse de quelques-unes surpasse celle de toutes les mines de l'Europe. Ce sont sur-tout les mines exploitées de la province de Coquimbo, dans le Chili, qui ont donné les masses de Cuivre natif les plus extraordinaires par leur volume. Celles du Pérou et du Mexique, quoiqu'exploitées avantageusement, sont moins riches. Les mines de Cuivre d'Aroa, dans la partie septentrionale de l'Amérique méridionale, sont du Cuivre gris, du Cuivre azuré et du Cuivre malachite. Ces dernières donnent 1,500 quintaux de Cuivre par an. (HUMBOLDT.)

Dans l'Amérique septentrionale, on a trouvé des

La liquidité du Mercure à la température ordinaire Caractères. dans laquelle nous vivons, est un caractère remarquable qui distingue particulièrement ce métal de tous les autres. Les minerais de Mercure n'ont pas de caractères extérieurs aussi tranchés que le Mercure natif ; mais lorsqu'on soupçonne la présence de ce métal dans un minerai, on peut le faire reparoître aisément sous forme métallique, en chauffant au-dessous d'un corps froid ce minerai mêlé de limaille de fer ; le Mercure revivifié et volatilisé se condense sur ce corps froid sous forme de gouttelettes.

Le Mercure métallique est d'un blanc éclatant ; il est liquide à la température ordinaire de l'atmosphère, solide à — 40^d du thermomètre centigrade, et commence à se volatiliser à + 23^d. Il paroît que le Mercure solide est malléable, et qu'il cristallise en octaèdre. Sa pesanteur spécifique, lorsqu'il est liquide, est de 13,568, et de 15,612, lorsqu'il est solide. (*BIDDLE.*)

1re Esp. MERCURE NATIF [a].

Ce métal se trouve disséminé en petits globules dans Caractères diverses gangues, et contracte avec elles une sorte d'adhérence. On le fait paroître en plus grande quantité en frappant sur ces gangues ou en les chauffant.

On trouve le Mercure natif dans presque toutes les Gisement mines qui renferment les autres minerais de ce métal. Il coule à travers les fissures des roches, et se réunit quelquefois en quantité assez considérable dans leurs cavités.

---

[1] *Vulgairement* vif-argent.
[a] *Gediegen quecksilber*, le Mercure natif. *BROCH.*

Q

ARGENTAL. Haüy. [1]

Orient de l'Asie.

...uel est d'un blanc d'argent; il
...aigile, ce qui le distingue de l'argent
...est conchoïde. Il se décompose par
...Il cristallise en octaèdre émarginé, en
...(*Merc. arg. triforme*, *pl. 8*, *fig. 28*), &c. Sa
...primitive peut être indistinctement l'octaèdre, le
...ou le dodécaèdre à plans rhombes. On le trouve
...en lames ou feuilles minces.

La pesanteur spécifique du Mercure argental est de
14.110. Lorsque cette espèce est cristallisée, elle est
constamment composée de 0,73 de Mercure, et de 0,27
d'argent.

Gisement. Ce métal, assez rare, se trouve, d'après l'observation de ..., dans les mines de Mercure dont les
filons sont traversés par des filons de lames d'argent.

Lieux. On le trouve principalement à Rosenau en Hongrie...

...

Sa pesanteur spécifique est variable, parce qu'il est souvent mélangé. Lorsqu'il est pur, il pèse 10,218.

Ce minerai cristallise : sa forme ordinaire est le prisme hexaèdre régulier ; c'est aussi sa forme primitive. Ce prisme, quelquefois bas et large, ressemble à une table triangulaire épaisse (*pl. 8*, *fig. 29*); mais en l'examinant avec attention, on voit que c'est le prisme hexaèdre terminé par six facettes géminées, qui alternent avec les pans du prisme et avec les facettes du sommet opposé.

1. MERCURE SULFURÉ COMPACTE. *Haüy.* [1] Il est en masses rouges, à cassure ordinairement grenue ; quelquefois cependant sa texture est très-dense, et sa cassure est alors unie. Cette variété est souvent d'un rouge brun. 　Variétés.

2. MERCURE SULFURÉ FIBREUX. *Haüy.* [2] Celui-ci est toujours d'un rouge vif ; sa texture est fibreuse et son éclat soyeux. Il est rare, et se trouve principalement à Wolfstein, dans le Palatinat.

3. MERCURE SULFURÉ PULVÉRULENT. *Haüy.* On l'appelle vulgairement *fleur de cinnabre*, *vermillon natif*.

4. MERCURE SULFURÉ HÉPATIQUE [3]. Cette variété, d'un rouge brun, tirant quelquefois au noir, se présente en masses ordinairement compactes, mais plus souvent schisteuses. Elle donne une odeur bitumineuse lorsqu'on l'expose à l'action du feu.

C'est un sulfure de Mercure mêlé d'argile bitumineuse. Le bitume y existe même quelquefois en quantité assez considérable ; cependant ce minerai donne jusqu'à 60 p. % de Mercure.

La mine d'Idria est composée en grande partie de cette variété : on la nomme *branderz* dans ce lieu.

---

[1] *Dunkelrother zinnober*, le cinnabre commun. BROCH.

[2] *Hochrother zinnober*, le cinnabre fibreux. BROCH.

[3] *Quecksilber-lebererz*, le Mercure hépatique. BROCH. — Mercure sulfuré bituminifère. *Haüy.*

4ᵉ Esp. MERCURE MURIATE. *Hgr.*

Caractères. CE minerai est gris de perle, tirant quelquefois au jaune-verdâtre. Il est fort tendre, et n'a point, comme l'argent muriaté, la mollesse de la cire. Il est ordinairement translucide. L'action du feu du chalumeau le volatilise entièrement et sans le décomposer.

Il se trouve tantôt en petits cristaux dodécaèdres, tantôt en petits tubercules tapissant les cavités d'une gangue.

Le Mercure muriaté est composé d'environ 0,70 de Mercure, 0,29 d'acide muriatique, et d'un peu d'acide sulfurique, qui n'y est probablement qu'accidentel.

Lieux et gissement. On l'a trouvé dans les mines du pays des Deux-Ponts, dans les cavités d'une argile ferrugineuse mêlée de cuivre malachite, de cuivre gris, &c. On en a trouvé aussi à Almaden en Espagne, et à Horsowitz en Bohême.

Gissement général. Le Mercure sulfuré est la seule espèce de ce genre qui joue dans la nature un rôle de quelqu'importance. Les autres espèces ne se rencontrant que sous un très-petit volume, et accompagnant presque toujours le Mercure sulfuré, elles suivent dans leur gissement les mêmes loix que cette dernière espèce.

Le Mercure est un métal d'une formation assez moderne. Il ne se trouve que rarement et en petite quantité dans les terreins primitifs [a]; ses grandes masses sont toutes dans les terreins secondaires, dans le schiste bitumineux, comme à Idria; dans le calcaire compacte coquillier, et même dans les terreins argillo-ferrugineux. Ses minerais se trouvent plutôt en amas volumineux et irréguliers, tantôt compactes, tantôt caverneux et comme cariés, qu'en véritables filons. Il paroît qu'on

---

[a] *Quecksilber-hornerz*, la mine de Mercure cornée. BROCH.

[b] Spallanzani dit cependant qu'on a exploité dans le district de Feltre, état de Venise, du Mercure sulfuré disséminé dans un granite.

en trouve aussi dans les terreins volcaniques. Dolomieu dit avoir observé du Mercure sublimé dans un ancien volcan à Santa-Fiora.

Les métaux qui l'accompagnent le plus communément sont le plomb sulfuré (à Moersfeld, et à Lamure près Grenoble), le zinc sulfuré (dans ce dernier lieu), le fer oxidé, le fer sulfuré (à Menildot), l'argent, le cuivre gris, le cuivre malachite, le cuivre azuré, &c.

Les principales mines de Mercure sont :

En Espagne ; celles d'Almaden, dans la province de la Manche : ce sont de puissans filons de grès intimement pénétrés de cinnabre, et traversant une montagne qui est elle-même composée de grès. Les salbandes de ces filons sont d'ardoise. Cette mine rend de 5,000 à 25,000 myriagrammes de mercure par an [1].

En France ; celles du département du Mont-Tonnerre ; elles sont situées sur la pente occidentale et vers l'extrémité septentrionale de la chaîne du Mont-Tonnerre, entre Wolstein et Kreutznach, dans une partie du ci-devant Palatinat, et sur quelques points qui dépendent du pays des Deux-Ponts.

Toutes ces mines sont, ou en masses dispersées çà et là, ou en filons très-irréguliers dans leur puissance, leur direction et leur richesse. Les montagnes qui les renferment semblent avoir été bouleversées, et sont composées de grès, de cornéenne, d'argile ferrugineuse, de schiste, &c. Le Mercure natif, le Mercure argental et le Mercure sulfuré que l'on y rencontre, ont pour gangue tantôt une argile lithomarge blanche, tantôt une argile stéatiteuse, tantôt du fer hématite ou du fer ocreux. On y trouve assez souvent du bitume liquide, et même

Principales mines.
Espagne.

France.

---

[1] M. Hoppensack dit que la montagne est composée de schiste argileux de couleur grise, coupé par des couches puissantes de brèches, dans lesquelles on remarque des fragmens calcaires et du schiste bitumineux. Les filons, au nombre de six, sont d'une puissance très-irrégulière. Le cinnabre a pour gangue du quartz. (*Journal des Mines*, n° 31.)

du bois bitumineux. On remarque que les fissures et le minerai de Mercure sont beaucoup plus abondans vers la surface que dans la profondeur. On a également observé que le Mercure natif se trouve plutôt dans la profondeur des filons, et qu'il annonce ordinairement la fin du minerai. (*BÉROLDINGEN.*) Les mines de Mercure exploitées dans cet espace de terrain, sont innombrables; les principales sont, en allant du sud-ouest au nord-est :

1°. Celles de la montagne de Potzberg, près de Reichenbach. Cette montagne est formée d'un grès composé de quartz, de mica et d'argile blanche; on y trouve même quelques traces de houille. Elle renferme une multitude de petits filons qui suivent toutes sortes de directions; on y trouve aussi de la baryte sulfatée colorée par le Mercure sulfuré. Cette mine dépend du ci-devant Palatinat.

2°. Celles de Wolfstein, dans la montagne de Konigsberg.

3°. Celles de Stahlberg, dans lesquelles on trouve de la baryte sulfatée pénétrée de Mercure sulfuré.

4°. Celles de la montagne de Landsberg, près d'Obermoschel, qui sont dans une dépendance de l'ancien duché des Deux-Ponts.

5°. Enfin celle de Munster-Appel, à l'extrémité de la chaîne du Mont-Tonnerre et en face d'une montagne à couche nommée Himmelsberg. C'est du Mercure sulfuré bitumineux, qui donne à la distillation une grande quantité d'huile de pétrole. L'Himmelsberg renferme dans ses schistes des poissons fossiles mouchetés de Mercure sulfuré. (*BEURARD.*)

On a encore trouvé ce minerai, mais en petite quantité, à Menildot, près Saint-Lo, département de la Manche; c'est un sulfure de fer rayonné, mêlé de Mercure sulfuré; il est dans un terrain argillo-ferrugineux. — Aux environs de Lamure, département de l'Isère, il forme un petit filon sans suite et comme carié, dans une montagne de chaux carbonatée compacte ; il est accompagné de plomb et de zinc sulfurés.

Il existe encore des mines de Mercure sulfuré à Idria *Allemagne.* en Carniole. C'est du Mercure sulfuré bitumineux, qui forme dans un terrein calcaire et schisteux une masse d'une étendue inconnue. Le calcaire est gris et compacte, veiné de chaux carbonatée spathique blanche, qui renferme du Mercure sulfuré d'une rouge transparent. Le schiste est brun, presque noir, et pénétré de Mercure sulfuré ; il renferme aussi du fer sulfuré, qui contient du Mercure sulfuré et du Mercure natif. Enfin on trouve dans ces mines du lignite compacte, dont les surfaces sont recouvertes d'un léger enduit de Mercure sulfuré, et du schiste très-bitumineux sous forme de globules testacés. Cette mine, qui est une des plus anciennes, donne de 2 à 3,000 quintaux de Mercure par an.

Il y a aussi des mines de Mercure : — près de Selvena *Italie.* dans le Siennois ; le Mercure sulfuré y forme des amas et des filets dans une argile mêlée de marne argileuse. (SANTI.)

En Hongrie, près de Schemnitz et de Dombrawa : le *Hongrie.* cinnabre y est en bancs minces, dans un grès feuilleté, dont le grain est fin, et dont le ciment est argileux. (J. ESMARK.)

Au Japon, ou plutôt à la Chine ; les mines de ce pays ont produit des cristaux et des masses lamelleuses de Mercure sulfuré assez remarquables.

La principale mine de Mercure connue dans l'Amé- *Amérique.* rique méridionale, est celle du district de Guanca-Vélica au Pérou, qui a servi pendant long-temps au traitement des mines de ce pays. C'est, dit-on, une couche ou un filon de grès imbibé de cinnabre ; il a 50 mètres de puissance, et traverse une montagne de grès.

Il y a aussi plusieurs mines de ce métal dans la Nouvelle-Espagne. M. Humboldt a rapporté de Guanaxuato au Mexique, une brèche qui est composée de fragmens de Mercure sulfuré, de chaux carbonatée compacte blanchâtre et de silex gris.

22ᵉ *Genre*. ARGENT [1].

Caractères.   L'Argent est d'un blanc parfait, éclatant et remarquable ; il est très-malléable, et donne par la percussion
un son clair ; il est assez tendre pour se laisser facilement
entamer par le couteau.

Sa pesanteur spécifique est de 10,4743.

Il n'est point oxidable par le seul contact de l'air, et
on peut le tenir fondu fort long-temps sans que sa
surface perde rien de son brillant ; dissous dans l'acide
nitrique, il est précipité par l'acide muriatique en une
matière blanche insoluble. Ses oxides communiquent
au verre une couleur olivâtre ; et comme ils tiennent
peu à l'oxigène, on les réduit facilement par l'action du
chalumeau et d'un corps combustible.

C'est à l'aide de ces caractères qu'on pourra reconnoître la présence de l'Argent dans tous les minerais
qui en contiennent une quantité notable.

1ʳᵉ *Esp*. ARGENT NATIF. *Haüy.* [2]

Caractères.   Il possède tous les caractères de l'Argent, extrait
de ses minerais par les procédés métallurgiques ; mais
il est ordinairement moins blanc et moins malléable
que lui.

Il est quelquefois cristallisé tantôt en octaèdre cunéiforme ou segminiforme, tantôt en cube ou en cubo-
octaèdre ; d'autres fois il est disposé en dendrites ou
arborisations, composées de petits cristaux implantés
les uns sur les autres. On le nomme alors *Argent ramu-
leux*. Les rameaux qu'il présente sont tantôt disposés
en feuilles de fougère, et tantôt en réseau. On trouve
aussi l'Argent natif en filamens cylindriques et contournés, dont la grosseur varie depuis celle du doigt
jusqu'à celle d'un cheveu, en lames minces et en masses

---

[1] Lune ou Diane des alchimistes.
[2] *Gediegen silber*, l'Argent natif. Broch.

informes. Il est rare de le voir en petits grains, comme
l'or ou le platine.

L'Argent natif n'est presque jamais pur. Les métaux
qui sont alliés avec lui, sont l'or, le cuivre, l'arsénic, le
fer, &c. L'Argent natif aurifère est plus rare que les
autres alliages naturels ; il est d'un jaune de laiton.

Les gangues de l'Argent natif sont extrêmement nom- Gisement.
breuses, et on peut dire qu'il se trouve dans toutes sortes
de pierres ; tantôt il paroît s'être infiltré dans leurs fissures, tantôt avoir végété à leur surface ; souvent il est
comme empaté avec elles.

On le trouve ainsi dans presque toutes les mines Lieux.
d'Argent exploitées, mais sur-tout dans celle de Kongsberg en Norwège ; il y a pour gangue de la chaux
carbonatée, de la chaux fluatée, &c. — A Schlangenberg en Sibérie ; il y est sur de la baryte sulfatée ; — à
Andréasberg au Hartz ; — à Guadalcanal en Espagne ;
il contient environ 0,05 d'arsénic ; — à Allemont ; il
est disséminé dans une argile ferrugineuse, &c.

On cite deux blocs considérables d'Argent natif trouvés dans les filons de la mine de Kongsberg et dans ceux
de la mine de Schnéeberg en Misnie. Le premier pesoit
10 myriagrammes, et le second, s'il n'y a point erreur
ou exagération, plus de 1000 myriagrammes. On a
trouvé à Sainte-Marie-aux-Mines des blocs de 24 à 30
kilogrammes.

2ᵉ Esp. ARGENT ANTIMONIAL. *Haüy.* ¹

C'est l'Argent uni avec l'antimoine sans aucune autre Caractères.
substance. Il est d'un blanc jaunâtre ; il a perdu presque
entièrement sa malléabilité et est devenu cassant ; sa
cassure est lamelleuse. Il se rencontre ordinairement
sous la forme d'un prisme hexaèdre, dont les pans sont
profondément cannelés. Il se fond assez facilement au

¹ *Spiesglas silber*, l'Argent antimonial. *Broch.* — Argent blanc
antimonial. *Romé-de-Lisle.*

chalumeau, en donnant une fumée blanche d'oxide
d'antimoine ; il se couvre dans l'acide nitrique d'une
poudre blanchâtre et se réduit en une espèce de bouillie;
enfin sa pesanteur spécifique est de 9,44.

C'est par sa cassure lamelleuse que ce minerai se distingue du fer arsénical et du cobalt arsénical.

MM. Klaproth et Vauquelin l'ont analysé ; ils y ont
trouvé 0,84 à 0,76 d'Argent, et 0,16 à 0,24 d'antimoine.

Lieux.

L'Argent antimonial est assez rare, sur-tout cristallisé
régulièrement. On l'a trouvé dans la chaux carbonatée
et dans la baryte sulfatée, à Casalle, près de Guadalcanal
en Espagne ; — en Souabe, dans la principauté de
Furstemberg à Vittichen et à Wolfach, dans la mine
de Saint-Wenceslas.

On ne peut confondre cette espèce avec l'antimoine
sulfuré capillaire, qui est en filets déliés, et qui ne contient pas toujours de l'Argent.

? 3ᵉ Esp. ARGENT ARSENICAL [1].

Caractères.

IL est comme l'espèce précédente, blanc et cassant,
mais il est moins lamelleux. J'en ai vu qui avoit une
cassure conchoïde, luisante, avec la couleur du cuivre
gris. Il répand par l'action du chalumeau une forte
odeur d'ail, et ce caractère en y indiquant l'arsénic, le distingue suffisamment de l'espèce précédente.
M. Klaproth ayant analysé celui d'Andréasberg, y a
trouvé : Argent, 0,16 ; fer, 0,44 ; arsénic, 0,35 ; antimoine, 0,04.

---

[1] Arsenick-silber, l'Argent arsénical. BROCH — Argent antimonial arsénitère et ferrifère. HAÜY. — Argent arsénical. DEBORN.
On ne peut pas encore dire si cet Argent diffère assez essentiellement de l'Argent antimonial pour en faire une espèce distincte.
L'Argent bismuthifère, BROCH. est un minerai de plomb tenant
Argent et bismuth, les caractères extérieurs et l'analyse de M. Klaproth rapportés par M. Brochant le prouvent. (Voyez, page 195,
note 4. ce minerai, décrit sous le nom de plomb sulfuré bismuthique.)

On le trouve en Souabe et à Andréasberg au Hartz,
dans de la chaux carbonatée; il est accompagné de zinc
et de plomb sulfurés. Il y en a dans ce dernier lieu
qui se présente en petites sphères groupées comme les
grains d'une grappe de raisin [1].

4ᵉ *ESP*. ARGENT SULFURÉ. *HAüY*. [2]

CE minerai est parfaitement opaque et d'un gris Caractères.
sombre, comme plombé; il est un peu malléable, et se
laisse facilement entamer par le couteau; la surface cou-
pée est luisante et a l'éclat métallique.

Il est composé de soufre, 0,15, et d'Argent sans
oxigène, 0,85. (*KLAPROTH.*) Si on le chauffe lentement et graduellement, on volatilise le soufre, et on
fait reparoître l'argent sous forme de filamens contournés. Plusieurs minéralogistes pensent qu'une grande
partie de l'Argent natif filamenteux doit sa formation à
une décomposition semblable à la précédente. La pesanteur spécifique de l'Argent sulfuré est de 6,90.

On le voit assez fréquemment cristallisé; ses formes
sont le cube, l'octaèdre, le cubo-octaèdre et le dodécaèdre; il se présente aussi en masses informes peu
volumineuses ou en lames irrégulières. Il recouvre différens minerais d'Argent ou de plomb, mais ne forme
jamais de filons à lui seul.

L'Argent sulfuré se trouve dans presque toutes les Lieux.
mines d'Argent; mais il est plus particulièrement
connu dans les mines de Freyberg, dans celles de
Joachimsthal en Bohême, de Schemnitz en Hongrie, et
du Mexique.

---

[1] Argent antimonial arsénifère et ferrifère botryoïde. *HAüY*.

[2] *Silber glaserz*, l'Argent vitreux. *BROCH.* — Cette épithète ne
vient pas de l'éclat des surfaces coupées, comme on l'a pensé, mais de
la corruption du mot *glanserz* (mineral brillant) en celui de *glaserz*
(minerai vitreux). *BROCH.* — *Weich gewachs* des mineurs hongrois.

5.° Esp. ARGENT ROUGE [1].

Caractères.

CE minerai est un des plus remarquables par son éclat, par sa couleur et par la variété de ses formes; il est fragile et sa cassure est vitreuse; il se laisse facilement racler par le couteau; sa poussière est d'un rouge-cramoisi assez vif, quel que soit d'ailleurs son aspect extérieur, qui est tantôt le rouge vif, tantôt le rouge sombre, et souvent le noir-rougeâtre métalloïde.

L'Argent rouge est presque toujours translucide dans le centre des masses; exposé au chalumeau, il répand une odeur d'ail très-sensible, qui est due à l'antimoine ou à l'arsénic qu'il renferme; il pétille ou brûle même avec une flamme bleue et donne un bouton d'Argent. Si on l'expose à une chaleur suffisante, mais graduée, il se décompose, et l'Argent se dégage sous forme de filamens ou de dendrites.

Sa pesanteur spécifique est de 5,56 à 58.

Il laisse passer assez facilement le fluide électrique. La forme primitive de ses cristaux est un rhomboïde obtus, dont les angles plans sont de 104^d $\frac{1}{2}$ et 75^d $\frac{1}{2}$. Il résulte de la ressemblance de cette forme avec celle de la chaux carbonatée, que les formes secondaires de l'Argent rouge sont aussi fort semblables à celle de cette espèce de chaux.

Il y a plusieurs minerais dont la couleur rouge approche quelquefois de celle de l'Argent rouge, et qui au premier coup-d'œil pourroient être confondus avec lui. Tels sont: l'arsénic sulfuré réalgar, qui donne une poussière orangée par la trituration; le mercure sulfuré, qui se volatilise entièrement au chalumeau; le cuivre oxidé rouge, qui fait effervescence dans l'acide nitrique, et communique à l'ammoniaque

---

[1] Argent antimonié sulfuré. HAÜY. — Roth gültigerz, l'Argent rouge. BROCK.

me couleur bleue , &c. L'Argent rouge ne présente aucun de ces caractères , et se distingue par-là de ces minerais.

L'Argent rouge est composé , d'après les analyses récentes de MM. Klaproth et Vauquelin, des principes suivans :

	KLAPROTH.	VAUQUELIN.
Argent ,	0,62	0,61
Antimoine ,	0,18	0,16
Soufre ,	0,11	0,15
Oxigène ,		0,12
Acide sulfurique sans eau ,	0,08 ½	

M. Proust assure qu'il-y-a des minerais d'Argent rouge qui contiennent tantôt de l'arsénic , et tantôt de l'antimoine séparément, et quelquefois ces deux métaux réunis [1]. M. Thenard a trouvé dans l'Argent rouge les mêmes principes constituans que M. Vauquelin ; il pense que l'antimoine à l'état d'oxide pourpre, est le principe colorant de ce minerai.

1. ARGENT ROUGE CRISTALLISÉ. Ce minerai cristallise Variétés. fort bien , et donne un assez grand nombre de variétés de formes, dont les faces sont ordinairement luisantes , mais striées et un peu convexes. Les angles solides et les arêtes de ces cristaux sont presque toujours émoussés. Nous citerons parmi ces formes :

L'ARGENT ROUGE PRISMATIQUE. C'est un prisme droit à six pans.

L'ARGENT ROUGE PRISMÉ (pl. 8, fig. 30). C'est le même prisme, terminé par trois faces rhomboïdales culminantes.

L'ARGENT ROUGE BINOTERNAIRE (pl. 8, fig. 31). C'est un dodécaèdre très-semblable à celui de la chaux carbonatée métastatique. Les arêtes les plus saillantes sont remplacées par une facette linéaire hexagonale.

[1] Comme il n'étoit pas possible de désigner ces variétés de composition par un nom significatif, nous nous sommes décidés à laisser à cette espèce le nom d'*Argent rouge*.

L'Argent rouge pistique (*pl. 8, fig. 32*). Deux pyramides hexaèdres incomplètes, entées l'une sur l'autre et opposées base à base.

2. Argent rouge sombre [1]. Il est d'un rouge sombre tirant sur le noir de fer. Il paroît qu'il doit cette couleur au fer qu'il contient en plus grande quantité que l'Argent rouge proprement dit.

3. Argent rouge aigre [2]. Il est gris, assez éclatant; sa cassure est inégale. Il diffère en général très-peu des variétés précédentes, et l'analyse que M. Klaproth a faite de celui de Hofnung-gottes, près Freyberg, prouve qu'il est composé à-peu-près des mêmes principes constituans. Il paroît seulement contenir du fer et un peu plus d'Argent.

On le trouve particulièrement en Bohême, à Joachimsthal; — en Saxe, à Freyberg et Annaberg; — en Hongrie, à Schemnitz et Kremnitz, &c. &c.

Gissement.   L'Argent rouge ne se trouve point en masse, il est ordinairement mêlé avec d'autres minerais dans des filons; il accompagne plus particulièrement le plomb sulfuré compacte, le cobalt, l'arsénic réalgar, l'arsénic natif, le cuivre gris, le fer spathique, &c. Ses gangues ordinaires sont : la chaux carbonatée spathique, la baryte sulfatée, la chaux fluatée, le quartz, &c.

On voit qu'il n'a point de gissement propre, et qu'il appartient aux mêmes formations que les mineraux que nous venons de nommer.

Lieux.   On le trouve dans toutes les mines d'Argent, mais principalement dans celles de Freyberg, de Sainte-Marie-aux-Mines, de Guadalcanal, &c.

---

[1] *Dunkles rothgultigerz*, l'Argent rouge foncé. BROCH.? — Argent antimonié sulfuré ferrifère. HAUY.

[2] *Sprœd-glaserz*, l'Argent vitreux aigre. BROCH. — M. Brochant a lui-même averti que ce mineral appartenoit plutôt à l'espèce de l'Argent rouge qu'à celle de l'Argent sulfuré. — *Rothgewachs* des mineurs hongrois. BROCH.

* 6ᵉ *Esp.* ARGENT BLANC [1].

Ce minerai ressemble au premier aspect à du plomb sulfuré compacte, c'est-à-dire qu'il a la cassure grenue, à grain fin et brillant de ce minerai, mais il est d'un blanc métallique beaucoup plus pur, qui se rapproche un peu du blanc de l'Argent.

Caractères.

Il se comporte d'ailleurs au chalumeau comme l'Argent rouge, et laisse un bouton d'Argent.

On n'a pas encore d'analyse exacte de ce minerai, et c'est cependant cette analyse qui déterminera la place qu'il doit avoir [2].

Le véritable Argent blanc reconnu pour tel par M. Werner, n'a encore été trouvé que dans la mine d'Himmelfurst, près de Freyberg en Saxe ; il est accompagné de plomb sulfuré, d'Argent rouge, de zinc sulfuré, et a pour gangue un quartz. (BROCHANT.)

Lieu.

* 7ᵉ *Esp.* ARGENT NOIR. HAÜY. [3]

Il est noirâtre et fragile, mais il prend un éclat métallique par la raclure ; son tissu est cellulaire, et on ne le reconnoît sûrement qu'au moyen des globules d'Argent qu'il donne par l'action du chalumeau. L'Argent sulfuré et l'Argent rouge qui l'accompagnent ordinairement aident aussi à le faire reconnoître.

Caractères.

Ce minerai n'est probablement qu'une altération des

---

[1] *Weissgültigerz*, la mine blanche riche. BROCH.

[2] L'aspect de ce minerai feroit soupçonner que c'est un plomb sulfuré argentifère, et dans ce cas, il devroit être renvoyé au plomb sulfuré ; mais M. Brochant dit qu'on n'y a trouvé que de l'Argent, de l'antimoine et du soufre.

[3] *Silberschwarze*, l'Argent noir, BROCH. — M. Brochant dit que c'est à tort qu'on rapporte à ce minerai le *roschgewachs* des Hongrois ; cependant Déborn, qui étoit à portée de juger du rapprochement, cite le *roschgewachs* comme synonyme de son *Argent fragile*, auquel il donne pour caractère d'être *cellulaire*, *spongieux et comme vermoulu*, ce qui convient à l'Argent noir qu'on décrit ici. *B*.

espèces d'Argent qu'on vient de décrire. Il paroît qu'il n'a dans sa composition rien de caractéristique qui puisse conduire à en faire une espèce particulière. L'Argent qu'il renferme y est même en proportions très-variables.

Lieux.   L'Argent noir se trouve dans quelques mines d'Argent, principalement à Allemont et à Freyberg. — Il est commun dans les mines d'Argent du Pérou et du Mexique. Les Espagnols le nomment *négrillo*.

8ᵉ Esp. ARGENT MURIATÉ. Haüy. [1]

Caractères.   CE minerai est remarquable par sa demi-transparence, par sa couleur jaunâtre ou verdâtre, par sa mollesse, qui est telle, qu'il se laisse entamer même avec l'ongle. Ces caractères l'ont fait comparer à de la corne. Il est d'ailleurs tellement fusible, que la chaleur d'une bougie suffit pour le faire fondre. Il se décompose très-facilement par le fer ou par les flux noirs.

MM. Sage et Chaptal ont dit qu'il étoit en partie volatil, et M. Proust en confirmant cette observation, fait remarquer que sa volatilité tient à l'humidité qu'il renferme. Quand il a perdu cette humidité, il ne se volatilise plus.

L'Argent muriaté se trouve rarement cristallisé. Sa forme ordinaire est le cube. On le voit ordinairement en petites masses ou en couches, qui recouvrent comme d'un enduit épais la surface de l'Argent natif. Sa pesanteur spécifique est de 4,74.

Variétés.   1. ARGENT MURIATÉ COMMUN [2]. Sa couleur varie du gris de perle au bleu-violet et même au vert-poireau ; il est quelquefois transparent comme de la cire, quelquefois aussi il a un aspect métallique, qui est dû à un commencement de décomposition de sa surface ; il se fond complètement au chalumeau, et donne sur le charbon

---

[1] *Hornerz*, la mine cornée ou l'Argent corné. BROCH.
[2] *Gemeines hornerz*, l'Argent muriaté commun. BROCH.

un globule d'Argent. Il est composé, suivant M. Klaproth, d'environ 0,68 d'Argent, de 0,21 d'acide muriatique; et d'un peu d'acide sulfurique. Il contient en
outre du fer et quelques substances terreuses; mais tous
ces corps doivent être considérés comme accidentels.

L'Argent·muriaté est assez rare; ses gangues sont
moins variables que celles des autres espèces. Ce sont
principalement l'Argent natif, l'Argent noir, le fer
oxidé brun, le quartz et la baryte sulfatée. Il paroit
être aussi d'une formation beaucoup plus récente que
les autres minerais d'Argent, comme on le verra
plus bas.

On l'a trouvé au Pérou, dans les mines du Potosi, &c.;
— en Saxe, dans celles de Freyberg; — en France, à
Allemont; — en Sibérie, à Schlangenberg, &c.

2. ARGENT MURIATÉ TERREUX [1]. Cette variété a une cassure terreuse, qui est due à l'argile qui lui est naturellement alliée; elle s'agglutine au chalumeau sans se
fondre, mais on en voit suinter de petits globules d'Argent.

Elle contient, suivant M. Klaproth : 0,25 d'Argent,
0,08 d'acide muriatique, 0,67 d'argile, et un peu de
cuivre.

On l'a trouvée dans la mine d'Andréasberg au Hartz [2].

---

[1] *Erdiges hornerz* et *buttermilcherz*, l'Argent muriaté terreux.
BROCHANT.
Le mineral qui a été décrit par Justi sous le nom de *mine d'Argent
alcaline*, ne paroit être autre chose que de l'Argent muriaté mêlé
de chaux carbonatée.

[2] On a désigné comme minerals d'Argent beaucoup de minéraux
qui ne peuvent être rapportés au genre de l'Argent, et dont la
détermination précise est devenue obscure par ces réunions arbi-
traires. Nous avons dû omettre toutes les espèces dont l'existence
n'est pas suffisamment avérée, et nous avons renvoyé aux autres
métaux les prétendus minerals d'Argent qui n'appartiennent pas à ce
genre. Ainsi nous rapportons l'*Argent gris* au cuivre gris, l'*Argent
tricoté* et l'*Argent merdoie* au cobalt merdoie, l'*Argent bismuthifère*
au plomb sulfuré bismuthique, le *graugültigerz* et le *schwarzgültigerz*

II.   R

Les minerais d'Argent, quelle que soit leur nature, se trouvent principalement dans les terreins primitifs, sur-tout dans ceux qui sont en couches. On les trouve aussi dans quelques filons des terreins secondaires. On ne les rencontre jamais ni dans les terreins d'alluvion, ni dans ceux de transport.

Ils se présentent fort rarement dans le granite, mais plus ordinairement dans les fissures des roches micacées, amphiboliques, cornéennes, et dans celles des autres roches qui sont d'une formation plus récente que le granite. Aussi regarde-t-on l'Argent comme un métal moins ancien que l'étain, le schéelin et l'or.

L'Argent des terreins secondaires se trouve dans la chaux carbonatée compacte, dans quelques schistes, &c. mais il n'y est presque jamais natif, on l'y rencontre toujours à l'état d'Argent vitreux ou d'Argent rouge; il est souvent mélangé avec d'autres minéraux qui appartiennent plus particulièrement aux terreins secondaires, c'est-à-dire avec le plomb, le cuivre, le mercure et l'antimoine sulfurés. Le fer sulfuré en renferme aussi quelquefois depuis 0,02 jusqu'à 0,15. On trouve de ces pyrites argentifères dans les mines de Schemnitz et de Cremnitz.

L'Argent a pour gangue des substances très-variées. On le trouve natif ou minéralisé dans le quartz, le silex agatin, le silex pyromaque? le jaspe, le pétrosilex, la cornéenne, le talc, la serpentine, la chaux carbonatée lamellaire, la chaux carbonatée compacte, la chaux fluatée, la baryte sulfatée, &c. Il est quelquefois intimement mélangé avec l'asbeste subériforme dans la proportion de 0,15. Il donne à cette pierre une couleur d'un brun rougeâtre, ce qui l'a fait regarder comme une espèce de minerai particulier, et nommer *sundererz*, c'est-à-dire *mine semblable à l'amadou*.

---

au cuivre gris, l'*Argent brillant* (*silberglanz*) au plomb sulfuré. Nous ne parlons point de l'*Argent carbonaté* de Selb, que nous ne connoissons pas.

accompagne les corps organisés qui y sont déposés. M. Werner cite à cette occasion des feuilles d'Argent natif appliquées sur des pétrifications à Frankenberg en Hesse. Il est aisé de voir que cet Argent métallique est le résultat de la décomposition de l'Argent muriaté.

Si l'Argent oxidé existe dans la nature, il est mélangé dans les cavités des filons avec des terres argillo-ferrugineuses. C'est ainsi qu'on pourroit considérer les terres qu'on recueille avec soin dans plusieurs mines d'Argent, notamment dans celle d'Allemont ; elles n'offrent à l'œil aucun des caractères des minerais d'Argent, et elles donnent cependant une assez grande quantité de ce métal par les essais docimastiques ou par les opérations métallurgiques.

Enfin on croit avoir remarqué (*Patrin*.) que l'Argent se trouve plus ordinairement dans des régions froides qu'ailleurs, bien différent en cela de l'or, qui est plus commun dans les pays chauds. En effet les principales mines d'Argent sont en Suède, en Norwège, dans les environs du pôle, et celles que l'on trouve dans des climats plus chauds, sont presque toutes situées vers les sommets presque habituellement glacés et couverts de neiges des montagnes alpines de l'Europe et de l'Amérique ; telles sont les mines d'Allemont, en France, et celles du Potosi, dans les Cordilières.

Il suffit qu'une mine de plomb, de cuivre ou de quelqu'autre métal, donne une quantité d'Argent dont la valeur l'emporte sur celle des métaux qu'il accompagne, pour que les mineurs lui donnent le nom de mine d'Argent. Ce n'est point ainsi que les minéralogistes devroient considérer ces mines ; pour qu'un filon reçût d'eux le nom de minerai d'Argent, il faudroit que le métal dominant par sa quantité absolue fût l'Ar-

2

gent ; mais dans ce sens rigoureux le nombre des véritables mines d'Argent seroit très-peu considérable. Nous
suivrons donc l'acception vulgaire en plaçant les exploitations suivantes parmi les mines d'Argent.

France.   Nous citerons en France : la mine d'Allemont, à dix
lieues de Grenoble, dans le département de l'Isère, découverte en 1763 ; elle est située à 2800 mètres au-dessus
du niveau de la mer, vers le sommet d'une montagne
composée d'une roche micacée et amphibolique, à couches minces, sinueuses et comme tordues ; elle se présente
en veines nombreuses, dirigées dans toutes sortes de
sens. Le minerai semble avoir rempli les fissures innombrables du rocher. Il y a de l'Argent natif, de l'Argent
sulfuré, de l'Argent rouge, et même de l'Argent muriaté.
L'Argent paroît être aussi disséminé à l'état d'oxide dans
une argile ferrugineuse ; il est accompagné de cobalt
oxidé, de cobalt arséniaté, d'antimoine natif et arsénifère, de nickel, &c. Sa gangue est ordinairement l'argile, dont nous venons de parler, la chaux carbonatée
mêlée d'asbeste, l'épidote, &c. Les filons furent beaucoup plus riches vers la surface que dans la profondeur, et l'exploitation de cette mine remarquable est
maintenant presque abandonnée. — Sainte-Marie-aux-
Mines, dans les Vosges, département du Haut-Rhin,
on y trouve l'Argent rouge, &c. Le filon est un cuivre
sulfuré gris tenant Argent. — Giromagny, dans le même
département.

Allemagne.   Nous citerons en Saxe, Freyberg, dont les environs
sont couverts de mines donnant de l'Argent. Les filons,
situés dans un gneisse, sont généralement composés de
quartz, de chaux carbonatée et de chaux fluatée ; ils
renferment du plomb sulfuré argentifère, de l'Argent
sulfuré, de l'Argent rouge, du cuivre gris argentifère, &c. — Annaberg ; la mine est dans la chaux carbonatée compacte ; c'est, d'après M. Klaproth, de l'Argent muriaté mêlé de beaucoup d'argile.

Les mines de Schnéeberg en Misnie, et du Harts, pays

de Hanovre, consistent en plomb sulfuré argentifère, qui est accompagné de minerai d'Argent proprement dit.

Il y a des mines d'Argent à Sahlberg en Westmanie; le minerai est un plomb sulfuré argentifère dans de la chaux carbonatée compacte, tenant un marc et même un marc et demi d'Argent par quintal. Les travaux de cette mine sont assez considérables.

La mine de Kongsberg est la plus riche, la plus importante et une des plus singulières mines de l'Europe.

Le canton où elle est située n'est pas très-montueux; les mines sont divisées en supérieures et inférieures en raison de leur position relative. Le terrein est composé de bancs presque verticaux, courant du nord au sud, et un peu inclinés à l'est; ils sont en général parallèles entre eux, quoique souvent très-contournés; cependant ils se réunissent aussi quelquefois. Les uns sont composés de quartz mêlé de mica, de grenats et de chaux carbonatée; d'autres de quartz gris-blanc, mêlé de mica fin noirâtre, d'un peu de chaux carbonatée et de pétrosilex? rouge; d'autres de zônes alternatives, de quartz et de mica; d'autres enfin d'une roche ferrugineuse, qui a jusqu'à 10 mètres d'épaisseur dans la mine supérieure, et 6 seulement dans la mine inférieure. Des filons puissans, depuis 1 centimètre jusqu'à 9 décimètres, coupent ces bancs transversalement. L'Argent qu'ils renferment est principalement à l'état natif. On y trouve aussi de l'Argent sulfuré, mais très-peu d'Argent rouge et de plomb sulfuré. La gangue du minerai est de la chaux carbonatée grenue, quelquefois lamellaire et mêlée de quartz, de chaux fluatée, de fer oxidé, &c.

On remarque que ces filons sont plus riches en minerai, et que leur produit est plus soutenu, dans les parties où ils traversent les bancs de roche ferrugineuse que dans tout autre point.

La plus grande profondeur de ces mines est d'environ 270 mètres. On y a trouvé des masses énormes d'Argent natif. On en cite une de 10 myriagrammes. Le produit annuel de ces mines étoit, vers 1768, de 220 myriagrammes d'Argent.

Espagne. Les mines d'Argent d'Espagne sont les plus anciennement connues. Il paroît, tant par le récit des auteurs romains et des naturalistes anciens, que par les vestiges très-multipliés de fouilles qu'on y voit, qu'elles étoient autrefois fort nombreuses. On n'y trouve plus de remarquable que celle de Guadalcanal en Andalousie, dans la Sierra-Morena, à quinze lieues au nord de Séville. Le minerai qu'elle renferme est de l'Argent rouge, ayant pour gangue de la chaux carbonatée compacte.

Asie. L'Asie orientale a très-peu de mines d'Argent, puisque les Européens trouvent de l'avantage à échanger de l'Argent contre de l'or. On ne peut douter cependant qu'il n'y en ait en Chine. M. Patrin a vu en Sibérie, entre les mains de plusieurs négocians, des lingots d'Argent venant de la Chine, on les nomme *karabelki*; ils ont la forme d'une petite barque à deux pointes relevées, et pèsent environ 2 hectogrammes.

Amérique. Le Pérou et le Mexique fournissent à eux seuls dix fois autant d'Argent que toutes les mines de l'ancien continent réunies.

Pérou. Les mines d'Argent du Pérou sont situées au sud de Lima, principalement dans l'audience de Charcas. La montagne du Potosi, qui renferme les fameuses mines de ce nom, est une éminence presqu'isolée, située à la source de la rivière de la Plata; elle est traversée de toute part, et à une très-grande élévation, de filons d'Argent. Lorsqu'on découvrit ces mines en 1545, les filons étoient très-riches et presqu'entièrement composés d'Argent. Ceux de la mine de Huantajaya, audience de Lima, province d'Arica, étoient d'Argent tellement pur et massif, qu'on le coupoit au ciseau (*Ulloa*); mais à mesure qu'on s'approfondit, tous ces filons deviennent plus pauvres et l'Argent y est à peine visible. En sorte que les mines du Potosi qui rendirent jusqu'en 1564, environ 100,000 kilogr. d'Argent par an, ne rendent plus actuellement que 10

23e GENRE. OR [1].

L'OR se trouvant constamment à l'état métallique et possédant d'ailleurs de nombreux caractères distinctifs, il est toujours facile de reconnoître les minerais, d'ailleurs très-peu variés, qui le renferment. Ce métal, toutes les fois qu'il est apparent, est en effet très-aisé à distinguer par sa couleur et par sa parfaite malléabilité ; mais il est quelquefois tellement enveloppé et en si petite quantité dans ses gangues, qu'il faut recourir à des moyens chimiques pour le découvrir.

Ces moyens consistent à broyer avec du mercure le minerai dans lequel on soupçonne de l'Or, à évaporer à siccité le mercure. Si le résidu est en trop petite quantité pour que l'Or y puisse paroître avec ses caractères métalliques, on le dissout dans une quantité proportionnelle d'acide nitro-muriatique, et on a une dissolution jaunâtre qui teint en violet tous les corps combustibles qu'elle touche.

L'Or métallique, exempt de tout alliage, est d'un jaune pur, d'un éclat vif lorsqu'il est poli ; il est peu dur, mais c'est le plus tenace et le plus ductile des métaux ; c'est aussi le plus pesant après le platine. Sa pesanteur spécifique est de 19,257. Il n'est point dissoluble dans les acides nitrique, sulfurique, muriatique, &c. Son oxide communique aux matières vitreuses une couleur pourpre ou violette.

On ne trouve l'Or minéralisé par aucune substance ; en sorte que ce genre n'est composé que d'une seule espèce.

1re ESP. OR NATIF. HAÜY. [2]

L'OR natif se présente sous des formes assez variées, mais qui sont en général semblables à celles de l'argent: tantôt il est en cristaux octaèdres, ou en dodécaèdres

---

[1] SOLEIL des alchimistes.

[2] *Gediegen gold*, l'Or natif. BROCH.

Gissement. L'Or est un des métaux les plus anciens ; il ne se trouve en filon que dans les terreins de cristallisation : on l'observe assez ordinairement dans les granites, dans les gneisses et dans les autres roches micacées, que l'on regarde comme de première formation. Dolomieu assure même que l'arsénic aurifère n'est point en filon dans les roches, mais qu'il y est empâté et semble en faire partie.

Cependant l'Or est plus communément contenu dans des filons qui traversent des montagnes d'amphibole hornblende, de cornéenne, de trapp primitif (à Edel-fors), de calcaire primitif, &c.

Les filons qui contiennent de l'Or, et qui traversent des montagnes de granite, de gneisse et même de schiste micacé, sont ordinairement de quartz. Le jaspe sinople, le felspath, la chaux carbonatée, la baryte sulfatée sont aussi les gangues de l'Or. Les minerais qui accompagnent le plus fréquemment ce métal, sont le fer sulfuré (à Edelfors), l'argent rouge, l'argent sulfuré (à Chremnitz), le plomb sulfuré (en Transilvanie), l'arsénic ferrifère (à Goldestahl en Transilvanie), &c. On le trouve aussi mêlé avec le manganèse, le cobalt gris, le nickel, le cuivre malachite (au Pérou), &c. Il paroît cependant qu'on a trouvé, mais rarement, de l'Or natif dans des fossiles, et par conséquent dans des substances d'une formation que l'on regarde comme secondaire. Tel est l'Or qui recouvre des bois pétrifiés pénétrés de silice, enfouis à 50 mètres de profondeur dans une brèche argileuse [1] dans la mine de Vöröspatak, près d'Abrobanya, en Transilvanie (DEBORN) ; tel est celui que M. Patrin a trouvé enveloppé d'argent muriaté dans la mine de Zmeof en Sibérie.

L'Or est peut-être encore plus commun dans les

---

[1] M. J. Esmark regarde cette roche comme un porphyre à base argileuse ; il dit que dans les mines de Kirnik l'Or se trouve en veinules dans une espèce de trapp. Il confirme l'observation de l'Or natif contenu dans du bois pétrifié.

terreins d'alluvion que dans ceux que nous venons de
citer. C'est sa seconde manière d'être dans la nature. On
le trouve disséminé sous forme de paillettes dans les sables
siliceux, argileux et ferrugineux, qui forment certaines
plaines, et dans le sable d'un grand nombre de rivières.
Les paillettes se réunissent en plus grande quantité dans
les angles rentrans des rivières. On les trouve aussi plus
abondamment dans le temps des basses eaux, et sur-tout
après les orages qui ont fait grossir momentanément les
torrens et les rivières, que dans tout autre moment.

On a cru que l'Or qu'on trouve dans le lit des rivières
avoit été arraché par les eaux aux filons et aux roches primitives que traversent ces courans. On a même cherché à
remonter à la source des ruisseaux aurifères, dans l'espérance d'arriver au gîte de ce métal précieux; mais il paroît
qu'on s'étoit formé une fausse opinion sur l'origine de
ces sables aurifères. L'Or que l'on y trouve appartient
aux terreins lavés par les eaux des rivières qui les traversent. Cette opinion émise d'abord par Delius, ensuite
par Deborn, Robilant, Balbo, &c. est fondée sur plusieurs
observations. 1°. Le sol de ces plaines contient souvent
à une certaine profondeur et dans plusieurs points des
paillettes d'Or, que l'on peut en séparer par le lavage.
2°. Le lit des rivières et des ruisseaux aurifères contient
plus d'Or, après les orages tombés sur les plaines que parcourent ces ruisseaux, que dans toute autre circonstance.
3°. Il arrive presque toujours qu'on ne trouve de l'Or dans
le sable des rivières que dans un espace très-circonscrit;
en remontant ces rivières, leur sable ne contient plus
d'Or, et cependant si ce métal venoit des rochers qu'elles
traversent dans leur cours souterrain, il devroit non-
seulement se rencontrer jusqu'au point d'où elles partent,
mais se trouver même avec d'autant plus d'abondance,
qu'on approcheroit davantage de leurs sources. L'observation prouve le contraire : ainsi l'Orco ne contient de
l'Or que depuis Pont jusqu'à sa réunion avec le Pô. Le
Tesin ne donne de l'Or qu'au-dessous du lac Majeur, et

par conséquent loin des montagnes primitives, et après
avoir traversé un lac où son cours est ralenti, et dans
lequel tout ce qu'il auroit pu amener des montagnes supérieures se seroit nécessairement déposé. (*L. Bossi*.) Le Rhin
donne plus d'Or vers Strasbourg que près de Bâle, qui
est cependant beaucoup plus voisin des montagnes, &c.

Les sables du Danube ne contiennent pas une paillette
d'Or, tant que ce fleuve coule dans un pays de montagne, c'est-à-dire depuis les frontières de l'évêché de
Passaw jusqu'à Efferding, et quelle que soit la largeur
des vallées qu'il arrose et la lenteur de son cours ; mais
ses sables deviennent aurifères dans les plaines au-dessous
d'Efferding. Il en est de même de l'Ems ; les sables
de la partie supérieure de cette rivière qui traverse les
montagnes de la Styrie, ne renferment point d'Or ; mais
depuis son entrée dans la plaine à Steyer jusqu'à son
embouchure dans le Danube, ses sables deviennent
aurifères, et sont même assez riches pour être lavés avec
avantage. (*Ch. Ployer*.)

La plupart des sables aurifères, en Europe, en Asie,
en Afrique, en Amérique, sont noirs ou rouges, et
par conséquent ferrugineux ; ce gisement de l'Or d'alluvion est remarquable. M. Napione suppose, avec
quelque vraisemblance, que l'Or de ces terrains ferrugineux est dû à la décomposition des pyrites aurifères. Réaumur a observé que le sable qui accompagne
plus immédiatement les paillettes d'Or dans la plupart
des rivières, et notamment dans le Rhône et le Rhin,
est composé, comme celui de Ceylan et celui d'Ex-
pailly, de fer oxidulé noir et de petits grains de rubis,
de corrindon, d'hyacinthe, &c. On y a reconnu depuis
du titane.

Enfin on croit avoir remarqué que l'Or des terrains
de transport est plus pur que celui des roches.

Aucune observation précise n'a encore prouvé qu'on
ait trouvé de l'Or dans les terrains volcaniques. M. Breislack admet cependant ce gisement de l'Or ; il s'appuye

sur ce que les anciens croyoient qu'il y avoit eu dans
l'île d'Ischia des mines d'Or que les tremblemens de
terre avoient fait abandonner. M. Hacquet et lui regardent le terrein où s'exploite la mine de Nagyac
comme le cratère d'un volcan éteint.

Telles sont les généralités relatives au gissement de *Principales mines d'Or.*
l'Or. Les faits particuliers que nous allons rapporter en
traitant des principales mines de ce métal, serviront de
preuves à ces généralités et leur donneront de plus
grands développemens.

L'Espagne possédoit autrefois des mines d'Or. La *Errors. Espagne.*
province des Astúries étoit celle qui en fournissoit le
plus abondamment; ce métal s'y montroit en filons réguliers. Au rapport de Diodore de Sicile, ces mines furent
exploitées par les Phéniciens; elles le furent ensuite par
les Romains, qui en tirèrent, suivant Pline, de grands
profits; mais la richesse des mines de l'Amérique a fait
négliger et abandonner totalement celles d'Espagne. Le
Tage et quelques autres fleuves de ce pays roulent des
paillettes d'Or.

Il n'y a point de mine d'Or exploitée en France. On *France.*
a découvert en 1781, à la Gardette, vallée d'Oysans,
département de l'Isère, un filon de quartz bien réglé,
traversant une montagne de gneisse, et renfermant du fer
sulfuré aurifère et de jolis morceaux d'Or natif; mais ce
filon étoit trop pauvre pour payer les frais d'exploitation.

Un grand nombre de rivières contiennent de l'Or
dans leur sable; telles sont l'Arriège, aux environs de
Mirepoix; le Gardon et la Cèze, dans les Cévennes;
le Rhône, depuis l'embouchure de l'Arve jusqu'à cinq
lieues au-dessous; le Rhin, près Strasbourg, notamment
entre le Fort-Louis et Guermesheim; le Salat, près de
Saint-Giron, dans les Pyrénées; la Garonne, près de
Toulouse; l'Hérault, près de Montpellier. On assure
que la plupart des sables noirs et des morceaux de fer
limoneux qu'on trouve aux environs de Paris contiennent un peu d'Or.

Piémont.   Il y a quelques mines d'Or dans le Piémont. On doit remarquer les filons de fer sulfuré aurifère de Macugnaga, au pied du mont Rose ; ils sont dans une montagne de gneiss. Quoique ces pyrites ne renferment que 10 à 11 grains d'Or par quintal, elles ont pendant long-temps valu la peine d'être exploitées. (*Saussure.*) On a exploité aussi pendant quelque temps des filons de quartz contenant de l'Or natif dans la montagne de Challand. (*Bonvoisin.*) On trouve en outre sur le penchant méridional des Alpes pennines, depuis le Simplon et le mont Rose jusqu'à la vallée d'Aoste, plusieurs terreins et plusieurs rivières aurifères. Tels sont : le torrent Evenson, qui a donné beaucoup d'Or de lavage ; l'Orco, dans son trajet de Pont jusqu'au Pô ; les terreins rougeâtres que parcourt cette petite rivière sur plusieurs milles d'étendue et les collines des environs de Chivasso, renferment des paillettes d'Or en assez grande quantité.

Irlande.   On a reconnu depuis peu en Irlande, dans le comté de Wicklow, un sable quartzeux et ferrugineux aurifère, dans lequel on a trouvé des pepites d'Or assez volumineuses, qui contiennent environ un quinzième de leur poids d'argent. (*Deluc.*)

Suisse.   On a trouvé des sables aurifères dans quelques rivières de la Suisse, telles que la Reuss et l'Aar.

Allemagne.   En Allemagne, on n'exploite de mine d'Or que dans le pays de Saltzbourg, dans la chaîne de montagnes qui traverse ce pays de l'est à l'ouest, et qui le sépare du Tyrol et de la Carinthie.

Hongrie.   On trouve en Hongrie, à Schemnitz et à Cremnitz, des mines d'Or et des sables aurifères.

    L'Or de Schemnitz est contenu dans de l'argent, du plomb ou du fer sulfurés, et a pour gangue le quartz sinople. Le sable aurifère se trouve non-seulement dans le lit de la Néra, mais il est encore plus riche dans la plaine que traverse cette rivière. C'est un sable ferrugineux, situé à 15 décimètres au-dessous d'une couche de craie. (*Deborn.*)

des richesses de Crésus. Mais ces mines peu riches ou peu célèbres, sont presque toutes abandonnées ou languissantes. Le Japon, l'île Formose, Ceylan, Java, Sumatra, Borneo, les Philippines et quelques autres îles de l'Archipel indien passent pour être très-riches en mines d'Or.

Afrique. L'Afrique étoit avec l'Espagne la contrée qui fournissoit aux anciens la plus grande quantité de l'Or qu'ils possédoient. L'Or que l'Afrique répand encore dans le commerce avec abondance est presque toujours en poudre. Cette observation jointe aux connoissances que l'on a sur plusieurs mines d'Or, prouve que la plus grande partie de ce métal est extraite des terreins d'alluvion par le lavage.

Quoique le commerce de la poudre d'Or soit répandu dans presque toute l'Afrique, on ne recueille point d'Or dans l'Afrique septentrionale. (HEEREN.) Trois ou quatre points de ce vaste continent sont remarquables par la quantité d'Or qu'ils produisent.

Les premières mines sont celles du Kordofan, entre le Darfour et l'Abissinie. Les nègres transportent l'Or dans des tuyaux de plumes d'autruche ou de vautour. (BROWN.) Il paroît que ces mines étoient connues des anciens, qui regardoient l'Éthiopie comme un pays riche en Or. Hérodote rapporte que le roi de ce pays fit voir aux envoyés de Cambyse tous les prisonniers attachés avec des chaînes d'Or.

La seconde et la plus grande exploitation d'Or en poudre se fait, à ce qu'il paroît, au sud du grand désert de Zaahra, dans la partie occidentale de l'Afrique. On doit remarquer que cette exploitation a lieu dans une étendue de terrein assez considérable au pied des montagnes élevées, où le Sénégal, la Gambie et le Niger prennent leur source. Non-seulement ces trois rivières charient de l'Or dans leur sable, mais on en trouve aussi dans le lit de presque tous les ruisseaux des environs.

Le pays de Bambouk, au N. O. de ces montagnes, est

celui qui fournit la plus grande partie de l'Or, qu'on vend sur la côte occidentale d'Afrique, depuis l'embouchure du Sénégal jusqu'au cap des Palmes. Cet Or se trouve en paillettes principalement près de la surface de la terre, dans le lit des ruisseaux, et toujours dans une terre ferrugineuse. En quelques endroits, les nègres creusent dans ce terrein des puits qui ont jusqu'à 12 mètres de profondeur et qui ne sont soutenus par aucun étai. Ils ne suivent d'ailleurs aucun filon et ne font point de galerie. Ils séparent par des lavages réitérés l'Or de ces terres. (GOLBERRY.)

Ce même pays fournit aussi la plus grande partie de celui que portent à Maroc, à Fez et à Alger, les caravanes qui partant de Tombouctou sur le Niger, traversent le grand désert de Zaahra. L'Or qui arrive par le Sennaar au Caire et à Alexandrie en vient également. (MUNGO-PARK.)

La troisième partie de l'Afrique où l'on recueille de l'Or, est située sur la côte sud-est, entre le 15e et le 22e degré de latitude méridionale, vis-à-vis Madagascar. Cet Or vient principalement du pays de Sofala. Si on peut ajouter foi aux relations qu'on a sur ce pays très-peu connu, il paroîtroit que l'Or s'y trouve non-seulement en poudre, mais encore en filon. Quelques personnes pensent que le pays d'Ophir, d'où Salomon tiroit de l'Or, étoit situé sur cette côte.

L'Amérique est le pays où l'on a trouvé dans les *Andaiqve.* temps modernes les mines d'Or les plus riches. Il en sort par an environ 13 à 14,000 kilogrammes d'Or. Ce métal s'y rencontre principalement sous forme de paillettes dans les terreins d'alluvion et dans le lit des rivières.

On le trouve aussi, mais plus rarement, dans des filons de diverse nature. L'Amérique méridionale, et sur-tout le Brésil, le Choco et le Chili, sont les parties qui fournissent le plus d'Or. Il y en a aussi dans l'Amérique septentrionale, notamment au Mexique.

L'Or du Mexique est en grande partie renfermé dans

II. S

les filons argentifères qui sont si nombreux dans ce pays, et dont nous avons fait connoître les principaux à l'article de l'argent. On évalue à 12 ou 1500 kilogr. d'Or le produit annuel de ces mines.

Toutes les rivières de la province de Caracas, à 10 degrés au nord de la ligne, charient de l'Or. (*Humboldt.*)

Dans les possessions espagnoles de l'Amérique méridionale, l'Or s'extrait au Chili, au Pérou, mais particulièrement dans la province de Choco.

Pérou. L'Or du Pérou est renfermé dans des filons de quartz gras, nuancé de taches rouges ferrugineuses.

Celui de la province de Choco se trouve en pépite dans un terrein de transport de la formation des trapps et des diabases. (*Humboldt.*)

L'Or du Chili se trouve aussi dans les terreins d'alluvion. (*Frésier.*)

Brésil. Le Brésil fournit de l'Or en abondance, et c'est de cette contrée que vient actuellement la plus grande partie de l'Or répandu dans le commerce; il n'y a cependant dans ce pays aucune mine d'Or proprement dite; c'est-à-dire que l'Or ne s'y trouve ni en filon ni dans les roches, mais il y est disséminé en paillettes dans les terreins d'alluvion et dans le lit des rivières et des ravins. On l'extrait par le lavage.

C'est dans les sables de la Mandi, branche du Rio-Docé, et dans le lieu nommé Catapreta, qu'ont été découverts en 1682 les premiers sables ferrugineux aurifères. Depuis on en a trouvé presque par-tout au pied de l'immense chaîne de montagnes, qui est à-peu-près parallèle à la côte, et qui s'étend depuis le 5e degré du sud jusqu'au 30e. On évalue à deux milliards quatre cents millions de livres tournois l'Or que cette contrée a fourni depuis 120 ans (*Corréa de Serra*), et suivant d'autres auteurs, à 24,000,000 de francs par an.

Annotations. On voit qu'une grande partie de l'Or répandu dans le commerce vient des pays d'alluvion, et qu'il a été extrait par le lavage. C'est de cette manière qu'on le trouve aujourd'hui en Afrique et en Amérique, pays qui en fournissent le plus. Il paroît que l'Or que possédoient dans les anciens temps les princes d'Asie, avoit principalement cette origine, et qu'il n'étoit même pas fondu, comme l'indique un passage d'Hérodote. « Crésus, dit cet historien, ayant donné à Alcmæon tout l'Or qu'il pourroit emporter, celui-ci se jeta sur un tas de *paillettes* d'Or, et en remplit ses bottines, son habit, sa bouche, &c. » (*Hérodote, Liv. vi, §. 125.*) [1]

24ᵉ *Genre*. PLATINE.

Le Platine est un métal d'un blanc grisâtre, analogue à la couleur de l'acier poli; il est plus dur, et surtout beaucoup plus lourd que l'argent; c'est même le plus pesant des métaux; sa pesanteur spécifique est de 20,98. Il est tellement difficile à fondre, qu'on peut dire qu'il est infusible au feu de nos fourneaux les plus actifs. Il ne s'oxide pas à l'air, et perd très-peu de son poli lors même qu'on le fait rougir à *blanc*. Il n'est dissoluble que dans l'acide nitro-muriatique. L'ammoniaque le précipite sous forme d'une poudre qui est d'un jaune de paille, lorsque le précipité ne renferme que de l'oxide de Platine. L'action du feu suffit pour décomposer ce muriate d'ammoniaque et de Platine, et pour ramener le Platine à l'état métallique.

Ces caractères nous paroissent suffisans pour faire reconnoître ce métal.

Esp. PLATINE NATIF [2].

On ne l'a trouvé jusqu'à présent que sous la forme de petits grains aplatis ou de pépites. La plus grosse

Caractères.

Caractères.

---

[1] On donnera à la fin de la métallurgie de l'Or un apperçu des produits en Or et en argent des mines de l'ancien et nouveau continent, et quelques notes sur la valeur comparée de ces métaux.

[2] Platine natif ferrifère. *Haüy.* — *Gediegen platin*; le Platine natif. *Brocu.*

pépite qu'on ait encore vue, avoit à-peu-près le volume
d'un œuf de pigeon. La pesanteur spécifique de ces
petits grains, qui est de 15,6, est, comme on voit, bien
inférieure à celle du Platine purifié et forgé.

Le Platine en grain, tel qu'on l'apporte, est quelquefois pénétré de grains visibles de fer oxidulé, et mêlé
de titane, d'or, de rubis et de quarts. Il est allié en
outre avec un grand nombre de métaux, les uns déjà
connus et les autres nouveaux. Parmi les métaux déjà
connus, on y a trouvé le fer, le cuivre, le plomb et le
chrome. Les métaux nouveaux qu'on y a découverts,
sont : l'iridium, le rhodium, le palladium et l'osmium [1].

Lieux
et gissement.   On n'a encore trouvé le Platine natif et isolé que
dans la province de Choco au Pérou, dans les districts
de Citara et de Novita ; il est disséminé dans un terrein
de transport recouvert de morceaux roulés de basalte,
qui est rempli de péridot olivine et de pyroxène. On
trouve dans le même terrein des fragmens de diabase
et de bois fossile. Le Platine est accompagné d'or en
paillettes, que l'on sépare par le lavage et par l'amalgamation. Il étoit autrefois rejeté dans les fleuves, et il s'en
est perdu ainsi une prodigieuse quantité. On commence
maintenant à le recueillir. M. Vauquelin vient de trouver
ce métal dans le minerai d'argent gris de Guadalcanal
en Espagne ; il y est dans la proportion de 0,1.

Annotations.   On n'a point encore traité ce métal en grand, ainsi il
n'en sera pas fait mention dans la métallurgie. Comme
il est presqu'infusible lorsqu'il est seul, on est obligé

---

[1] C'est à MM. Descotils, Fourcroy, Smitson-Tennant, Vauquelin
et Wollaston, que sont dus les travaux qui nous ont fait connoître la
composition très-compliquée du minerai de Platine et les nouveaux
métaux qu'il renferme. Ces métaux étant peu connus, ne s'étant
jamais présentés isolés, et l'existence de quelques-uns n'étant même
pas encore parfaitement constatée, nous n'avons pas dû en traiter
particulièrement. Nous nous contenterons d'indiquer à la fin de l'histoire du Platine leurs principaux caractères chimiques.

d'employer pour le fondre différens procédés chimiques qui ne sont pas de notre objet. Nous dirons seulement qu'on parvient à le fondre en le combinant avec l'arsénic ou avec l'acide phosphorique et le charbon. On décompose l'une ou l'autre de ces combinaisons en exposant le Platine à une forte chaleur et en le forgeant à plusieurs reprises. On peut l'obtenir encore plus pur en décomposant le sel triple de Platine par une très-forte chaleur, et en rapprochant par la compression et ensuite par la percussion les parties de ce Platine, qui est en poudre extrêmement tenue ; car le Platine a, comme le fer, la propriété de se souder à chaud par compression et sans intermède.

Le Platine n'a point un éclat assez vif pour être *Usages.* employé en bijoux. On l'applique sur porcelaine, et il imite assez bien l'acier. Il est fort utile, en raison de son infusibilité et de son inaltérabilité, pour faire des vaisseaux de chimie, tels que des creusets, des cornues, des capsules, &c.

Comme il est le moins dilatable des métaux, on peut l'employer avec avantage pour faire certains instrumens de géométrie. MM. Rochon et Carrochez s'en sont servi pour faire des miroirs de télescope, qui ne se ternissent pas comme les miroirs faits d'alliage métallique, et qui n'ont pas l'inconvénient de donner, comme les miroirs de glace, une double image.

IRIDIUM. *Sr. Tennant.* Il est d'un blanc brillant *Nouveaux* approchant de celui du Platine ; il n'a aucune malléa- *métaux alliés* bilité. On peut le fondre lorsqu'on l'abrite du contact *de l'Iatine.* de l'air ; mais si on le chauffe fortement à l'air, il s'oxide et se volatilise entièrement. Son oxide sublimé est bleu, mais il ne communique aucune couleur au verre de borax. Lorsque l'Iridium est pur et à l'état métallique, on ne peut le dissoudre dans aucun acide ; il n'est même attaqué par l'acide nitro-muriatique que lorsqu'il est uni au Platine ; mais si on le fond préalablement avec les alcalis fixes, il s'oxide, et cet oxide, d'un jaune-verdâtre, se dissout fort bien dans les acides muriatique et sulfurique ; il donne une liqueur verte qui peut passer au bleu par l'addition de l'eau. Il se dissout aussi dans l'acide nitrique ; cette dissolution est rouge.

La dissolution muriatique verte ou bleue donne par les alcalis un précipité vert ou bleu, qui n'est point redissous par un excès d'alcali, et qui ne précipite pas les sels de Platine en rouge.

La dissolution nitrique rouge passe au vert par l'addition du sulfate vert de fer ou de tout autre désoxigénant ; elle est précipitée en rouge par les alcalis, et précipite en rouge purpurin les sels de Platine ; le prussiate de potasse n'a aucune action sur elle ; le zinc en précipite l'Iridium sous forme de flocons noirs, qui acquièrent par le lavage et la dessication le brillant métallique.

L'Iridium peut s'allier avec l'or en assez grande proportion sans en altérer la couleur. On voit qu'il offre deux degrés très-distincts d'oxidation, l'oxide vert ou bleu et l'oxide rouge dissoluble dans les alcalis. Ce métal est le plus abondant de ceux qu'on trouve dans le minerai de Platine ; c'est à son oxide rouge qu'est due la coloration de certains sels triples de Platine.

OSMIUM. SM. TENNANT. On le connoît à peine sous forme métallique ; il ressemble alors à une poudre noire ou bleuâtre ; mais les caractères de son oxide sont très-remarquables. Ce métal chauffé à l'abri du contact de l'air, ne se fond ni ne se volatilise ; mais si on le chauffe avec du nitre, l'action de l'oxigène le fait passer à l'état d'un oxide volatil, qui répand une odeur particulière très-piquante, et qui peut se condenser en une espèce d'huile concrète et limpide.

Cet oxide est très-dissoluble dans l'eau ; il ne lui communique aucune couleur, aucune propriété, ni acide, ni alcaline, mais il lui donne son odeur, et se volatilise avec elle dans la distillation.

La dissolution aqueuse d'oxide d'Osmium prend une couleur purpurine, qui passe au bleu foncé par l'addition de l'infusion de noix de galle. L'ammoniaque la fait devenir jaune, et la chaux lui donne une couleur d'un jaune brillant.

L'oxide d'Osmium trituré avec le mercure, perd son odeur en se revivifiant, et l'osmium s'amalgame avec le mercure.

L'oxide d'Osmium se trouve dans les eaux qui ont servi à dissoudre l'alcali avec lequel on a traité l'iridium.

RHODIUM. *HYDE-WOLLASTON*. Ce métal n'est pas plus connu à l'état métallique que le précédent. Il est d'un blanc-grisâtre; il est absolument infusible et indissoluble dans tous les acides lorsqu'il est pur; mais il devient soluble quand il est allié avec le bismuth, le cuivre, le plomb ou le Platine. Aussi reste-t-il en dissolution dans l'acide nitro-muriatique qui a servi à dissoudre le minerai de Platine, et après que celui-ci en a été séparé par le muriate d'ammoniaque.

Le muriate de soude et de Rhodium est très-dissoluble dans l'eau; il donne par évaporation des cristaux octaèdres d'un beau rouge, qui se fondent dans leur eau de cristallisation et s'effleurissent à l'air.

La dissolution de muriate de soude et de Rhodium n'est décomposée ni par le prussiate de potasse, ni par les carbonates alcalins; le zinc en précipite une poudre noire, qui est du Rhodium métallique.

PALLADIUM [1]. Ce métal est très-bien caractérisé, et

---

[1] Ce métal a été vendu sous ce nom à Londres en 1803; il étoit accompagné d'une notice qui exposoit ses principales propriétés, mais qui n'indiquoit ni la substance d'où on l'avoit retiré, ni la personne qui l'avoit découvert. Il a été regardé pendant quelque temps comme un alliage de mercure et de Platine. M. Wollaston en le trouvant en 1804 dans le Platine, a fait voir qu'il ne pouvoit être un alliage, mais qu'il étoit un métal simple et particulier.

doit être placé parmi les métaux non oxidables par le
contact de l'air.

Il est d'un blanc qui approche de celui de l'argent;
il est très-malléable et plutôt mou qu'élastique. Sa pesanteur spécifique varie entre 10,97 et 11,48. (CHENEVIX.) Sa
surface qui peut recevoir un assez beau poli, se ternit
par une légère chaleur, mais reprend sa couleur et son
éclat par un feu plus violent. Il est très-difficile à fondre.
Il s'allie avec l'or et lui enlève facilement sa couleur.

Il se combine avec le soufre, et devient alors très-
fusible. L'acide nitrique concentré le dissout facilement;
cette dissolution est rouge; le sulfate vert de fer et tous
les métaux, à l'exception de l'argent, de l'or et du
Platine, en précipitent le Palladium à l'état métallique.
Cette dissolution est précipitée en brun-verdâtre par le
prussiate de potasse; elle laisse par l'évaporation un
oxide jaune qui est dissoluble dans tous les acides. Le
muriate de potasse et de Palladium donne des cristaux qui sont des prismes quadrangulaires. Ces prismes
vus perpendiculairement à leur axe, sont d'un vert
brillant; mais vus parallèlement à l'axe, ils paroissent
d'un rouge vif.

Ce métal est contenu dans la dissolution du minerai
de Platine par l'acide nitro-muriatique, et y reste après
que le Platine en a été séparé par le muriate d'amma-
niaque.

EXPLOITATION
DES MINES,
MÉTALLURGIE ET USAGES DIRECTS DES MÉTAUX.

ARTICLE PREMIER.

EXPLOITATION.

§. I. *Disposition des Mines dans le sein de la terre ; manière de les rechercher.*

DES observations inexactes avoient fait croire que la présence des minérais dans un terrein pouvoit être reconnue par des caractères sensibles. On convient maintenant que les métaux renfermés dans le sein de la terre, ne sont indiqués avec certitude que par des *affleuremens*, c'est-à-dire par une portion du gîte même de minérai mis à découvert. Ce caractère évident manque souvent ; alors on peut avoir recours à d'autres indices, mais sans y mettre une grande confiance. De ce nombre, sont : les pierres roulées qu'on trouve dans les torrens, les filons sans métaux, mais composés de pierres colorées par des oxides métalliques, les eaux tenant en dissolution des sels métalliques, et mieux que cela encore, la connoissance de la constitution générale du terrein.

Les métaux ne se trouvent pas indistinctement dans toutes sortes de terreins. Nous avons vu qu'ils étoient par exemple plus communs dans les montagnes de moyenne

hauteur, et sur-tout dans les terreins de transition, que
dans les hautes montagnes primitives et dans les plaines
de dernière formation. Ainsi on a plus d'espérance d'en
trouver dans les gneisses, les micaschistes, les schistes
luisans, la chaux carbonatée saccaroïde, &c. que dans
les granites, la chaux carbonatée compacte, les schistes
bitumineux, la craie, &c.

Disposition
des minerais. Nous avons déjà dit (page 32) que les métaux se
trouvoient dans le sein de la terre de trois manières, en
filons, en couches et en amas (*stockwerk*), et nous avons
donné (*Introd.* §. 130 et 131) une idée de ce que l'on
appelle filon, couche et amas. Nous ne parlerons ici
des diverses manières d'être des métaux, que pour en
dire ce qui est nécessaire à l'art des mines.

C'est en filons que se trouvent le plus ordinairement
les minerais métalliques. Nous avons dit qu'un filon
(*pl. 9, fig. 1,* A) pouvoit être considéré comme une
fente, soit pleine, soit vide, qui coupe les couches
d'une montagne ; que sa face supérieure (T *t*) portoit
le nom de *toit*, et sa face inférieure (M *m*), celui de
mur, lit ou *chevet*. On nomme *tête* ou *chapeau* (A)
d'un filon, la partie la plus voisine de la surface de
la terre ; *salbande* (*saal bande*), les deux grandes
surfaces qui forment comme les parois d'un filon ;
lisière (*ll*) (*besteg*), une petite couche de matière terreuse, ordinairement argileuse, qui se trouve entre le
filon et la roche qui constitue le terrein traversé par
le filon. — *Epontes*, les parties de la montagne qui
touchent aux salbandes ou à la lisière ; — *druses, craques*
ou *poches* (D, *pl. 9, fig. 1,* et W, *pl. 11, fig. 1*), des
cavités plus ou moins considérables que l'on trouve dans
les filons, et dont les parois sont souvent tapissées de
cristaux.

Un filon, abstraction faite de son épaisseur, doit être
considéré comme un plan qui est diversement incliné
à l'horizon, et diversement dirigé vers un des points

cardinaux. Une ligne horizontale menée dans le plan d'un filon, s'appelle *ligne de direction ;* sa direction vers un des points cardinaux, se nomme la *direction de ce filon*. Une autre ligne également menée dans le plan d'un filon, mais perpendiculairement à la première, se nomme *ligne d'inclinaison*. L'inclinaison de cette ligne à l'horizon donne celle du filon. L'épaisseur d'un filon se nomme sa *puissance*.

On prend la direction du filon à l'aide de la boussole [1], et son inclinaison au moyen du fil à plomb, &c.

Les filons principaux (T M) sont souvent accompagnés d'autres filons (F), qui s'y réunissent. La partie pierreuse des filons (G), qui est ordinairement de quartz, de chaux carbonatée lamellaire, de chaux fluatée, de baryte sulfatée, &c. porte le nom de *gangue*. Les filets de minerai qui parcourent cette gangue, et les filons très-minces, portent souvent le nom de *veine*. Lorsqu'un filon ne renferme aucun minerai, on dit qu'il est *stérile*. Les mineurs appliquent en général ce nom à toutes les pierres qui ne contiennent pas de minerai.

Les filons n'ont presque jamais la grande régularité qu'on leur a supposée plus haut ; ils se plient, se renflent, se rétrécissent de diverses manières. Leur gangue et les minerais qu'elle renferme, changent de nature ou de richesse dans divers points de leur étendue. On nomme *allures* d'un filon, la manière dont il se dirige, s'incline, s'élargit, &c.

Les métaux se trouvent plus rarement en couche. On sait que les couches (C c, C c) ou bancs, sont parallèles entr'elles, et avec celles qui composent un terrein. On remarque dans une couche à-peu-près les mêmes parties que dans un filon.

---

[1] La boussole du mineur est divisée en deux fois douze heures. Chaque heure est divisée en huit parties. 12 et 12 répondent au nord et au sud ; 6 et 6, à l'est et à l'ouest, &c.

Il est des cas où une couche de minerai (B) n'est parallèle, ni aux couches sur lesquelles elle est placée (E), ni à celles qui la recouvrent (Cc, Cc); elle ne peut cependant pas être considérée comme un filon, si les couches qu'elle sépare sont de nature différente, et si elles ne suivent pas la même direction. Nous donnons une idée de ces couches (pl. 9, fig. 1, B).

Lorsqu'on exploite, soit un minerai, soit un combustible en couche, les filons pierreux qui le traversent sont regardés comme des accidens, et portent des noms particuliers. On les appelle *faille*, *crain* ou *cran*. Ces accidens étant plus remarquables dans les couches de houille qu'ailleurs, nous en avons parlé avec quelques détails dans l'histoire de la houille (page 14).

On nomme amas (*stockwerk*) une masse informe de minerai rassemblé dans le sein de la terre. Ces amas sont quelquefois produits par la réunion de plusieurs filons, et quelquefois par une multitude de petits filons qui se croisent dans tous les sens; quelquefois enfin ce ne sont que des filons très-puissans.

On trouve aussi certains minerais en sable déposé dans le fond des vallées. Ces dépôts (*k*) (*seiffenwerck*) sont principalement composés d'or, de mercure, d'étain, de fer et de différentes pierres.

Recherche des minerais.

Lorsqu'on soupçonne la présence d'un minerai dans le sein de la terre, on doit, avant d'en commencer l'exploitation, s'assurer de sa présence, de sa richesse et de son étendue, par des recherches préliminaires et peu dispendieuses.

Si c'est un filon dont on apperçoive les affleuremens, on peut faire quelques puits, ou conduire une tranchée peu profonde sur sa direction. Si c'est une couche, on parvient plus aisément à la reconnoître, au moyen d'un instrument que l'on nomme *sonde* ou *tarière de montagne*, et avec lequel on peut percer, en quelques jours, des trous de 6 à 8 centimètres de diamètre et de 100 à 150 mètres de profondeur.

Cet instrument (*pl. 9, fig. 2*) est composé de trois parties principales : le *manche* (A) ; c'est une barre de fer horizontale qu'on passe dans un anneau de la première pièce ; il sert à enlever et à faire tourner la sonde. La *barre*, ou le corps de l'instrument ; elle est composée de plusieurs pièces ou *alonges* (BC), qui se vissent les unes au bout des autres, au moyen d'une clef à écrou ou d'une broche (K), et qui alongent la sonde à mesure qu'elle s'enfonce. La *tarière*; elle termine la sonde inférieurement : c'est une pièce de fer aciérée à son extrémité et de forme différente, selon la nature du terrain qu'on veut percer. Les unes (D) sont creuses et tranchantes, et servent à couper et à enlever la terre végétale, les glaises, les marnes et les sables ; d'autres (E) sont coupantes et servent à percer les pierres tendres; d'autres sont terminées en ciseau (F) ou en masse pointue (G), et servent à percer ou à broyer les roches calcaires, porphyritiques, granitiques, &c. ; d'autres en forme de *curette*, sont employées à enlever la poussière produite par les précédentes, afin qu'on puisse en examiner la nature ; d'autres enfin sont creuses dans leur intérieur et garnies d'une forte vis ou de crochets, destinés à retirer les parties inférieures d'une sonde qui se seroit cassée dans le trou.

Lorsqu'on a des terres molles à percer, on fait agir la sonde en tournant ; mais si ce sont des pierres dures que l'on veut traverser, on élève la sonde et on la laisse retomber, en tournant un peu, afin de briser les pierres par ce choc. On conçoit que le mineur a besoin de s'aider de leviers et de poulies, pour enlever et faire tourner la sonde, qui devient d'autant plus lourde, que le trou est plus profond.

On peut avec la sonde percer des trous horizontaux et des trous perpendiculaires, en allant de haut en bas, ou quelquefois même de bas en haut lorsqu'on est déjà

dans un souterrain. On reconnoît par ce moyen la
nature du terrein que l'on perce et les matières utiles
qu'il peut renfermer. On peut même juger par plusieurs
trous de sonde placés à propos, de la direction, de l'inclinaison, de la puissance et de la richesse des couches
où des filons de minerai. Enfin cet instrument est très-
utile pour rechercher les sources, pour donner dans
les mines de l'écoulement aux eaux qui gênent les travaux, et quelquefois pour introduire l'air qui y est
nécessaire.

§. II. *Extraction du minerai.*

Lorsqu'on a reconnu par les moyens que nous
venons d'indiquer la position d'un filon ou d'une couche, et lorsque par des essais chimiques on a pu apprécier la richesse du minerai, il s'agit d'y arriver pour
l'extraire du sein de la terre.

On y parvient par des chemins souterrains, qu'on
nomme *puits* ou *bures*, lorsqu'ils sont perpendiculaires
ou très-obliques ; et qu'on appelle *galeries*, s'ils sont
horizontaux ou très-peu inclinés. On emploie ces
diverses sortes de routes, selon les différentes manières
d'être des filons ou des couches.

Si on veut exploiter un filon situé dans la partie
moyenne d'une montagne (*pl. 11, fig. 1*), on poussera
une galerie (EFH) sur ce filon même, dans sa direction
et dans sa partie la plus basse possible. Arrivé dans l'intérieur de la montagne, on percera des puits (CE, AF,
GH) montant et descendant, mais en suivant toujours le filon. On conduira jusqu'au *jour*, c'est-à-dire
jusqu'à la surface du terrein, un ou plusieurs des puits
montant pour donner aux travaux inférieurs l'air qui
leur est nécessaire. De 80 en 80 mètres, on creusera sur
la première galerie (EFH) des puits parallèles entr'eux,
et de 40 en 40 mètres environ, on réunira ces puits par
des galeries horizontales et parallèles (DBG). On divisera de cette manière le filon en grandes pièces à-peu-près

rectangulaires. Ce sont ces pièces (DBEF , BFGH , &c.)
qu'il faut enlever complètement lorsqu'elles sont entièrement composées de minerai.

Telle est en peu de mots la manière d'attaquer un
filon lorsqu'il est situé dans une montagne, qu'il est
visible sur le penchant de cette montagne, et qu'il est
à-peu-près plane, bien régulier et constant dans
sa direction, circonstances qui se trouvent rarement
réunies.

Si le filon est situé sous une plaine ou dans une montagne tellement large qu'on ne puisse l'attaquer par les
côtés, on conçoit qu'il faut y arriver en creusant des
puits sur sa direction. Tantôt ces puits sont creusés
dans le filon même, et alors ils sont presque toujours
obliques ; tantôt ils sont perpendiculaires , et situés de
manière à couper le filon à une certaine profondeur. Il y
a des raisons nombreuses en faveur de l'une et de l'autre
méthode, nous les indiquerons plus bas. Mais en général
il faut d'abord gagner une certaine profondeur, et
exploiter ensuite la mine en remontant. Les avantages
de cette méthode sont, 1°. de se débarrasser promptement des eaux qui se rendent dans les parties basses ,
on travaille alors toujours à sec sur les filons ; 2°. de
laisser la surface du sol entière et avec toute sa consistance. Lorsqu'on commence au contraire l'exploitation
vers la surface de la terre, on ôte au sol sa solidité, on
ouvre passage à toutes les eaux supérieures, et les travaux
inférieurs deviennent de plus en plus difficiles et quelquefois même impraticables.

Quand il s'agit d'attaquer une couche, on se conduit à-peu-près de même, c'est-à-dire qu'on y arrive
par des puits, si elle ne se présente nulle part sur la
pente de la montagne, ou si elle est située sous une
plaine, &c.

Les obstacles que l'on a à surmonter dans l'exécution
de ces travaux préliminaires, obstacles qui se rencontrent
aussi dans la suite des travaux d'exploitation , sont : la

dureté du roc ou son peu de consistance, l'abondance
des eaux et le défaut d'air respirable.

Entaille du
rocher. Pour percer le sol, on emploie, selon sa dureté, différens moyens; si c'est une terre meuble et *ébouleuse*, la
pioche ordinaire et la pelle suffisent; si le roc est composé de grosses masses qui se détachent facilement par
des fissures naturelles, le pic et les leviers sont les instrumens dont on fait usage; mais si le roc est solide
et compacte, on se sert de la pointrolle et du tirage
à la poudre. La pointrolle ou marteau pointu (*pl. 9,
fig. 3*, A), est un petit marteau à pointe courte d'un
côté et à tête plate de l'autre. Le mineur tient ce marteau d'une main, et il en appuye la pointe sur le rocher
qu'il veut attaquer, tandis qu'il frappe de l'autre main
sur la tête plate avec un maillet de fer (M) qui pèse
environ 2 kilogr. On pratique des rainures dans le roc
avec la pointrolle, et on détache avec des coins les
masses de rocher que l'on a cernées par ce moyen. Il faut
plus d'adresse et d'intelligence que de force pour se
servir avantageusement de cet instrument.

Lorsque le roc est très-dur ou très-compacte, on se
sert très-avantageusement de la poudre pour en détacher
de fort gros fragmens. On commence par dégager au
moins une face de l'espèce de parallélipipède que l'on
veut détacher du roc dans lequel on creuse; on perce
alors dans le roc un trou cylindrique de 3 à 4 décimètres $\frac{1}{2}$ de profondeur sur 2 à 3 centimètres de diamètre;
on place ce trou de manière à ce qu'il soit à-peu-près
parallèle à la face libre du bloc que l'on veut faire sauter,
et à 2 ou 3 décimètres de distance de cette face, selon
la nature du rocher. On se sert pour percer ce trou
d'espèces de foret en fer aciéré à leur extrémité, et qu'on
nomme *fleuret*. Ils sont ordinairement terminés en
forme de ciseau à coupant très-émoussé. Le mineur
tient le fleuret d'une main et l'enfonce dans le rocher,
en le tournant peu à peu, tandis qu'il frappe dessus, et de

l'autre main avec un maillet de fer. Les premiers fleurets qu'il emploie sont courts ; les derniers sont plus longs et un peu moins gros. Il retire avec une petite *racle* la poussière qui se forme à mesure que le trou devient plus profond. Lorsque le trou est fait et nettoyé, et que les cavités latérales qu'on rencontre quelquefois dans le roc ont été bouchées avec de l'argile, le mineur y place le *patron* ou la *cartouche* renfermant six à douze décagr. de poudre. Il pique cette cartouche avec une longue aiguille de cuivre, que l'on nomme *épinglette*, et qu'il laisse dans le trou, tandis qu'il le remplit avec de l'argile bien tassée ; alors il retire l'épinglette, qui a formé un canal, dans lequel le mineur introduit une baguette de feuilles de canne frottée d'une pâte de poudre. Il applique à l'extrémité de cette baguette une mêche soufrée qu'il allume ; elle brûle avec assez de lenteur pour donner au mineur le temps de se retirer. Le coup part, et détache une grande masse de rocher, si le trou a été placé et dirigé convenablement.

M. Jessop a proposé dernièrement de ne point bourrer la poudre, mais de remplir le trou de sable fin. On assure qu'avec moitié moins de poudre, on produit un effet au moins égal, que le travail est plus prompt, et qu'on n'a pas à craindre l'explosion, qui a lieu quelquefois pendant qu'on bourre. On obtient un pareil résultat en laissant un espace vuide entre la bourre et la poudre.

L'*entaille* du roc avec la poudre est de beaucoup préférable à celle qu'on fait avec la pointrolle, puisqu'elle coûte moitié moins cher. On ne se sert donc de la pointrolle que dans les cas où on ne peut employer la poudre ; savoir : 1°. lorsque le minerai qu'on veut détacher est précieux ; 2°. lorsque le rocher est caverneux, ce qui rend l'effet de la poudre presque nul ; 3°. enfin lorsqu'on a lieu de craindre que l'ébranlement causé par l'explosion, ne produise dans des mines peu solides des éboulemens nuisibles.

Au reste, soit qu'on employe la pointrolle ou la poudre

pour entailler le rocher, on doit faire en sorte pour rendre le travail plus facile et plus prompt, que la masse que l'on attaque soit toujours dégagée par une, deux ou même trois faces. L'effet de la poudre ou de la pointrolle est alors beaucoup plus puissant.

Les anciens qui ne connoissoient pas l'usage de la poudre, ramollissoient le roc lorsqu'il étoit trop dur, en le calcinant, au moyen d'un feu vif qu'ils dirigeoient contre le rocher. Ce moyen assez efficace, est presque abandonné, parce qu'il est sujet à de graves inconvéniens, et sur-tout parce qu'il est fort cher en raison du bois qu'il consume. On l'employoit cependant encore dernièrement à Geyer en Saxe, au Ramelsberg dans le Hartz, à Kongsberg en Norwège, à Felsobania en Transilvanie, &c. On est aussi quelquefois obligé de l'employer pour ramollir certains quartz et granites trop durs pour être facilement percés par les fleurets.

Soutiens de la roche. Si le terrein dans lequel on creuse les chemins souterrains qui conduisent au gîte du minerai est solide et compacte, il se soutient par sa propre aggrégation, pourvu qu'on n'y creuse pas de trop vastes cavités; mais il arrive souvent que le terrein est *ébouleux*, friable ou même meuble comme du sable, alors il faut le soutenir par des revêtemens en bois ou en pierre. Les premiers se nomment *boisage*, et les seconds, *muraillement*.

Boisage. Le boisage est le moyen le plus usité; celui des galeries est un peu différent de celui des puits. S'il s'agit de pousser une galerie dans un terrein peu solide, on soutient les côtés par des piliers de bois (*a a*, H, *pl. 11, fig. 1*) placés un peu obliquement, et on supporte le plafond par une traverse, nommée *solivette à corniche* (*b*), qui est entaillée de manière à être portée par les piliers, et à empêcher ceux-ci de se rapprocher, sans que ces entailles puissent affoiblir les pièces de bois. Dans les terreins friables, on met derrière ces pièces, tant au plafond que sur les parois, des planches (*ccc*), placées horizontalement, qui retiennent les plus petites pierres.

Le mineur pose ou fait poser ces *revêtemens* à mesure qu'il avance ; mais s'il travaille dans un terrein meuble, par exemple dans du sable ou dans des débris, il est obligé de se faire précéder par les boisages ; alors il enfonce à coup de masse des planches épaisses et pointues, que l'on nomme *palles-planches* (*pp*), et qui forment les parois de la cavité qu'il va creuser. Une des extrémités de ces palles-planches est soutenue par les étançons qui sont déjà posés, et que le mineur continue de placer à mesure qu'il avance (*pl. 11, fig. 1,* DB').

Les puits de mines qui doivent être boisés sont toujours rectangulaires, non-seulement pour rendre l'exécution du boisage plus facile, mais pour d'autres motifs qu'on indiquera plus bas. Les terres pressant ordinairement avec une égale force sur les quatre faces, on les soutient par des cadres rectangulaires en charpente, que l'on place quelquefois à mesure qu'on approfondit le puits, mais plus souvent on les pose en remontant. Ces cadres remplacent alors le boisage provisoire qu'on avoit mis en creusant le puits. Les pièces du premier cadre (*a, b, c, d, fig. 2*) dépassent par leurs extrémités les rebords extérieurs de ce cadre, et le soutiennent en s'appuyant sur le sol.

Comme il est nécessaire de conserver aux bois toute leur solidité, on n'équarrit pas ceux que l'on met dans les galeries, mais on en ôte l'écorce, parce qu'on a remarqué qu'elle accélère la destruction des bois en conservant de l'humidité. On équarrit les bois des puits.

Les bois de sapin, de mélèse, &c. qu'on nomme vulgairement *bois résineux*, et en Allemagne, *bois à aiguilles* (*nadelholz*), durent au plus dix ans, et par conséquent beaucoup moins que les *bois à feuillages*, tels que les chênes, les hêtres, &c. qui durent quelquefois quarante ans. Les bois résineux sont cependant assez souvent employés dans les mines, parce qu'ils croissent communément dans les pays de montagnes, qui sont en même temps des pays à mines.

2

On a observé que les boisages se conservent d'autant plus long-temps, que l'air des mines est plus pur et plus vif.

Muraille-ment. Les puits et les galeries qui doivent servir très-long-temps sont revêtus de murs, dont les pierres sont quelquefois posées à sec, mais plus ordinairement liées par du ciment. La taille exacte qu'exigent les pierres posées à sec, cause presque toujours une dépense plus forte que celle que peut entraîner le ciment.

Épuisement des eaux. Lorsqu'on s'enfonce à quelque profondeur dans la terre par les galeries, et sur-tout par les puits, on trouve des sources d'eau qui gênent les travaux, et qui s'opposeroient même à leur continuation, si l'on ne possédoit plusieurs moyens de s'en débarrasser. La plupart de ces moyens tenant essentiellement à la mécanique, nous nous contenterons de les indiquer, sans nous arrêter à les décrire. Il y a trois manières principales de se rendre maître des eaux, le cuvelage, les machines d'épuisement et les galeries d'écoulement.

Lorsqu'en creusant un puits on rencontre des sources, on peut souvent s'opposer à leur épanchement dans le puits, en revêtant les parois de celui-ci d'un *cuvelage*. Ce sont des madriers de chênes serrés les uns contre les autres, à la manière des douves d'une cuve, et tellement joints et retenus, qu'ils ne laissent entr'eux aucun passage à l'eau. On garnit en mousse et même en mortier, l'espace vide qu'on laisse entre ces pièces de bois et les parois du puits. Il faut que la force de ces madriers soit proportionnée à la force de pression de l'eau qui tend à s'épancher dans le puits. On retient par ce moyen des sources considérables.

Lorsque ce procédé n'est point praticable, ou lorsqu'il est insuffisant, on creuse dans une ou plusieurs parties de la mine, et principalement au bas des puits, des cavités (*a, fig. 1*), nommées *puisards*, dans lesquelles on rassemble toutes les eaux ; on les épuise ensuite, soit avec des tonnes, soit avec des pompes.

Le troisième procédé d'épuisement est le plus sûr et

le plus économique ; mais il faut pour le mettre en usage, que la mine soit dans une montagne, et que la plus grande partie des travaux soit un peu au-dessus du fond de la vallée la plus basse qui borde cette montagne. Dans ce cas, on perce, aussi profondément qu'il est possible, une galerie (H), que l'on nomme *galerie d'écoulement*, et qui conduit dans la vallée par une pente douce toutes les eaux des travaux supérieurs. S'il y a des travaux inférieurs à cette galerie, on se sert des pompes établies dans l'intérieur même de la mine pour remonter les eaux qui s'y trouvent, et on les verse dans la galerie d'écoulement.

Ces galeries sont tellement utiles pour l'épuisement des eaux, qu'on ne craint pas de faire les plus grandes dépenses pour les établir sur les exploitations qui promettent une longue durée. On donne quelquefois à ces galeries plusieurs lieues de longueur, et quelquefois aussi elles peuvent être disposées de manière à épuiser les eaux de plusieurs mines, comme on le voit dans les environs de Freyberg.

On a remarqué que les sources abondantes se trouvent plutôt vers la surface du sol que dans les grandes profondeurs. Dans ces profondeurs la roche devient sèche et plus dure, et si on est parvenu à retenir toutes les eaux supérieures, on ne trouve presque plus de nouvelles sources.

Lorsque les galeries ou les puits deviennent profonds, et qu'ils n'ont d'ailleurs qu'une seule ouverture au jour, l'air qui est à leur extrémité n'étant renouvelé par aucun courant, se *vicie*, les lumières s'y éteignent, et les ouvriers ne peuvent plus y vivre.

On rétablit la circulation de l'air en faisant communiquer, s'il est possible, ces galeries ou ces puits avec des galeries ou des puits dont les ouvertures au jour ne soient pas au même niveau que celles des conduits souterrains où l'air est stagnant ; mais comme pour établir cette communication il faut souvent travailler

Airage.

dans ces mêmes souterrains, on peut en purifier l'air par
des moyens plus prompts ou plus directs. Il suffit quelquefois de former sur le sol de la galerie ou dans un de
ses angles un conduit en planches, qui se prolonge de
quelques mètres au-delà de son ouverture au jour, ou
d'y placer des tuyaux de bois. Ce conduit établit un
courant d'air suffisant pour renouveler celui qui est
vicié ; mais si ce moyen ne suffit pas, on peut le rendre
plus actif en construisant un fourneau, ou en établissant
un ventilateur à l'extrémité du conduit artificiel. On
conserve ces machines d'airage jusqu'à ce que la galerie
ou le puits se trouvent naturellement aérés par leur communication avec les autres travaux de la mine.

Il arrive quelquefois dans les mines où l'air pourroit
circuler de toute part, que ce fluide prend le chemin
le plus court et ne traverse pas les travaux les plus
profonds ; alors on le force à y pénétrer en fermant la
route la plus courte, au moyen de portes battantes.

L'air est vicié dans le fond des mines non-seulement
par la respiration des ouvriers et par la combustion des
lampes, mais encore par des causes qui tiennent au
sol même ; ainsi les pyrites en décomposition, les roches
d'hornblende, qui paroissent renfermer du carbone,
les houilles, les schistes bitumineux, les argiles mêmes,
contribuent à vicier l'air. Quelques-unes de ces substances y versent tantôt des gaz délétères qui sont de
vrais poisons, tels que le gaz hydrogène renfermant
de l'azote ; tantôt du gaz hydrogène, ou carboné, ou
sulfuré, qui, s'enflammant à l'approche des lampes
des ouvriers, produit des détonations dangereuses. On
remarque que ces gaz, qu'on nomme vulgairement *feu
brisou*, se tiennent dans la partie supérieure des galeries
et des autres cavités souterraines. Il n'y a de moyen sûr
pour travailler dans ces souterrains, que d'y renouveler
complètement et perpétuellement l'air par l'un des procédés que nous venons d'indiquer. Lorsque l'air n'est
point vicié au point d'empêcher les hommes d'y vivre,

mais qu'il l'est pourtant assez pour s'opposer à la combustion des lampes ordinaires, on peut se servir de celles qui ont été inventées par M. Humboldt. Ces lampes ont un réservoir d'air et un réservoir d'eau. Ce dernier, en comprimant l'air, le verse par une ou par plusieurs ouvertures sur la mèche de la lampe et alimente ainsi la flamme.

· Les mineurs éclairent leurs travaux, tantôt avec de la chandelle, qui est portée dans une espèce de bougeoir de fer terminé par une pointe ; cette pointe sert au mineur à enfoncer son bougeoir dans les fissures des rochers, ou à le piquer dans son chapeau lorsqu'il veut avoir les mains libres pour descendre dans la mine. Tantôt avec des lampes de fer hermétiquement fermées, et suspendues de manière qu'elles soient toujours portées perpendiculairement, en sorte que l'huile ne puisse pas en sortir ; tantôt enfin avec de petites lanternes qu'il attache à sa ceinture. Lorsqu'on travaille dans des mines qui renferment du gaz hydrogène détonant, on ne pourroit se servir des moyens précédens ; il faut employer un corps qui donne de la lumière sans flamme. On fait usage d'une roue d'acier, qui frotte en tournant rapidement sur un silex. Les étincelles qui en sortent suffisent pour éclairer, mais ne sont point propres à allumer le gaz hydrogène. *Éclairage.*

Nous venons d'indiquer les principaux travaux que l'on exécute pour parvenir au minerai, les obstacles que l'on rencontre et la manière de les surmonter. Il faut maintenant arracher le minerai de son gîte et le tirer hors de la mine. *Attaque du minerai.*

Nous avons supposé que le minerai étoit renfermé dans un filon à-peu-près plane et d'un à deux mètres de puissance. Nous avons dit qu'on l'avoit divisé, par des galeries et des puits, en grandes pièces à-peu-près rectangulaires, qu'il s'agit d'enlever le plus complètement possible.

Les mineurs placés dans les galeries (EF, BG), qui

suivent le filon, peuvent enlever ou la masse (AEF) qui est au-dessus de leur tête, ou celle (BFGH) qui est sous leurs pieds. Dans l'un et l'autre cas, ils y procèdent en coupant cette masse en forme d'escalier. Ce genre d'exploitation, s'appelle ouvrage en *gradins* (*stross*) *montans* ou *gradins descendans*. Il s'exécute de la manière suivante :

Ouvrage en gradins. Quand on veut exploiter le filon en gradins descendans, on construit dans le puits (GH), à 10 ou 13 décimètres au-dessous du sol de la galerie, un échafaud (*d*), sur lequel on place un ou deux mineurs, selon la puissance du filon. Ces mineurs enlèvent d'abord deux parallélipipèdes (n° 1, 2'), qui ont ensemble environ 10 à 13 décimètres de haut sur 6 à 8 mètres de long. Lorsqu'ils sont arrivés au n° 3', on place de nouveaux mineurs dans le même puits (en *d'*), mais à 10 ou 13^d environ plus bas que les premiers. Ceux-ci entament la seconde assise de gradins (n° 2), tandis que les premiers prolongent toujours la première (en 3'). Dès que les seconds mineurs ont enlevé deux parallélipipèdes de la seconde assise (n° 2), on fait attaquer la troisième assise par d'autres mineurs, et ainsi de suite pour la quatrième, la cinquième, &c.; il se forme par ce travail une espèce d'escalier à grandes marches (*efg*), sur lequel un grand nombre de mineurs peuvent attaquer en même temps le filon sans se gêner réciproquement, et les parties qu'ils ont à enlever ayant toujours au moins deux faces libres, sont beaucoup plus faciles à détacher, soit avec la poudre, soit avec la pointrolle.

Dans la suite de ce travail, il y a deux conditions à remplir : 1°. se débarrasser des déblais ; 2°. soutenir les parois de la roche, qui n'ont plus de soutien, puisque le filon est enlevé.

On remplit ces deux conditions en construisant derrière les mineurs des échafauds (*h, i*), qu'on place à 2 ou 3 mètres les uns des autres. Ces échafauds étayent les épontes du filon et reçoivent les déblais. On sent qu'il faut leur donner une force suffisante pour produire ce double effet.

Dans l'ouvrage en *gradins montans* (A E F), le mineur en entaillant le filon, lui donne la figure du dessous d'un escalier. Si c'est l'angle (F) de la masse de minerai que l'on veuille attaquer ainsi, on place le mineur dans le puits (A F), sur un échafaud et en face de cet angle (F); il fait santer un parallélipipède (n° 1, 2') de 15 décimètres de haut sur 6 à 8 mètres de long. Lorsqu'il est ainsi avancé dans la masse, on place dans le même puits un autre mineur, qui attaque le filon à 15 décimètres au-dessus du premier ; il fait sauter le parallélipipède (n° 2), tandis que le premier mineur avance toujours (en 3'). Lorsque le second mineur est avancé de 5 à 6 mètres, on en place un troisième (n° 3), toujours dans le même puits. Celui-ci forme le troisième gradin, tandis que les deux premiers avancent les leurs (en 4'); et ainsi de suite.

On sent que le premier mineur avançant sur le fait de la galerie (E F), il faut, ou que cette galerie soit voûtée, ou que le boisage de son plafond soit extrêmement solide ; car le plafond est destiné à porter non-seulement tous les mineurs, mais encore les déblais de leurs travaux, qui doivent servir à remblayer l'excavation qu'ils forment, et en même temps à les élever assez pour qu'ils puissent travailler commodément.

Ces deux sortes d'ouvrages en gradins ont des avantages et des inconvéniens particuliers, et sont préférés suivant les circonstances.

Dans l'ouvrage en descendant (B G F H), le mineur est placé sur le sol (f) même du filon ; il travaille devant lui et commodément ; il n'est pas exposé aux éclats qui peuvent se détacher du faîte. Comme le chemin qu'il a suivi pour pousser son ouvrage en avant est comblé par les déblais qu'il jette derrière lui, il sort par le bas du gradin, et c'est aussi par cette route que le minerai est enlevé. Mais ce genre d'ouvrage exigeant beaucoup de bois pour soutenir les déblais, et le bois étant perdu, on préfère l'ouvrage en montant dans les pays où le bois est rare.

Dans les gradins en montant (*mlh*), le mineur est obligé de travailler au faite; il est élevé sur les déblais qu'il a sous ses pieds. Lorsque ceux-ci deviennent abondans, on y conserve un puits, par lequel on jette dans la galerie inférieure le minerai trié. Ce triage est plus difficile que dans l'ouvrage en descendant, parce que le minerai riche se confond souvent avec les déblais sur lesquels il tombe.

Lorsque le filon est très-étroit, on est obligé d'enlever une portion de la roche stérile qui le renferme, afin de donner à l'ouvrage une largeur suffisante pour que le mineur puisse y pénétrer. Si dans ce cas le filon est très-distinct de la roche, on peut pour rendre le travail plus prompt et la séparation du minerai plus facile, dégager le filon, sur une de ses faces et dans une certaine étendue. Ce qui se fait en attaquant la roche séparément; cette opération s'appelle *dépouiller le filon*. Lorsqu'il est ainsi dégagé, un coup de poudre suffit pour en détacher une grande masse, qui ne se trouve pas mêlée de pierres stériles. Dans ce cas, le mineur ne donne à l'espace dans lequel il travaille que la largeur indispensable à la liberté de ses mouvemens.

Telle est la manière la plus usitée d'exploiter les filons d'une largeur moyenne, c'est-à-dire de 2 mètres environ. Nous avons été forcés de passer sous silence un grand nombre de détails qui ne peuvent avoir place ici. Nous devons faire connoître à présent les principes d'exploitations des mines en masses ou en couches; ils sont très-différens des précédens, ainsi qu'on va le voir.

Minerais en masse.

Lorsque le minerai forme des masses ou des amas volumineux, on conçoit qu'on ne pourroit l'enlever en totalité qu'en formant des excavations immenses, dont les parois ne pourroient être étayées sans des dépenses considérables. On peut, il est vrai, pour suppléer aux étais artificiels, laisser des massifs de minerai de distance en distance; mais on perd par ce procédé une grande quantité de minerai, qu'il n'est plus possible de reprendre dans la suite.

Parmi les différentes méthodes d'exploiter les mines en masse, nous choisirons celle qui porte le nom d'*ouvrage en travers*, parce qu'il nous semble que c'est la plus avantageuse, et celle qu'on peut appliquer dans le plus grand nombre de cas.

Supposons qu'il s'agisse d'exploiter une couche ou un filon de 18 mètres de puissance et foiblement incliné à l'horizon (*pl. 10, fig. 1, 2*). On approfondit dans le terrain solide et du côté du mur un puits (PQ), que l'on mène jusqu'à une certaine profondeur ; on perce alors une galerie de traverse (GK), qui va joindre la couche. Arrivé sur le mur (KL), on conduit dans la couche même une galerie d'alongement (KL, *fig. 2*). On fait partir de cette galerie, et à des distances égales de 9 à 10 mètres plus ou moins, suivant la solidité de la couche, des galeries de traverse (RN, KO, LM), qu'on pousse jusqu'au toit en les boisant, s'il est nécessaire. Tout le minerai produit par le percement de ces galeries étant enlevé, on ôte le boisage et on les comble entièrement, ou avec les déblais de la mine, ou avec ceux que l'on y introduit. Ce comblement terminé, on perce à droite et à gauche de ces galeries les nouvelles galeries (*a b, a b,* &c.); on les conduit jusqu'au toit comme les premières galeries ; on ôte le boisage et on les comble; enfin on perce entr'elles les dernières galeries (*c d, c d*), et on enlève ainsi tout le minerai. On comble également ces galeries.

On a donc enlevé à la couche une tranche horizontale de minerai de 12 décimètres d'épaisseur environ, et on l'a remplacée par des déblais qui supportent les masses supérieures et latérales, et qui s'appuyent sur la masse inférieure non encore exploitée. Il s'agit d'enlever

une autre tranche au-dessus de celle-ci. On perce une
nouvelle galerie d'alongement (K') sur le mur. Le
plafond de la première sert de plancher à celle-ci. On
fait partir de cette galerie des traverses (R' N') disposées
comme celles que nous venons de décrire. On voit
qu'on marche sur les déblais inférieurs, et qu'il faut
appuyer les étais sur des pièces de bois horizontales,
appelées *soles*. A mesure qu'on enlève le minerai de cette
seconde tranche au moyen des galeries, on remplit
celles-ci de déblais (N'), sur lesquels on s'élève pour
entreprendre un troisième ouvrage (R'' N''), et ainsi
de suite.

On extrait par ce procédé tout le minerai d'une
couche sans en laisser pour étais. On le remplace par
des déblais qui, de quelque part qu'ils viennent, sont
toujours moins chers que le minerai qu'on laisseroit pour
servir de pilier, fût-ce même de la houille. Cependant
quand le minerai est très-friable, on croit devoir pour
plus de sûreté laisser de distance en distance des piliers
puissans, qui montent perpendiculairement depuis le
fond. Ces piliers sont maintenus par les déblais qu'on
jette entr'eux, et quand les déblais se sont affermis par
le temps, on peut alors enlever les piliers eux-mêmes
et les remplacer par des pierres stériles. La méthode des
ouvrages en travers peut s'appliquer, comme on voit,
à toutes les mines en masse, dont le minerai a une
valeur de beaucoup supérieure à celle des déblais par
lesquels on le remplace.

Nous avons été forcés de passer sous silence une multitude de faits, de détails et de précautions, qui sont
très-importans dans la pratique.

Il est certains cas où la couche de minerai ou de
combustible à exploiter est tellement mince, qu'il ne
faut enlever avec elle que le moins possible de roche
pour que son extraction soit productive. Si cette couche
est horizontale ou à-peu-près, le mineur presque nu
travaille couché et déchausse en dessous la couche de

minerai ; il en remplit une espèce de chariot très-plat ;
il l'attache à son pied, et le fait sortir en rampant de son
atelier d'exploitation. On nomme *travail à cou tordu* ce
genre d'extraction, qui est extrêmement fatigant pour
le mineur. On soutient de distance en distance le toit de
la couche avec des billots de bois.

C'est ainsi qu'on exploite quelques couches des mines
de cuivre de Mansfeld, la marne plombifère de Tarnowitz en Silésie, les couches de houille de Hahl-
crenzer dans les environs de Meisenheim, pays de
Deux-Ponts, &c.

Le minerai arraché de son gîte par les diverses mé- *Tirage du minerai hors de la mine.*
thodes que nous venons d'indiquer, est tiré hors de la
mine par différens moyens. Il faut d'abord le transporter
au bas des puits, dans le lieu qu'on nomme *place d'as-
semblage* (I). On se sert dans beaucoup de mines pour
ce transport de chariots particuliers, nommés *chiens*
(*pl. 9, fig. 3, et pl. 11, fig. 1, x*). Ce sont ordinairement
des caisses portées sur quatre roues, deux grandes qui
sont placées un peu en arrière du centre de gravité, et
deux petites placées en avant. Lorsque ce chariot est en
repos, il porte sur ses quatre roues et penche en avant
(*pl. 9, fig. 3*); mais lorsque le mineur en le poussant
devant lui s'appuye sur son bord postérieur, il le rend
horizontal, et alors il ne pose plus que sur les deux
grandes roues (*pl. 11, fig. 1, x*). On évite par ce moyen
les frottemens qui résulteroient de l'emploi des quatre
roues, et le mineur ne porte pas une partie du fardeau,
comme il le feroit, s'il employoit les brouettes ordinaires.

Pour diminuer encore le tirage, on garnit de bandes
longitudinales en bois, et quelquefois même en fonte,
les parties sur lesquelles passent les roues. De cette
manière un mineur peut rouler pendant sa journée
de huit heures environ 2 à 3ooo kilogrammes, et mêm,
beaucoup plus, si la galerie a de la pente.

Comme les galeries n'ont exactement que la largeur

nécessaire pour le passage des chariots, on pratique quelquefois sur leur plancher une rainure dans laquelle glisse une pointe fixée au-dessous des chariots. Cette pointe, nommée *clou de conduite*, maintient le chariot dans sa direction, et l'empêche de heurter les bateaux; mais ce procédé augmente beaucoup les frottemens et par conséquent le tirage.

Dans les grandes mines, comme celles de houille et de sel, on introduit quelquefois des chevaux pour le tirage des chariots ; dans d'autres, comme dans celles de Worsley, comté de Lancastre, on établit des canaux souterrains, sur lesquels on transporte le minerai en nacelle. On a proposé aussi de charrier le minerai, au moyen des mêmes machines qui servent à l'élever.

Il ne reste plus maintenant qu'à élever le minerai par les puits, quand les mines ne se terminent pas au jour par des galeries.

Lorsque les travaux d'une mine commencent, qu'ils sont peu profonds et peu actifs, il suffit de placer sur le puits un simple treuil, au moyen duquel on élève des paniers, ou des sacs remplis de minerai ; mais ce moyen est bientôt insuffisant, et doit être remplacé par des machines plus puissantes, qu'on nomme *machine à molette* ou *baritel*.

Cette machine (*pl. 11, fig. 2 et 3*) est composée d'un axe vertical (*e f*), qui porte à sa partie supérieure deux tambours (*g, h*) en bois, ayant chacun la forme d'un cône tronqué et placé l'un au-dessus de l'autre base contre base. Sur chacun de ces tambours s'enroule un cable, qui passe ensuite sur des poulies de renvoi (*i, k*), situées au-dessus de l'ouverture du puits (A). A chaque cable est attachée une grande tonne ou une caisse (*l*) garnie en fer, et qui est destinée à contenir le minerai, et quelquefois même les eaux de la mine, lorsqu'elles ne sont pas très-abondantes. Des chevaux attachés aux leviers de l'axe des tambours les font tourner, et comme les cables qui soutiennent les caisses sont enroulés en

sens inverse l'un de l'autre, tandis que l'une (*l*) monte
dans le puits, l'autre (*l'*) descend. Quand la caisse
pleine commence à monter, le poids du cable, qui est
entièrement déroulé, la rend beaucoup plus pesante
que lorsqu'elle est voisine de l'ouverture du puits, parce
qu'elle est alors contrebalancée par le poids de tout le
cable de la caisse descendante. C'est pour détruire autant
qu'il est possible cette inégalité dans les résistances à
vaincre qu'on fait les tambours coniques [1].

Les chevaux qui font tourner les machines à molettes
sont dressés à s'arrêter au premier signal, et à se retourner
pour faire mouvoir la machine dans un sens contraire
et faire redescendre la caisse qui vient d'être vidée.

Lorsqu'on emploie des tonnes, comme elles sont
très-pesantes, on les suspend par leur milieu, de manière
à pouvoir les renverser par un léger effort. Parvenues au
bord du puits, elles sont arrêtées par un crochet qui les
renverse, et le minerai qu'elles contiennent tombe dans
une grande caisse (*m*) placée près de ce bord. On préfère
les caisses aux tonnes, parce qu'on peut les faire glisser
plus facilement dans des coulisses (*w*) pratiquées sur les
parois du puits. Arrivées hors du puits, on abaisse sous
elles une traverse. On fait détourner les chevaux, la
corde se lâche et la caisse redescend; mais retenue par
la traverse, elle fait d'elle-même la bascule et se vide
dans la grande caisse (*m*).

Il arrive des circonstances où il est important d'arrêter la machine sur-le-champ et indépendamment du
secours des chevaux. On adapte pour cet effet aux machines à molettes une autre machine, que l'on nomme
frein. Ce sont deux longues solives (*p*, *q*, *fig.* 2 et 3)
placées chacune d'un côté du tambour; elles sont garnies
d'une pièce concave qu'embrasse la convexité du tam-

[1] Il seroit trop éloigné de notre sujet et trop long de développer
ici les raisons de la préférence donnée à cette forme; elles tiennent
d'ailleurs aux premières notions de mécanique.

bour. Ces solives sont disposées de manière à embrasser le
tambour et à le serrer fortement, lorsqu'on les rapproche
à l'aide des barres de fer (*r*) attachées au rouleau (*s*). Ce
rouleau est tourné par le tirant (*s t*) horizontal qui fait
suite au tirant vertical (*t u*). Un mineur, à l'aide du
levier (*u v*), baisse ou élève ce tirant, et rapprochant
par ce mouvement très-simple les solives du frein, il
serre le tambour et arrête la machine, quel que soit
l'effort des chevaux ou le poids du minerai.

Les baritels sont quelquefois mus par des courans
d'eau et quelquefois par des machines à vapeurs. Ces
différens moyens sont employés suivant les circonstances locales.

Après avoir présenté la série des divers travaux des
mines dans l'ordre suivant lequel ils s'exécutent, nous
devons revenir sur quelques parties des mines, qui ser-
vant à plusieurs usages, n'ont pu être décrites complètement avant qu'on eût fait connoître ces usages. Ces
parties, sont les puits et les galeries considérés d'une
manière générale.

Puits.   Nous n'avons considéré les puits que comme des
conduits à-peu-près perpendiculaires qui vont de la
surface de la terre vers la partie que l'on veut exploiter ; mais ils servent encore à l'introduction de l'air dans
les mines, à l'entrée et à la sortie des ouvriers, à l'extraction des minerais et des déblais, et à recevoir les
machines hydrauliques destinées à l'épuisement des eaux.
Ces divers usages des puits demandent qu'on prenne des
précautions particulières dans leur construction.

Un puits principal (A F, *fig. 1*), c'est-à-dire celui qui
sert à la plupart des travaux qu'on vient d'énumérer, a
la forme d'un rectangle (*a b c d, fig. 2*) de 12 décimètres
de large environ sur 40 à 50 de long ; il est ordinairement divisé en trois parties (*x y y'*) à-peu-près égales.
Dans l'une (*x*) sont placés les corps de pompe (*z*) des
machines hydrauliques, l'échelle perpendiculaire (*s'*)

par laquelle les mineurs montent et descendent et quelquefois les tuyaux d'airage (z''). Les deux autres parties ($y\,y'$) servent à la circulation des caisses du baritel ;
elles sont toujours séparées du passage des ouvriers ;
mais elles ne sont pas toujours divisées entr'elles. Il est
cependant important d'employer toutes les précautions
nécessaires pour empêcher les tonnes de s'accrocher en
montant et en descendant.

Les puits de l'intérieur de la mine qui ne servent qu'à
de petits travaux, et qui par conséquent ne sont sur-
montés que d'un treuil, ceux qui sont destinés à la
recherche du minerai, à l'airage, &c. et enfin tous ceux
qui n'ont qu'un seul usage, sont plus petits que les puits
principaux, et n'ont guère que 12 décimètres de large
sur 24 de long.

Tantôt les puits sont perpendiculaires, quelle que soit
l'inclinaison du filon ; tantôt ils sont obliques, suivent
l'inclinaison du filon, et sont même placés sur son mur.

Les premiers étant plus courts que les seconds, coûtent
moins pour le foncement et pour le boisage, et les tonnes
y sont librement suspendues.

Les puits obliques percés dans le filon même, ont
pour premier avantage de n'avoir rien coûté à établir,
puisqu'en les fonçant on extrayoit en même temps le
minerai, et cet avantage est important. Les tonnes en
glissant sur un plan incliné, éprouvent, il est vrai, des
frottemens qui rendent le tirage plus difficile, qui usent
les boisages et qui les usent elles-mêmes, mais aussi elles
diminuent de poids ; et si ces tonnes sont transformées
en caisses qui roulent sur des *limandes* bien unies, les
frottemens se réduisent à peu de chose. Il est donc des
cas où les puits obliques sont préférables aux puits
perpendiculaires.

Les galeries reçoivent différens noms, selon leurs Galeries.
diverses destinations, et elles varient aussi dans leurs
dimensions.

On nomme *galeries principales* (EIH, pl.

celles qui servent de réunion à plusieurs points d'exploitation, et qui conduisent vers les puits principaux. Comme la circulation des mineurs et des chariots est très-active dans ces galeries, on leur donne environ 15 décimètres de large, sur 2 mètres de haut à partir du plancher, sous lequel est creusée une rigole (r) qui conduit les eaux au puisard (Q) du puits, afin que les machines hydrauliques les enlèvent.

Les secondes grandes galeries sont celles que l'on nomme *galeries d'écoulement*, nous en avons traité particulièrement.

On nomme *galeries d'alongement* (pl. 10, fig. 2, KL), celles que l'on mène parallèlement à la direction du filon ou de la couche, et ordinairement sur son mur. On leur donne à-peu-près les mêmes dimensions qu'aux galeries principales.

On appelle *galeries de traverse* (F, pl. 11), celles qui conduisent d'un point de l'exploitation à un autre point, ou pour établir une nouvelle communication entre des travaux, ou pour aller à la recherche du minerai. Dans ce dernier cas, elles portent aussi le nom de *galeries de recherche*. Comme elles sont ordinairement entaillées dans le roc stérile, on ne leur donne que 8 à 9 décimètres de large sur 14 à 15 de hauteur. On appelle aussi *traverses* ou *entailles*, les galeries que l'on mène du mur au toit des couches ou des larges filons (pl. 10, RN, &c.).

Mineurs. Dans les pays où les mines sont abondantes, et surveillées particulièrement par le gouvernement, les mineurs forment un corps à part; ils sont soumis à une discipline sévère pour l'ordre des travaux et pour leur paye. Ils ne travaillent guère que six, ou plus ordinairement huit heures de suite; mais leurs travaux sont continuels, et ils sont relayés toutes les six ou huit heures par de nouveaux mineurs. Ils ont aussi un costume particulier, dont le but est de les mettre autant que possible à l'abri des incommodités qui leur sont causées par l'eau, la boue, les pierres aiguës, &c. qu'ils trouvent dans les lieux où ils travaillent. Nous avons donné ce costume aux mineurs représentés dans la planche onze.

ARTICLE II.

PRÉPARATION MÉCANIQUE *du Minerai*.

Avant de soumettre les minerais impurs arrachés de leurs gîtes aux opérations métallurgiques qui doivent en séparer complètement le métal, on leur fait subir des opérations préliminaires, qui ont pour objet de dégager le minerai pur des matières pierreuses qui l'enveloppent,

Lorsque le mineur a fait sauter au moyen de la poudre ou de la pointrolle un morceau du filon ou de la couche métallique qu'il exploite, il fait dans l'intérieur de la mine un triage grossier des parties de roches qui ne renferment aucune substance métallique et qui sont abandonnées pour servir au remblais, et des parties de filons qui renferment du minerai. Ces dernières sont sorties hors de la mine et transportées dans des salles où sont établis des *bancs de triage*. Ce sont des espèces de banquettes élevées, divisées en casses garnies dans leur fond d'une plaque de fonte. De vieux mineurs, des enfans et même des femmes sont employés à trier le minerai morceau à morceau, à briser avec le marteau ceux qui sont trop gros, à éplucher ceux qui sont trop mélangés de gangue, &c. On divise par ce triage le minerai en trois classes principales : 1°. la roche ou gangue qui est rejetée ; 2°. le *minerai à bocarder*, et 3°. le minerai pur ; ces trois classes sont encore subdivisées, selon les espèces de minerai que chacune renferme, ou selon leurs différens degrés de richesse.

Quelquefois on place le minerai au sortir de la mine sur des grilles de fer, dites *grilles angloises*, on y fait tomber un courant d'eau qui le lave, et qui fait passer les plus petits morceaux au travers des barreaux de la

Triage.

2

grille. Les eaux qui ont servi à ce lavage et
dans des bassins, où elles déposent ce qu'il
entraîner de minerai.

Criblage.   On opère aussi le triage de grosseur au mo
machine nommée *crible à double bascule*.
deux caisses (A , B , *fig. 1, pl. 12*) inclinées en
traire, l'arbre tournant du bocard leur con
au moyen des tirans (*t, t*) un mouvement d
qui s'exécute sur les axes (*a, a*). Ces caisses
nies à leur fond de cribles de différentes d
(*b, c, d, e*). On met le minerai dans la caisse s
(A), et on amène dessus un courant d'eau
lave et lui fait parcourir les deux caisses. Il
morceaux de diverses grosseurs par les différe
au travers desquels il passe.

Il y a encore d'autres procédés de triage
blage, et d'autres machines pour les exécuter
détails ne peuvent point trouver place ici.

Les minerais trop durs pour être cassés à la
ceux qui sont enveloppés par beaucoup de gan
cassés et même broyés par une machine que l'o
bocard.

Bocardage.   Cette machine (*pl. 12, fig. 2*) consiste en
pièces de bois mobiles (A) placées verticalement
tenues dans des coulisses de charpente (*a a*).
sont armées à leur extrémité inférieure d'une
fer (*m*). Un arbre (B) mu par l'eau et tourn
zontalement, accroche ces espèces de pilons
des parties saillantes, nommées *cames* (*v*), qu
dans une échancrure (*o o'*) des pilons. Ceu
soulevés successivement et retombent dans
longitudinale (*h h*) creusée dans le sol, et doi
est garni, ou de plaques de fonte, ou de pier
C'est dans cette auge et au-dessous des pilons
place le minerai à bocarder (*n*).

La poussière de minerai qui résulte du tr
la mine, du cassage à la main et du bocardage

et celui qui avec des menus débris des travaux ou de
[...] par le [...] le criblage. On le jette dans un crible
cylindrique, et on plonge ce crible rapidement, et à
plusieurs reprises, dans une cuve pleine d'eau : de
manière que l'eau qui entre par le fond, soulève les
parties minérales, les sépare et les tient un instant
suspendues : après quoi elles se précipitent, en suivant
à-peu-près l'ordre de leur pesanteur spécifique. Ce
crible est placé, tantôt par le laveur, et tantôt par une
bascule que fait mouvoir le laveur. Pour que l'opération
se fasse bien, il faut que le crible ne reçoive qu'une
seule espèce de mouvement, celui de haut en bas et
celui de bas en haut : alors le minerai se sépare non-
seulement de sa gangue, mais, s'il y en a de diverses
pesanteurs spécifiques, il forme dans le crible autant de
couches distinctes : le laveur les enlève facilement avec
une spatule. On nomme cette opération *lavage à la
cuve*, ou *criblage par dépôt*.

Quelquefois comme à Poullaouen ' les cribles sont
coniques, et tenus au moyen de deux anses par un seul
ouvrier. Au lieu de recevoir un seul mouvement,
comme dans l'opération précédente, le cribleur lui imprime successivement des mouvemens très-variés, mais
déterminés par la pratique ; leur but est de séparer les
parties pauvres du minerai des parties riches, afin de
soumettre les premières au bocardage.

Les différentes méthodes de lavage que nous venons
d'indiquer, n'ont eu pour objet jusqu'à présent que
de trier grossièrement un minerai qui étoit à l'état de
sable ; mais à mesure que le triage avance, les matières
à trier par le lavage deviennent plus fines, et exigent de
nouvelles manipulations et d'autres précautions. C'est
ici que commence le lavage sur les tables, parmi lesquelles nous placerons celles que l'on nomme *caisses
allemandes* ou *caisses en tombeaux* (*pl. 12, fig. 3*, I, II).

Dans les caisses en tombeaux. Ces caisses sont rectangulaires, ayant environ 3 mètres
de long sur 5 décimètres de large ; leurs rebords sont

élevés de 5 décimètres ; elles sont inclinées d'environ
4 décimètres. A leur chevet ' est placée une espèce d'auge
(B) ou de boîte sans rebord du côté de la caisse, et sur
laquelle on met le minerai à laver. Le minerai qu'on
lave dans ces caisses vient ordinairement des premiers
canaux du labyrinthe du bocard ; il est trop fin pour
être lavé au crible, et encore trop gros pour être lavé
sur les tables. Au-dessous de cette auge passe un conduit (a) qui verse par-dessus le rebord (b) du chevet de
la caisse, une nappe d'eau qui peut s'écouler par des
trous percés dans le rebord (c) du pied de la caisse. Le
laveur jette sur la table une partie du minerai placé
dans l'auge ; il ramène vers la tête de la table avec un
rouable le minerai que l'eau entraîne, de manière qu'il
n'y ait que les parties terreuses et le minerai fin qui
soient enlevés. Ces parties se déposent, selon l'ordre de
leur pesanteur spécifique, dans les canaux (C), ou laby-
rinthes, qui font suite à ces caisses.

On voit que ces diverses opérations tendent à séparer
le minerai non-seulement en gros sable de minerai et
en sable fin, mais encore à diviser ce dernier en minerai
fin et pur, et en minerai fin, mais impur.

Pour parvenir à la séparation la plus complète du
minerai et des matières terreuses, il faut laver encore
le minerai fin sur des tables où le courant d'eau moins
rapide opère plus complètement, mais aussi plus lentement, cette dernière séparation.

Il y a plusieurs sortes de tables à laver, qui sont em- *Sur les ta-*
ployées, ou successivement, pour la même espèce de *bles.*
minerai, ou séparément, selon le minerai que l'on a à
traiter, et d'après la confiance qu'on leur donne. Nous
les diviserons en deux classes principales. La première

' Nous nommerons *chevet* la partie haute, et *pied*, l'extrémité
basse des tables à laver. Nous passons par-dessus les détails de l'introduction de l'eau, du lavage, et des autres manipulations. On se
sert de ces caisses à Poullaouen, au Hartz, &c.

renferme les *tables fixes* ou *dormantes*. Ce sont en effet des tables à rebord (*pl. 12, fig.* 4, I, II), longues d'environ 4 à 5 mètres, larges de 15 à 18 décimètres, et de 12 à 15 centimètres d'inclinaison. A leur tête est placée une planche triangulaire à rebord (A). On fixe en face de l'angle du sommet une petite planche (*a*) qui ne le remplit pas, et sur chaque côté un rang de petits prismes (*b b*) triangulaires en bois ; cet espace se nomme la *cour*. Au-dessus est placée obliquement la caisse qui renferme le minerai à laver [1], et encore au-dessus passe le canal (D), qui conduit l'eau sur ce minerai, le délaye, l'entraîne et le répand sur la cour ; l'eau, qui le chasse, est d'abord divisée en deux filets par le prisme du milieu, et ensuite en plusieurs filets par les prismes triangulaires, ce qui forme une nappe d'eau qui s'étend sur la table en emportant les parties les plus légères. Pour que cette séparation se fasse le plus exactement possible, le laveur ramène le minerai avec un rouable vers la tête de la table ; enfin l'eau chargée de particules terreuses, se rend dans les caisses (G) et les canaux (H) placés au bas de la table. La boue des premiers canaux est reprise pour être privée par un dernier lavage des particules métalliques qu'elle peut encore contenir. La poudre ou *farine* minérale lavée par ce moyen porte le nom de *schlich*.

On couvre quelquefois ces tables de toile ou de drap. On a employé sur-tout ce moyen pour les minerais qui renferment de l'or, parce qu'on a pensé que les fils du drap ou de la toile retiendroient plus sûrement les particules les plus fines de ce métal ; mais il paroît que ce moyen ne mérite aucune confiance, et qu'il produit même un schlich très-impur.

On emploie dans certaines mines (au Hartz, &c.) des *tables*, dites à *balais* (*pl. 12, fig.* 4, I, II). Vers la

---

[1] Elle n'est point dans la figure que nous employons, et qui appartient particulièrement aux tables à balais qu'on va décrire.

dans les tables fixes. Au-dessus de ce plan est placée la
caisse (D) qui renferme le minerai ; son fond est incliné ;
elle est séparée elle-même en deux compartimens par
une cloison amovible (*d*), percée d'un trou (*c*) à son
bord inférieur. On met le minerai à laver dans le compartiment supérieur (1) ; l'inférieur (2) reste vide. Une
rigole (R) passe au-dessus de ces caisses, et y amène
l'eau, qu'elle conduit par deux tuyaux (*rr'*) ; l'une (*r*)
la verse dans le compartiment du minerai, et l'autre (*r'*),
dans le compartiment vide. Le minerai délayé est
entraîné sur la table ; il s'y étend en nappe mince et uniforme, comme nous l'avons décrit pour les tables fixes.

Mais pendant qu'il descend, la table reçoit à son
chevet, au moyen d'une machine (M) qui y est placée,
une impulsion assez douce qui la porte en avant. Cette
impulsion cessant, elle revient à sa première position,
et éprouve en frappant contre la pièce (*s*) un choc
violent, et ainsi de suite.

Ces mouvemens contraires ont pour objet : 1°. de
séparer les particules terreuses et les particules métalliques qui pourroient être adhérentes, en leur commu-
niquant des vitesses qui sont inégales, et en raison de
leur densité différente ; 2°. de ramener vers le chevet de
la table les parties métalliques qui sont les plus pesantes.

Nous n'avons pas décrit le mécanisme qui imprime à
la table les secousses dont nous venons de parler. Les
figures (5, I, III) et la description qu'on en donne dans
l'explication des planches, le font suffisamment comprendre.

On modifie, en raison de l'espèce de minerai que
l'on doit laver, les différentes circonstances qui influent
sur le lavage. Ainsi l'inclinaison de la table varie de
2 à 15 centimètres. L'eau y est répandue, tantôt en
filets déliés, tantôt à pleins tuyaux ; en sorte qu'il y
coule jusqu'à deux pieds cubes d'eau par minute. Le
nombre des secousses qu'elle reçoit, varie de 15 à 36
par minute. Elle s'écarte de sa position primitive, tantôt

de 2 centimètres, tantôt de 20. Le gros sable exige en général moins d'eau et moins d'inclinaison dans la table que le sable fin et visqueux.

Lorsqu'on s'est assuré que le schlich est complètement lavé, et que l'eau qui s'écoule ne contient plus de minerai, on la laisse s'échapper par le canal, qui est à l'extrémité de la table ; mais lorsqu'on craint qu'elle ne renferme encore quelques particules métalliques, on couvre ce canal, et l'eau se rend dans la caisse (H), où elle dépose tout ce qu'elle tenoit en suspension ; on soumet alors le dépôt à un nouveau lavage.

ARTICLE III.

MÉTALLURGIE.

Notions préliminaires.

La métallurgie proprement dite, est l'art de retirer les métaux de leur minerai, et de les amener au degré de pureté qu'exigent les différens arts ; mais on a étendu l'acception de ce nom à toutes les opérations chimiques qui se pratiquent en grand sur les minerais pour en retirer des combustibles, tels que le bitume, le soufre, &c.; des sels, tels que l'alun, les sulfates de fer, de cuivre, &c. ou toute autre matière utile dans les arts.

Nous ne parlerons ici que du traitement des minerais métalliques, puisque nous avons déjà fait connoître la manière de préparer l'alun, le nitre, le sel marin, le soufre, &c. en parlant des minéraux qui les fournissent.

La métallurgie est une des applications les plus directes de la chimie ; mais le métallurgiste ayant pour objet principal de retirer par les moyens *les plus économiques* la plus grande quantité possible des matières utiles qu'un minerai peut fournir, il n'a pas à sa disposition tous les réactifs, la plupart très-dispendieux, que le chimiste peut employer dans l'analyse exacte des minéraux.

Les opérations chimiques qu'on fait subir aux minerais, sont donc en général simples et on peut dire que le feu en est le principal agent; et les seuls réactifs qu'on y emploie, sont : 1°. dans beaucoup de circonstances, les différens minerais eux-mêmes; 2°. les terres et les pierres, qui, suivant leur nature et leur mélange, doivent être considérées comme fondant; 3°. le charbon qui non-seulement sert à fondre, à sublimer, ou à volatiliser certaines parties, mais qui dans bien des cas doit être considéré comme décidant; 4°. l'air qui ne sert pas seulement à animer le feu, mais qui est souvent employé comme oxidant; 5°. le mercure et l'eau, qui sont les deux seuls dissolvans que l'on emploie dans les travaux à froid, &c.

Les bornes très-resserrées dans lesquelles nous devons nous renfermer, ne nous permettent point de traiter ces différens sujets d'une manière générale, ni de présenter des élémens complets et méthodiques de métallurgie; nous devons nous contenter d'indiquer comment on retire l'or, l'argent, le plomb, le cuivre, &c. de leurs minerais. Les seules généralités que nous placerons ici, auront pour objet de faire connoître quelques instrumens, et sur-tout quelques fourneaux employés dans la plupart des opérations métallurgiques, et dont la description n'appartient pas plus particulièrement à une opération qu'à une autre.

Fourneaux. Tout fourneau est composé de quatre parties principales, qui sont tantôt séparées, et tantôt confondues quant à la place, mais jamais quant à l'action.

Ces parties sont le *foyer*, la *bouche*, le *laboratoire* et la *cheminée*.

Le *foyer* est le lieu où se place le combustible quel qu'il soit.

La *bouche* est la partie par laquelle le fourneau aspire l'air nécessaire à la combustion. Sa position et sa direction peuvent varier sans que les autres parties changent;

ce qui apporte des différences assez grandes dans l'effet des fourneaux. Les conduits d'air et les machines souf-flantes en sont des appendices.

Le *laboratoire* est le lieu où se met la matière sur laquelle doit agir le combustible. — Les creusets, les rigoles, les bassins de réception, les chambres de subli-mation, les récipiens, &c. en sont des dépendances.

La *cheminée* est le chemin que suit le courant de calo-rique ; elle est terminée par un ou par plusieurs canaux qui servent au dégagement des produits de la combus-tion, et auxquels on donne souvent et plus spéciale-ment le nom de *cheminée* [1].

---

[1] Cette division s'applique à tous les fourneaux quelque com-pliqués qu'ils paroissent ; elle rend leur description plus méthodique et plus claire ; elle permet de l'abréger en la généralisant. Nous ne pouvons lui donner ici les développemens nécessaires, nous nous contenterons d'en faire quelques applications.

Le FOYER est : — *unique* et *latéral* dans les fourneaux à réver-bère, dans ceux de coupelle, &c. ; — *multiple* et *latéral* dans les fours cylindriques à porcelaine, &c. ; — *central* dans le fourneau pour l'anti-moine, dans celui pour le laiton ; — *inférieur* dans la plupart des fours à chaux, des poêles d'évaporation, des fourneaux de grillage, &c. ; — *supérieur* dans les fourneaux de ressuage, d'amalgamation, d'affi-nage du fer, &c. ; — *enveloppant* dans les forges de serrurier, dans les moufles où l'on cuit la porcelaine peinte, dans celles où l'on fait les essais docimastiques, &c. ; — *confondu* avec le laboratoire dans les hauts fourneaux, les fourneaux à manche, les fours à cuire le pain, dans ceux à cuire la brique ou la chaux avec la houille, &c.

La BOUCHE est : — *inférieure* dans la plupart des fourneaux à réverbère, &c. ; — *latérale* dans la plupart des fourneaux d'évapo-ration et de distillation ; — *supérieure* dans les fours à porcelaine, et dans tous les fourneaux dont le combustible brûle à flamme ren-versée ; — *prolongée* dans les fourneaux de fusion dits à vent, dans lesquels l'air est amené sur le foyer par un canal. Son action est augmentée par les conduits d'air et par les machines soufflantes.

Le LABORATOIRE a des positions déterminées par celles du foyer ; nous venons de les indiquer plus haut. Il est : — *fermé* dans les fourneaux de distillation, d'évaporation, de sublimation, et dans tous ceux où la matière soumise à l'action du feu est renfermée dans un vaisseau particulier et ne reçoit pas cette action ▮▮▮▮▮▮▮

La CHEMINÉE est : — *immédiate*, lorsqu'elle ▮▮▮▮

Parmi les fourneaux très-variés qu'on emploie dans la métallurgie, il en est deux qui sont d'un usage beaucoup plus général que les autres. Ce sont ceux qu'on nomme *fourneau à réverbère* et *fourneau courbe* ou à *manche* [1].

Fourneaux à réverbère. Dans les *fourneaux à réverbère* le laboratoire (L, *pl. 13, fig. 5,* A B) est placé entre le foyer et la cheminée ; il est horizontal ou un peu oblique, et couvert par une voûte ordinairement très-surbaissée.

Le foyer (F) est situé sur le côté du laboratoire, et la grille qui porte le combustible est inférieure au sol du laboratoire.

La cheminée (C) est placée sur le côté du laboratoire, et ordinairement à l'opposite du foyer ; en sorte que la flamme passe par-dessus les matières soumises à son action sur le sol du laboratoire.

---

foyer ; alors le courant de chaleur ne traverse pas le laboratoire. Les fourneaux construits sur ce principe, sont ceux qui dépensent le plus de combustibles ; tels sont les fourneaux ordinaires à alambic, ceux à bassine, ceux dont le foyer est supérieur, &c. — *interrompue*, lorsque le courant de chaleur traverse le laboratoire ; — *interrompue* et *libre*, lorsque la cheminée est formée par les matières même qui sont dans le laboratoire ; les fours à chaux, les hauts fourneaux, &c. la plupart des places de grillage ; — *interrompue* et *demi-libre*, lorsque le courant de chaleur, après avoir traversé librement la matière soumise à son action, est entouré à sa sortie des fourneaux par un tuyau ; les fourneaux à réverbère, quelques fourneaux à manche, &c. ; — *interrompue* et *entourée*, lorsque le courant de chaleur traverse le laboratoire dans un conduit particulier, comme dans les chaudières traversées par la cheminée, &c. ; — *multiple*, lorsque le courant de chaleur et ce qu'il entraîne sortent par plusieurs ouvertures, qu'on nomme *carneaux* ; les fours à porcelaine, à faïence, &c.

Dans les descriptions générales nous n'appliquerons souvent le nom de *cheminée* qu'à la partie qui est au-delà du laboratoire.

[1] Nous ne prétendons pas que les autres fourneaux ne soient employés chacun qu'à un seul usage ; mais on peut renvoyer leur description à la métallurgie du métal pour lequel ils sont plus particulièrement employés. Ainsi on trouvera à l'article du plomb la description du fourneau de coupelle ; à celui du cuivre, celle des fourneaux d'affinage et de liquation. A l'article du fer, on décrira les hauts fourneaux, &c.

Le combustible est placé sur le foyer par une ouverture latérale (a), et porté par une grille (b). La bouche (B) est donc inférieure ; elle est ordinairement simple ; mais quelquefois aussi l'air y est amené par de longs conduits, ce qui donne une grande activité au feu. Quand le combustible, comme la houille, la tourbe, doit produire une flamme courte, la grille doit être placée plus près du sol du laboratoire, que dans le cas où le combustible produit, comme le bois, une flamme longue.

La partie du laboratoire sur laquelle on place les matières soumises à l'action du feu, est nommée la sole (cd) ; elle est formée avec du sable un peu argileux bien battu, et quelquefois avec de la brasque [1]. On y distingue deux parties, l'autel (d) ou partie supérieure la plus voisine du foyer. C'est sur cette partie qu'on place les matières à fondre, en les introduisant par une porte latérale (e), qu'on ferme ensuite. Le creuset (c) est la partie basse de la sole ; il reçoit la matière fondue, qu'on peut brasser par une porte placée ou à l'extrémité du fourneau (f) et à l'opposite de l'autel, ou sur le côté. On pratique au fond du creuset un canal (g) qui se rend à l'extérieur du fourneau, et par où doit s'écouler la matière fondue. On le tient bouché avec un tampon d'argile, qu'on enlève lorsqu'on veut faire écouler le métal, opération qu'on nomme en général faire la percée. Le laboratoire est limité supérieurement par une voûte très-surbaissée (h h) ; sa courbure n'est pas aussi importante qu'on l'a cru ; il suffit qu'elle puisse se soutenir facilement, qu'elle ne laisse entr'elle et la sole que le moins d'espace possible, et qu'elle ne présente aucune cavité inutile. (Mosen.) Le laboratoire doit aller en diminuant de largeur, depuis le foyer jusqu'à la cheminée, et dans aucun point, il ne doit

---

[1] La brasque est de la poussière de charbon, ou pure, ou mêlée d'argile. La première se nomme brasque légère, et la seconde, brasque pesante.

être plus large que le foyer ; mais cette condition ne s'applique qu'aux fourneaux à réverbère destinés à la fusion des matières très-réfractaires.

La cheminée est située, tantôt immédiatement au-dessus du creuset, tantôt sur le côté (comme en C, *fig.* 5, B) ; elle est ordinairement très-élevée afin de donner au fourneau un tirage convenable.

Fourneaux à manche. La seconde sorte de fourneau que nous ferons con-noître ici, est celle que l'on nomme *fourneau courbe* ou *fourneau à manche,* et qui sert principalement à la fonte des minerais de plomb, de cuivre, d'argent, d'étain, &c.

Le laboratoire (L) est dans ce fourneau (*pl.* 14, *fig.* 1, I, II, III) le caractère essentiel. Il est en partie confondu avec le foyer ; sa forme est celle d'un prisme perpen-diculaire à quatre pans, dans lequel on place le com-bustible et le minerai ; le mur antérieur (c), nommé *chemise,* se construit particulièrement, et est plus mince que les autres parois ; les pans latéraux, et quelquefois même le pan postérieur, sont terminés à l'entrée de la cheminée proprement dite (C) par des plans inclinés (*ll*). Au bas du laboratoire est un autre plan incliné (F) couvert de brasque pesante ; il porte le nom particulier de *foyer.* Le métal fondu coule le long de ce plan, sort par une ouverture ou par un trou (o), nommé *œil,* qui est pratiqué au bas de la chemise, et il se rend par une rigole appelée *trace,* dans un bassin creusé dans de la brasque. On le nomme *bassin d'avant-foyer* ou *bassin de réception.* Ce bassin (b), plus haut que le sol de la fonderie, est percé dans son fond d'un trou (u) qu'on peut ouvrir et boucher à volonté avec de l'argile. Lors-que le bassin de réception est plein de métal, on ouvre ce canal, et le métal se rend dans un second bassin plus bas, qui se nomme *bassin de percée* (p). Les scories qui surnagent restent dans le bassin de réception.

Tel est ce qu'il y a à savoir d'important et de général sur le laboratoire du fourneau à manche et sur ses dépendances.

Le foyer du fourneau courbe est situé dans toute l'étendue du laboratoire, puisque le combustible est mêlé, comme nous venons de le dire, avec le minerai ; mais il est plus actif à la partie inférieure, parce que l'activité de la combustion est augmentée dans ce point par le vent qu'y versent des machines soufflantes placées derrière le fourneau. La tuyère de ces machines est située un peu au-dessus du sol du foyer (en *tt*). La cheminée proprement dite (*c*) présente au-dessus du laboratoire une ouverture antérieure, latérale ou postérieure, par laquelle on charge le fourneau, c'est-à-dire par laquelle on y jette le mélange convenable de minerai et de combustible.

Ces fourneaux diffèrent beaucoup les uns des autres dans leurs détails, selon les divers usages auxquels on les destine ; ils diffèrent aussi par leur hauteur, les uns n'ayant pas plus d'un mètre depuis le foyer jusqu'aux plans inclinés qui terminent le laboratoire, et les autres ayant deux et même trois mètres.

Il est souvent nécessaire d'employer des machines particulières pour introduire par la bouche des fourneaux une quantité d'air beaucoup plus considérable que celle qu'ils pourroient aspirer par cette partie.

Machines soufflantes.

On nomme *machines soufflantes* les instrumens destinés à cet usage. Ces machines forment trois genres très-distincts, par les principes sur lesquels ils sont fondés. Nous les désignerons par les noms de *trompes*, de *soufflets* et de *pompes soufflantes*.

L'effet des *trompes* est fondé sur la propriété que l'eau possède d'entraîner avec elle beaucoup d'air lorsqu'elle tombe avec fracas, et de laisser ensuite dégager cet air. Ces instrumens (*pl. 14, fig. 2*) consistent en un tuyau de bois perpendiculaire, cylindrique ou carré, de 2 décimètres de diamètre et d'environ 7 mètres de hauteur (*abc*). La partie supérieure (*ab*) a la forme d'un enton-

Trompes.

noir alongé. Vers sa partie étroite (*b*), sont quatre
ouvertures obliques (*o o*) qu'on nomme *trompilles.*
L'eau amenée par un canal (A) au-dessus de la trompe
s'y précipite par l'entonnoir, et produit un courant
qui fait entrer l'air dans la trompe par les trompilles;
elle enveloppe cet air et l'entraîne avec elle dans
une tonne ou caisse (D) qui termine la trompe inférieurement. L'eau en tombant sur la pierre ou la planche
(*d*) qui est placée dans la tonne, se sépare de l'air, et
s'écoule par les trous (*e e e*) percés au fond de la tonne,
dans un canal (B) situé à 15 décimètres au-dessus du
fond de la caisse. L'air séparé de l'eau par le choc que
ce liquide a éprouvé sur la planche ou la pierre (*d*),
et comprimé par l'eau qui l'entoure, est chassé avec
force dans un tuyau ou porte-vent (*e f*), qui le conduit
dans les fourneaux.

La trompe que nous venons de décrire réunit toutes
les conditions qui doivent, suivant MM. Lœvis, Beau-
nier et Gallois, faire produire à ces instrumens les plus
grands effets. Dans quelques trompes l'air entre par l'ouverture supérieure (*v v*) de l'entonnoir, qui est double
dans ce cas, et l'eau entre dans la trompe un peu au-
dessus de l'ouverture inférieure (*s s*) de ces entonnoirs.
(On a indiqué cette disposition par des lignes ponctuées.)

Quel que soit le soin que l'on apporte dans la construction de ces instrumens, il est prouvé qu'à dépense
égale d'eau, ils donnent beaucoup moins d'air que les
pompes soufflantes.

Soufflets.   Les *soufflets* sont les machines soufflantes les plus
communes et les plus connues, mais ce ne sont pas les
meilleures. Les soufflets des métallurgistes qui ont à-peu-
près la même forme et les mêmes principes de construction que les soufflets domestiques, sont de deux
sortes : les uns sont en cuir ; ce sont les moins employés
en raison de leur prix et de leur peu de durée. Les
autres sont en bois (*pl. 14, fig. 3,* A B C). Ce sont deux
coffres pyramidaux placés horizontalement, et dont l'un

pénètre dans l'autre. Celui (*b c*) qui porte la buse (*c*) [1] est immobile ; c'est l'inférieur. Il porte à son fond une soupape (*s*). Le coffre supérieur (*a*) est le seul mobile. Lorsqu'il est élevé, l'air entre dans le soufflet par la soupape (*s*); lorsqu'il est abaissé, l'air comprimé sort par la buse (*c*). Les bords de ces deux coffres s'appliquent exactement l'un contre l'autre, au moyen de litteaux (*d f*) bien dressés et poussés par des ressorts (*r*).

Une roue à eau, ou tout autre moteur, fait mouvoir ces soufflets. Les cames (*h*) en appuyant successivement sur le mentonnet (*i*), font baisser la partie supérieure du soufflet et le bras (*k*) du levier (*k l*) auquel il est attaché. L'autre bras (*l*) remonte et relève la boîte supérieure du second soufflet (*a'*). Ces deux soufflets placés l'un à côté de l'autre, et s'ouvrant et se fermant alternativement, donnent un vent continu.

On voit que l'air renfermé dans la partie supérieure de ces soufflets, est comprimé chaque fois que la caisse supérieure s'abaisse, mais qu'il n'est point chassé entièrement, puisque les deux fonds ne s'appliquent jamais exactement l'un contre l'autre. Les frottemens sont aussi très-considérables et les réparations fréquentes.

Les pompes soufflantes (*pl. 14, fig. 4*) sont d'une *Pompes soufflantes.* invention beaucoup plus moderne que les machines qu'on vient de faire connoître. Elles consistent en une caisse cylindrique ou parallélipipédique (A, B), dans laquelle monte et descend un piston (*p*) du même diamètre que la caisse. L'air contenu dans cette caisse, comprimé par le piston, sort avec force pour se rendre dans les fourneaux. On conçoit que deux caisses pareilles, dont l'une (A) se remplit d'air, tandis que l'autre (B) se vide, doivent donner un vent continu [2].

---

[1] C'est la partie qu'on nomme vulgairement *tuyère* dans les soufflets domestiques. Ce dernier nom a, comme on va le voir, une autre signification en métallurgie.

[2] Nous faisons pour l'instant abstraction de la caisse (C), et nous

Cette construction paroît au premier aspect très-simple et très-efficace ; mais on a rencontré dans la pratique deux inconvéniens qu'on a cherché à faire disparoître. 1°. Le frottement des pistons est souvent considérable, et emploie une force qu'on doit ménager; 2°. le vent est très-inégal, c'est-à-dire fort dans des momens et foible dans d'autres.

On a employé pour donner à l'action du vent plus de régularité les moyens suivans : 1°. On place entre les pompes soufflantes et le fourneau une troisième caisse, nommée *régulateur* (*pl. 16, fig. 2*, IV), dans laquelle se rend l'air chassé par chaque pompe avant d'entrer dans le fourneau. Cette caisse a un fond supérieur mobile qui est chargé de poids, et qui pressant constamment, et toujours avec la même force, sur l'air qui y est renfermé, maintient ce fluide à-peu-près au même degré de densité. Ce moyen est employé aux forges du Creusot, département de la Côte-d'Or, &c. 2°. On fait entrer l'air chassé par les pompes soufflantes dans de vastes caves, construites en maçonnerie, ou creusées dans le roc, selon les circonstances. Cet espace étant très-considérable en comparaison de celui des caisses des pompes soufflantes, l'air différemment comprimé qui sort de celles-ci, y prend une densité qui est, à très-peu de chose près, toujours la même. On a employé ce moyen ingénieux aux forges de Devon, près Stirling en Ecosse. 3°. On fait entrer l'air des pompes soufflantes sous une vaste cuve (C, *fig. 4, pl. 14*) de bois ou de fonte qui est renversée et fixée dans un bassin plein d'eau (*o p q r*). L'eau qui entoure la cuve maintient par sa pression l'air qui traverse cette cuve au même degré de densité. Ce régulateur hydraulique a été mis en usage par M. Oreilly, aux forges de Preuilly, département d'Indre-et-Loire ; par M. John-Laurie, aux forges qui sont près d'Edimbourg, &c. et M. Mushet l'a même appliqué aux caves à air.

supposons que le tuyau (D) se rend directement au fourneau. Voyez d'ailleurs pour les détails de cette figure l'explication des planches.

On a également réussi à diminuer considérablement, et même à rendre presque nuls les frottemens des grands pistons des pompes soufflantes ; mais le moyen qu'on a employé entraîne une assez grande complication de soupapes, &c. dans la construction de ces machines. Ce moyen consiste à remplacer le corps de pompe par une espèce de cloche en fonte, en cuivre et même en bois (*abcd, pl. 14, fig. 5*), qu'une machine quelconque fait plonger dans l'eau. Lorsque cette cloche est enfoncée dans un espace (*efghik*) rempli d'eau, l'air qu'elle contient est chassé par la pression de l'eau à travers le tuyau (BB') dans le régulateur hydraulique, et de-là dans le fourneau ; dès que la cloche remonte, l'air extérieur y rentre de nouveau au moyen d'une soupape (*l*) qui s'ouvre, mais qui se referme aussi-tôt que la cloche plonge. Les mouvemens de cette machine se faisant dans un liquide, on voit que les frottemens sont presque nuls [1].

L'air, inégalement comprimé, qui sort de ces cloches est ramené à une densité uniforme par le régulateur hydraulique qu'on vient de décrire.

Des machines de ce genre ont été excutées à Châtel-Audren, par Grignon ; près d'Edimbourg, par M. John-Laurie, et aux forges de Weyerhammer dans le Haut-Palatinat, par M. Baader.

Tels sont les principes sur lesquels est fondée la construction des machines soufflantes qu'on emploie dans les travaux métallurgiques. Ces machines sont toutes terminées par un tube conique de fer ou de cuivre, qu'on nomme la *buse*. Cette buse souffle dans une espèce d'entonnoir de fer ou de cuivre, qui porte le nom de *tuyère* (*tt, pl. 14, fig. 1*) ; elle est placée dans le mur du fourneau, et déborde même un peu dans l'intérieur du foyer. La position de la tuyère, relativement à son

---

[1] Voyez pour les détails l'explication des planches.

élévation au-dessus du sol du fourneau et à son inclinaison, est d'une grande importance dans les travaux
métallurgiques [1]. Elle n'influe pas seulement sur la per-
fection de l'opération qu'on se propose, mais elle change
quelquefois entièrement les produits, comme on le verra
dans plusieurs occasions, et sur-tout à l'article de la
fabrication de l'acier naturel.

Les machines soufflantes ne sont donc pas toujours
de simples auxiliaires de la bouche du fourneau, l'air
qu'elles versent agit aussi sur les matières soumises à
l'action du feu ; elles sont même quelquefois entièrement dépendantes du laboratoire, et n'ont plus aucune
action sur le foyer, comme nous le verrons en traitant
de l'affinage de l'argent et de celui du cuivre.

Nous venons d'exposer les principaux objets qu'il
est nécessaire de connoître pour comprendre les traite-
mens métallurgiques qu'on fait subir aux divers minerais. Nous allons parler, et toujours succinctement, de
ces travaux particuliers, en les présentant dans l'ordre
qui nous paroît le plus propre à rapprocher ceux qui
se lient naturellement.

§. I. Préparation chimique du minerai.

L'ESPÈCE de préparation qu'on doit faire subir au
minerai après celle que nous avons nommée *préparation mécanique*, est d'une nature entièrement différente de celle-ci, et peut être même considérée comme
faisant partie des travaux préliminaires de la métallurgie.

L'objet de ces préparations est de disposer le minerai
aux combinaisons chimiques qu'il doit éprouver dans
son traitement métallurgique. On y parvient en le

---

[1] l'espèce de cône creux, et plus ou moins alongé, que le vent
de la tuyère forme dans les scories, en les agglutinant, porte en
métallurgie le nom de *nez*.

grillant, c'est-à-dire en l'exposant à une chaleur lente et incapable de le faire fondre.

L'action du grillage est différente, selon les espèces de minerais qui y sont soumises. Ses principaux effets sont, 1°. de volatiliser le soufre, l'arsénic, et toutes les parties volatiles qui peuvent être chassées par ce moyen ; 2°. d'oxider certains minerais, et de les disposer à se combiner avec les acides ; 3°. d'en rendre d'autres plus fragiles et plus propres à se combiner avec l'air ou avec les autres agens qui doivent les modifier.

Il y a certains minerais qu'il suffit de griller une fois ; mais il y en a d'autres, tels que les minerais de cuivre, qu'il faut griller jusqu'à quatorze ou quinze fois et même plus. Un grillage long-temps continué, ne produiroit pas le même effet que ces grillages réitérés, parce qu'on fond ordinairement le minerai avant de le griller de nouveau ; on répartit par ce moyen le soufre plus également.

Nous réduirons les méthodes de griller à trois sortes principales, le *grillage en tas,* le *grillage encaissé,* et le *grillage dans des fourneaux.*

1. Lorsque le minerai est peu riche, lorsqu'il renferme beaucoup de soufre ou de bitume, lorsqu'on ne craint pas d'en griller de grandes quantités à-la-fois, on en forme des pyramides quadrangulaires tronquées (*pl. 13, fig. 1*), qui en contiennent quelquefois plusieurs milliers de quintaux. Les couches inférieures de ces pyramides sont composées de plusieurs lits de bois (*a b*) ; le reste est entièrement composé de minerai. On a soin de placer vers le centre les morceaux les plus gros, et de mettre vers la surface le minerai le plus fin, qu'on bat bien, et qu'on mêle quelquefois avec de la terre. On pratique dans le milieu un canal perpendiculaire (*c, d*), par où on jette le feu qui doit enflammer les lits inférieurs de bois. Le soufre ou le bitume sont volatilisés par la chaleur du combustible, et lorsque celui-ci a été entièrement consumé, le grillage continue, à l'aide

d'une partie du soufre ou du bitume qui a été élevée à une température assez haute pour brûler. On a soin qu'il ne se fasse point de crevasse sur les parois de la pyramide, et on dirige le grillage de manière que les vapeurs sortent toujours par le sommet tronqué. On pratique souvent sur le plateau supérieur des cavités (*ee*), dans lesquelles une partie du soufre volatilisé est condensée et recueillie, comme nous l'avons indiqué à l'article du soufre (page 74).

Ce grillage qui s'applique principalement au cuivre pyriteux, au cuivre bitumineux, &c. dure quelquefois plusieurs années. Il se pratique à Saint-Bel, à Goslar, &c. Lorsque le minerai est très-combustible, on allume la pyramide par en haut. (*LAMPADIUS.*)

Lorsque le grillage se fait sur des quantités de minerai peu considérables, et qu'il demande à être conduit avec plus de soin, on place sous des hangars les tas de minerai à griller, afin que la pluie, le vent, &c. n'y puissent point nuire. Cette méthode s'applique principalement aux minerais qu'on grille pour la seconde ou pour la troisième fois.

Grillage encaissé. 2. Nous nommerons *grillage encaissé* celui dans lequel le minerai est entouré, en partie ou en totalité, de murailles qui forment des espèces de fourneaux à trois ou quatre parois latérales, sans cheminées ni couvertures.

Cette méthode de grillage présente un grand nombre de variétés.

L'un des fourneaux d'encaissage le plus remarquable, est celui qui est cité par M. Jars, et qui est employé en Hongrie pour griller à-la-fois une grande quantité de minerai sulfureux, et en recueillir presque tout le soufre. Il consiste en quatre murailles solidement construites et formant un parallélipipède rectangle, au milieu duquel on place le minerai à griller. Ces murs sont percés de canaux nombreux, qui communiquent dans des chambres placées autour du fourneau. C'est dans ces chambres que se rend le soufre dégagé par le grillage.

On agit rarement sur une aussi grande quantité de minerai à-la-fois dans le grillage encaissé. Aussi la plupart des encaissemens dans lesquels on place le minerai sont-ils petits, et ne peuvent-ils souvent en contenir que 80 à 100 quintaux. Les uns sont carrés et à quatre parois (*pl. 13*, *fig. 2*, A, B). On place sur le sol de l'espace renfermé entre les quatre murs (*v x y z*) un lit de bois (*a*), sur lequel on répand le minerai à griller (*b*), ayant soin, lorsque cet espace est plein, de murer la porte (*c*) et de couvrir le minerai de poussière (*d*) battue et même mouillée, afin de forcer le soufre dégagé à sortir par les ouvertures (*e e e*) percées dans le mur du fond. Ce soufre se dépose dans les canaux (*f f*), et les dernières vapeurs sortent par la cheminée (*g*). D'autres encaissemens, également carrés, n'ont que trois parois ; dans ce cas, on en place sous un même hangar un grand nombre à côté les uns des autres (*pl. 12*, *fig. 3*, A, B). Le bois est placé sur le sol incliné (*a*) et recouvert de minerai (*b*). Une partie des vapeurs peut se dégager par l'ouverture (*c*) percée dans le mur du fond (*d*). D'autres sont demi-elliptiques; d'autres enfin sont circulaires et fermés de toute part. Dans les premiers, on se sert de bois pour le grillage; dans le dernier, on peut employer de la houille ou de la tourbe. Quelquefois on creuse dans la terre des fosses d'un à trois mètres de profondeur, dont on revêt les parois d'une muraille unie. On place le minerai à griller dans ces fosses, et on allume le combustible par une ouverture latérale. Cette méthode est employée particulièrement pour les minerais de fer.

5. Le fourneau à réverbère est le seul qu'on emploie pour griller les minerais précieux, ceux qui sont peu sulfureux, et par conséquent peu combustibles, et enfin ceux qui sont réduits en schlich fin. Le fourneau à réverbère qui est destiné au grillage, a souvent une structure particulière. Nous choisirons pour exemple celui de Hongrie, qui est employé également à Freyberg. Le combustible est placé sur la grille du

Grillage dans des fourneaux.

foyer (*a*); la flamme traverse le laboratoire (*b c*) et parcourt son prolongement (*d e*); elle sort par la cheminée (*f*), en échauffant successivement, et de moins en moins, les espaces (*b c e*) (*pl. 13, fig. 4*, A, B, C).

Le minerai en schlich est placé sur le plancher supérieur (*g*) du prolongement du laboratoire; il y sèche complètement et s'y échauffe un peu; il est jeté sur l'autel (*c*) de la sole du laboratoire par le tuyau (*h*), qu'on referme aussi-tôt; il y reste de une à deux heures, et il y est chauffé graduellement. On donne ensuite un feu vif, et le minerai est poussé sur la partie (*b*) inférieure de la sole avec un rouable que l'on introduit par la porte (*i*); il brûle alors par lui-même, et pendant ce temps, on met très-peu de combustible dans le foyer (*a*). On ranime ensuite le feu pour faire volatiliser les dernières parties de soufre ou d'arsénic que le minerai peut contenir. Lorsque celui-ci est grillé, on le retire par la porte (*k*).

Les vapeurs de soufre et d'arsénic qui se dégagent du minerai par le grillage, pénètrent dans les chambres (*e e e*) du second étage du laboratoire par l'ouverture (*d*) et s'y condensent.

Un grillage de cette espèce dure environ vingt-quatre heures. On juge qu'il est fini, lorsque les vapeurs et l'odeur ont presqu'entièrement cessé, et dès que le minerai paroît plus terreux et plus lourd.

On doit éviter dans toutes les espèces de grillages que le minerai ne se fonde, car alors le soufre ne se dégage plus du métal. On peut, avec certaines précautions, conduire l'opération du grillage dans un fourneau de réverbère, de manière qu'on parvienne à séparer une partie du métal de son minerai, comme on le pratique à Villach (*LAMPADIUS*) et à Poullaouen en Bretagne.

C'est un des avantages économiques du grillage au fourneau à réverbère.

§. II. Traitement métallurgique et usages du Plomb.

Le Plomb sulfuré est le seul que l'on exploite comme minerai de Plomb proprement dit. On sait qu'il contient presque toujours de l'argent. Lorsque la valeur de l'argent qu'on en retire est plus considérable que celle du Plomb, le minerai prend improprement le nom de minerai d'argent.

Le sulfure de Plomb extrait de la mine doit recevoir la plupart des préparations mécaniques préliminaires que l'on a décrites plus haut (art. II), et qui ont pour objet de le séparer de sa gangue et de le réduire en schlich.

On grille le sulfure de Plomb de deux manières : *Grillage.* 1°. sous des hangars, entre trois petites murailles. Comme l'air nécessaire au grillage ne pourroit pas circuler au travers de cette poudre compacte, on est obligé de mouler le schlich en petites mottes, en le mêlant avec un peu d'argile humide. On le grille ainsi une ou deux fois : 2°. dans des fourneaux à réverbère [1]. On obtient immédiatement par cette dernière méthode, et par un feu ménagé, une certaine quantité de Plomb métallique.

Le Plomb grillé par l'un ou par l'autre procédé, est *Fonte.* en état d'être fondu dans le fourneau courbe. On se contente de jeter ce métal dans le fourneau ; on ne le mêle ordinairement avec aucun fondant ; quelquefois cependant on y ajoute des scories de fer et des scories des fontes précédentes. La houille carbonisée ou le charbon de bois mêlés avec le minerai, suffisent pour révivifier le Plomb oxidé qui coule dans le bassin d'avant-foyer et ensuite dans celui de percée.

Le Plomb obtenu par cette première fusion, porte le *Affinage.* nom de *Plomb d'œuvre.* Il est assez pur ; mais il contient souvent de l'argent, qu'il est important d'en séparer.

---

[1] Voyez art. III, §. I.

L'opération qui a pour objet cette séparation, se nomme *affinage*.

On ne pratique guère l'affinage du Plomb que sur celui qui contient au moins 0,0018 d'argent [1]. Le but qu'on se propose, est d'oxider le Plomb par l'action de l'air, d'absorber ou de chasser l'oxide, et de mettre par ce moyen l'argent à nu.

Cette opération se pratique dans un fourneau qu'on appelle *fourneau de coupelle* (*pl. 14, fig. 6,* I , II). C'est un fourneau de réverbère dont le laboratoire (L) a une structure particulière. Il est excavé en forme de coupe, dans laquelle on établit la coupelle (*c c*), comme nous allons le dire. Il est recouvert et comme fermé par un vaste couvercle (*c*), qu'on peut enlever et replacer à l'aide d'une grue (A). Sur un des points de sa circonférence, est une ouverture (*a*) pour l'écoulement de l'oxide de Plomb, et sur la partie opposée, est une autre ouverture (*b*) par laquelle arrive le vent de deux forts soufflets (*x*). Le foyer (F) est placé sur un côté du laboratoire; la flamme est dirigée sur la coupelle et réverbérée par le couvercle. Le tuyau de la cheminée (T) est situé au-dessus du canal d'écoulement (*a*).

Lorsqu'on veut raffiner du Plomb d'œuvre, on revêt la surface concave du fourneau d'une couche de cendre. Ce qui s'appelle *former la coupelle*.

Les cendres que l'on emploie pour faire la coupelle ont été lessivées, et privées des parties combustibles qu'elles contenoient encore, par une calcination préliminaire dans un fourneau à réverbère. On répand ensuite ces cendres sur la partie concave du fourneau, ayant soin de donner tout de suite à la coupelle l'épaisseur convenable, afin qu'elle ne soit pas sujette à s'exfolier; ce qui arriveroit, si on déposoit les cendres couche par

---

[1] On ne peut établir de règles fixes a cet égard. On retire avec avantage l'argent du schlich de Plomb de Tarnowitz en Silésie, quoiqu'il ne contienne que 0,0003 d'argent. (*DAUBUISSON.*)

couche. On bat fortement cette couche de cendre , qui
est concave comme la surface sur laquelle on l'a appliquée ; on recouvre la coupelle d'un lit de foin , et on
y place avec symétrie les masses de Plomb d'œuvre. Le
foin que l'on y a mis est destiné à empêcher le Plomb
de dégrader la coupelle par sa pesanteur.

On ferme alors le fourneau en abaissant le couvercle,
que l'on nomme *chapeau*, et on allume le feu dans le
foyer ; le Plomb ne tarde pas à fondre , et la flamme
réverbérée par le chapeau vient presque lécher la surface du bain de Plomb ; alors on fait jouer les soufflets ,
et pour hâter l'oxidation du Plomb, on ajuste au-devant
de la buse une rondelle (*r*) , qui disperse le vent plus
également sur la surface du bain.

L'oxide de Plomb fondu , ou *litharge*, paroît au bout
de quinze à seize heures de feu , le vent des soufflets le
chasse vers l'ouverture (*a*) dont nous avons parlé et par
laquelle il s'écoule. Au bout de quarante heures environ,
l'opération approche de sa fin. La séparation complète
du Plomb est indiquée par un éclat instantané que
prend le bain d'argent devenu convexe. Cet éclat est
produit par la rupture du voile de litharge qui le cou-
vroit. On introduit alors de l'eau par un canal (*d*) ; on
la jette sur la masse d'argent pour la refroidir promptement et pouvoir l'enlever.

Cet argent n'est point encore assez pur, il faut le
raffiner de nouveau dans une espèce de fourneau à
réverbère ; ce qui s'appelle *brûler l'argent.* On prépare
hors du fourneau , et dans un cercle de fer, une coupelle de cendre fortement battue ; on la transporte sur
le sol du fourneau de réverbère qui sert à ce raffinage,
et on y place environ 25 kilogrammes d'argent à raffiner. On le chauffe pendant sept à huit heures ; l'oxide
vitreux de Plomb qui se forme ici sans le secours d'aucun soufflet, est absorbé par les cendres de la coupelle,
et lorsque l'argent est purifié, on le reçoit dans une
lingotière , au moyen d'une percée que l'on fait à la

Coupellation
de l'argent.

coupelle. On rassemble les *crasses*, le résidu du grillage, celui de la première fonte, les écumages de la coupellation, les premières et dernières litharges, c'est-à-dire celles qui peuvent contenir de l'argent, les morceaux de coupelles, et enfin tout ce qu'on soupçonne devoir contenir du Plomb argentifère ; on fond le tout dans le fourneau courbe, en employant pour fondant les scories des fontes précédentes.

Quant aux litharges pures, tantôt elles sont mises dans le commerce, tantôt on les révivifie en Plomb, en les fondant ou dans un fourneau courbe au milieu des charbons, ou dans le fourneau à réverbère qui a servi au grillage du minerai ; mais dans ce dernier cas, on est obligé pour révivifier la litharge d'y ajouter de la poussière de charbon, avec laquelle on la brasse.

Usages. Le Plomb sulfuré est employé sous le nom d'*alqui-foux* par les potiers-de-terre, qui en saupoudrent leur poterie grossière. Ce minéral lui donne en fondant un vernis jaunâtre tendre et réellement nuisible à la santé.

Ce sulfure est aussi connu des femmes de l'Orient, sous le nom d'*alquifoux*. Elles le réduisent en poudre, le mêlent avec du noir de lampe, et en font une pommade dont elles se teignent les sourcils, les paupières, les cils et les angles des yeux. (*Sonnini*.)

Le Plomb métallique réduit en lames par le coulage sur des tables ou par le laminoir, fondu en tuyaux, &c. sert à une multitude d'usages.

On réduit aussi le Plomb en grenaille pour tuer le menu gibier. On le prépare en faisant fondre ce métal, et le coulant ainsi fondu sur un crible de fer enduit de sel ammoniaque. Ce crible est placé à une grande élévation du sol, le Plomb s'arrondit, se fige dans l'air en petits grains de diverses grosseurs, selon la grandeur des trous du crible. On le fait tomber dans l'eau, afin qu'il ne s'aplatisse pas en tombant sur un corps dur.

l'huile.

La litharge dont nous avons parlé plus haut, et qui est un oxide jaune fondu, est employée, ainsi que le minium, dans les verreries pour faire ce que l'on appelle le *cristal.* Ils donnent au verre une plus grande fusibilité, plus de pesanteur, une puissance réfractive beaucoup plus grande, enfin une transparence complète, non-seulement en brûlant, comme le manganèse, les corps combustibles qui peuvent altérer la diaphanéité du verre, mais aussi en dissolvant et décolorant l'oxide de fer qui pourroit s'y trouver.

Ces mêmes oxides de Plomb, seuls ou fondus en cristal très-tendre avec les matériaux du verre, servent à donner le vernis ou la couverte aux diverses sortes de faïences. Dans le premier cas seulement, c'est-à-dire lorsqu'ils sont seuls ; ils peuvent être nuisibles à la santé.

Ce n'est point à ces usages que se borne l'emploi du

Plomb et de ses préparations. Ses oxides entrent dans
la composition des emplâtres; ils servent à rendre sicca-
tives les huiles grasses.

L'acétite de Plomb liquide est employé dans la teinture et dans la médecine externe.

Les oxides de Plomb sont des poisons. Les vapeurs
mêmes de ce métal sont dangereuses, soit qu'elles
s'élèvent du métal en fusion, soit qu'elles viennent des
couleurs qui sont faites avec ses oxides. Cependant on a
osé employer ces oxides pour enlever au vin gâté son
goût acerbe. On sent combien une telle fraude est dangereuse et coupable.

§. III. *Traitement métallurgique et usages de l'Argent.*

LES mines d'Argent proprement dites, sont, comme
nous l'avons déjà annoncé, très-peu nombreuses. La
plupart des mines qui portent ce nom, sont des minerais
de plomb sulfuré argentifère. Nous venons d'en parler
dans le paragraphe précédent. Il ne sera donc question
dans celui-ci que des minerais traités particulièrement
pour l'Argent. Le cuivre et le plomb qu'on en retire
quelquefois, ne sont plus ici que des métaux accessoires.

Nous diviserons ces minerais en deux sortes : 1°. les
mines d'Argent natif; 2°. les mines d'Argent minéralisé
qui ne contiennent ni plomb ni cuivre sulfurés, ou qui
n'en contiennent qu'une très-petite quantité.

1. *Mines d'Argent natif.* Ces mines sont les plus Argent natif.
rares en Europe, où la plus remarquable est celle de
Kongsberg; mais il y en a beaucoup en Amérique. On
en retire l'Argent par deux moyens, l'*imbibition* et
l'*amalgamation.*

L'*imbibition* consiste à s'emparer de l'Argent natif Imbibition.
au moyen du plomb. C'est un procédé très-simple, et
qui est en usage à Kongsberg. On fait fondre dans le
bassin d'un fourneau d'affinage [1] à-peu-près parties

---

[1] On décrira ce fourneau à l'article du cuivre.

II.　　　　　　　　　　　Y

égales de plomb et d'Argent natif presqu'entièrement dégagé de sa gangue, et on obtient une masse de plomb qui contient de 0,30 à 0,35 d'Argent. On raffine ce plomb d'œuvre par le moyen de la coupellation.

Amalgama-
tion,

L'amalgamation est un procédé très-ancien [1], employé principalement aux mines du Mexique et du Pérou. Le mercure est, dans ce cas-ci, le moyen dont on se sert pour saisir l'Argent natif. On suit au Potosi le procédé suivant.

On pile la mine, on la crible ; on prend les gros fragmens que le crible a séparés, et on les pile de nouveau ; on broye ensuite le minerai, ainsi pulvérisé, dans un moulin semblable à ceux qui servent à écraser les pommes. Comme on y ajoute un peu d'eau, on le réduit en une boue assez épaisse. On fait sécher cette boue sous forme de tables assez étendues. On y ajoute 0,08 de sel marin, et on donne au sel deux à trois jours pour pénétrer cette masse ; on aide même son incorporation en le pétrissant avec elle. On arrose ce mélange avec du mercure, que l'on exprime au travers d'une peau, et on pétrit cet amalgame pendant plusieurs jours, en favorisant l'amalgamation par la chaleur et par une addition de sel et de chaux vive, si on le croit nécessaire.

Lorsque par des essais fondés sur l'habitude, on juge que l'amalgamation est terminée, on lave cet amalgame dans une eau courante qui enlève les terres, l'amalgame reste pur dans le lavoir. Il s'agit alors d'en séparer l'Argent. On met l'amalgame dans des chausses de laine que l'on serre fortement, une partie du mercure est chassée et filtrée à travers la laine ; elle n'entraine pas sensiblement d'Argent.

On reprend l'amalgame ainsi exprimé et privé de son excès de mercure, on le moule dans des pyramides

[1] Ce fut Pédro-Fernandez-Vélasco qui en fit usage le premier en 1566, et M. Humboldt a trouvé ce procédé encore suivi, tel qu'Alonso-Barba l'a décrit en 1640. La rareté du bois auprès des mines du Pérou empêche qu'on ne suive le procédé de Deborn, qui exige un grillage préliminaire.

tronquées à base carrée. On place ces pyramides dans une
espèce de grand creuset qu'on recouvre de feu. Le mercure chauffé abandonne presqu'entièrement l'Argent,
et coule dans la partie inférieure du creuset, qui est
quelquefois plongée dans l'eau. On reprend cette masse
d'Argent, et on la fait chauffer très-fortement pour la
priver entièrement de mercure.

Quoique les mines d'Argent de Freyberg ne renferment pas ce métal à l'état natif, Deborn est parvenu
à les traiter par le procédé de l'amalgamation, beaucoup
plus économique que celui de la fonte ; mais l'Argent
n'étant point à l'état natif dans ces minerais, ne pourroit
être combiné avec le mercure. L'amalgamation doit
donc être précédée ici d'opérations métallurgiques, dont
le but est d'amener l'Argent à l'état métallique au milieu
même du minerai. Le procédé donné par Deborn ayant
subi quelques modifications, nous allons faire connoître
celui que l'on suit actuellement.

Le minerai qu'on destine à l'amalgamation, est de
la classe des minerais maigres qui ne contiennent que
o,oo25 d'Argent, uni à beaucoup de soufre et à quelques substances métalliques. On y met o,10 de muriate
de soude, et on grille ce mélange dans le fourneau de
réverbère décrit à l'article III, §. I ; on a soin de le
remuer beaucoup et à plusieurs reprises ; on voit le soufre
des sulfures métalliques se brûler. Il se produit alors de
l'acide sulfurique qui décompose le muriate de soude,
forme du sulfate de soude et des sulfates métalliques ;
tandis que l'acide muriatique devenu libre, se combine
avec l'Argent, et forme du muriate d'Argent.

On triture ce minerai grillé, qui contient les sels
que nous venons de nommer, et on le réduit en une
farine très-fine. On met cette farine ou dans des tonneaux (A, *pl. 15, fig. 1*) enfilés sur un axe horizontal,
ou dans des cuves, dans lesquelles tourne un moulinet.
Ces machines sont mises en mouvement au moyen
d'une roue mue par l'eau. On ajoute sur cent parties de

2

farine de minerai, 0,50 de mercure, 0,50 d'eau, et 0,06 de plaques de fer de la grandeur et de la forme d'une dame à jouer. On fait tourner ce mélange pendant seize à dix-huit heures. Le fer métallique décompose le muriate d'Argent. L'Argent amené par ce moyen à l'état métallique, peut s'amalgamer, et s'amalgame en effet avec le mercure. L'amalgame retiré des tonneaux est lavé, mis ensuite dans des sacs de coutil et pressé fortement. Le mercure surabondant s'écoule, et il reste une masse presque solide d'amalgame, qui contient ½ d'Argent. On moule cet amalgame en boules de la grosseur d'un œuf, et on les place sur des plateaux de fer ronds et percés d'un grand nombre de trous. Ces plateaux sont enfilés par un axe de fer (copie), et cet appareil que l'on nomme *trépied* ou *chandelier* d'amalgamation, est porté dans un fourneau (*fig. 4*, A), et placé sous une cloche de fer (D). La cloche est entourée d'un feu de charbon. Le mercure chassé par la chaleur, se volatilise; mais il se condense ensuite, et tombe dans la partie inférieure du laboratoire, qui est éloigné du feu, et qui consiste en une caisse de fer (*g*) continuellement refroidie par un courant d'eau [1]. L'Argent reste seul sur les plateaux du chandelier; mais il a besoin d'être affiné.

Nous avons dit qu'on introduisoit dans les tonneaux trente parties d'eau. Cette eau s'empare de tous les sels dissolubles que le grillage a formés, et principalement des sulfates de soude, de fer et de cuivre. On retire, par évaporation et cristallisation, ceux de ces sels qui sont employés dans les arts. L'évaporation se fait dans une cuve de bois, qui est traversée par un cylindre de cuivre, dans lequel on fait un feu de tourbe. Pour accélérer cette évaporation, l'eau est agitée par des

---

[1] Voyez à l'explication des planches la description de ce fourneau assez singulier. On y remarquera que le *foyer* est *supérieur* et *central*, que les *bouches* sont *latérales*, que le *laboratoire* est *inférieur*, et la *récipient* du laboratoire encore *plus inférieur*.

moulinets en bois, qui tournent continuellement. On suspend l'ébullition pendant une demi-heure pour que la liqueur dépose ses impuretés, qui forment un sédiment rouge. On obtient d'une cuve une assez grande quantité de sulfate de soude mêlé de phosphate et d'arséniate de soude. Ce sulfate de soude est employé par les verreries, la silice ayant la propriété de décomposer ce sel lorsqu'il est élevé à la haute température nécessaire à la fabrication du verre.

On traite également par l'amalgamation les mines d'Argent maigre de Joachimstal en Bohême ; elles sont plus riches en Argent que celles de Freyberg.

2. *Mines d'Argent minéralisé*. Ces mines sont mélangées de gangue et de quelques autres métaux en petite quantité.

Argent minéralisé.

Elles peuvent être ou *riches* ou *pauvres*, et cette différence en met une dans leur traitement.

Les mines *pauvres* ne contiennent quelquefois que 200016 d'Argent. Si l'on vouloit retirer, au moyen du plomb, cette petite quantité d'Argent disséminé dans le minerai, il faudroit employer tant de plomb, que les frais de l'opération l'emporteroient de beaucoup sur le bénéfice. Il est donc nécessaire de concentrer cet Argent sous un plus petit volume au moyen de matières moins chères. Le fer sulfuré, ou *pyrite*, est l'intermédiaire qu'on emploie. Quand le minerai ne contient pas suffisamment de pyrite, on en ajoute la quantité nécessaire, et on fond ce mélange. Les pyrites s'allient par la fusion aux métaux et aux sulfures métalliques qui contiennent de l'Argent, les rendent plus fusibles et les entraînent avec elles. Les gangues, le fer oxidé, et quelques autres oxides métalliques privés de l'Argent qui y étoit mélangé, restent dans les scories. Cette opération se nomme *fonte crue*. Son produit, qui s'appelle *matte crue* [1], est un-

Fonte crue.

---

[1] On donne le nom général de *matte* aux sulfures métalliques fondus.

sulfure de fer mêlé de divers métaux ; il renferme tout l'Argent qui étoit disséminé dans le minerai. C'est une première concentration de l'Argent ; elle doit être portée plus loin. Il ne faut cependant pas que les mattes soient trop riches en Argent, parce qu'il resteroit une trop grande quantité de ce métal dans les scories, qui, étant réfractaires, sont ordinairement rejetées.

On grille plusieurs fois les *mattes crues* pour en dégager le soufre ; on y ajoute d'autre minerai, et on les fond une seconde fois. Les nouvelles mattes que l'on obtient, deviennent par-là plus riches que les premières.

On fond ordinairement une troisième fois ces secondes mattes avec du plomb et du minerai plus riche ; on ajoute au mélange quelques fondans terreux pour remplacer le soufre qui servoit de fondant dans les premières opérations, et qui a été chassé en grande partie par les grillages ; on commence alors à obtenir le plomb d'œuvre, c'est-à-dire le plomb argentifère ; mais on retire encore de cette troisième fonte des mattes de plomb, qu'on est obligé de griller et de refondre avec du plomb.

Les opérations par lesquelles on fait passer le *minerai riche*, sont bien moins nombreuses, quoiqu'assez semblables aux précédentes. On ne le fond point primitivement avec des pyrites, mais on le mêle avec des mattes obtenues du minerai pauvre ; on y ajoute des scories, du plomb et un fondant terreux. On obtient, dès la première fonte, un plomb d'œuvre très-riche en Argent.

Les pyrites qu'on ajoute dans les fontes crues, contiennent quelquefois du cuivre ; elles produisent alors vers la fin de l'opération quelques mattes de cuivre argentifère. C'est plutôt un inconvénient qu'un avantage ; on ne peut séparer l'Argent de ces mattes de cuivre argentifère, peu riches, que par des opérations longues et chères, qu'il est avantageux d'éviter ; il faut donc ne choisir, autant qu'il est possible, que des pyrites

ferrugineuses, et mettre à part celles qui contiennent
une quantité notable de cuivre pour les fondre séparément. On ne doit ajouter aux fontes crues, que les
pyrites cuivreuses qui contiennent de l'Argent.

Les usages de l'Argent sont peu variés. On sait qu'il
sert de monnoie chez tous les peuples civilisés. Comme
il n'est oxidable ni par l'air, ni par le feu, on peut en
faire sans crainte toutes sortes de vases; mais on ne
doit pas y laisser séjourner d'alimens, à cause du cuivre
qu'on ajoute à l'Argent pour lui donner plus de fermeté,
et sur-tout à cause de celui qui entre dans la composition des soudures. L'Argent se réduit par le battage
en feuillets extrêmement minces, qu'on applique sur
les différens corps que l'on veut *argenter*.

Ce métal ne donne à la pharmacie d'autre produit
que le nitrate d'Argent fondu, qu'on nomme *pierre
infernale*; elle sert à dissoudre les chairs mortes.

Pour évaluer le *titre* d'une masse quelconque d'Argent, c'est-à-dire son degré de pureté, on la suppose
divisée en mille parties, qu'on appelle *millièmes*. Si
cette masse ne contient aucun métal étranger, on dit
qu'elle est à 1000 millièmes de *fin*; mais si sur ces mille
parties elle renferme ou 0,007, ou 0,035, ou toute autre
proportion d'alliage, on dit alors qu'elle n'est qu'à 0,993
ou à 0,965, &c. [1] de *fin*, c'est-à-dire qu'elle a 993 ou
965 millièmes d'Argent pur ou *fin*.

§. IV. *Traitement métallurgique et usages de l'Or.*

LES mines d'Or présentent de si grandes différences
dans leur richesse, qu'il est nécessaire de suivre dans
leur traitement métallurgique des procédés différens. Les

[1] Dans l'ancien système de mesure, on supposoit une masse quelconque d'Argent divisée en douze parties, nommées *deniers*, et
chaque denier subdivisé en vingt-quatre parties, appelées *grains*.

346   MÉTALL...

...nes fournissent l'Or ....
terrains d'alluvion au........
en roches ou en ....
minerais.

Or natif en
paillettes. L'Or que l'on trouve dans ....
dans les terres aurifères, n'est ....
ment métallurgique proprement ....
née orpailleurs ou orpailleurs ....
au moyen du lavage. Cette opération ....
mêmes. Les orpailleurs lavent ....
tables inclinées, qui sont quelquefois ....
drap, ensuite dans des sébiles à ....
particulière; enfin ils emploient le ....
gamation pour enlever au sable qui ....
lavages, l'Or que ces lavages y ....

Les Bohémiens ou Tehinganés ....
aurifères en Hongrie, se servent d'une ....
de vingt-quatre cannelures transver........
cette planche inclinée, et mettent le ....
la première cannelure; ils y jettent de l'........
mêlé d'un peu de sable, se rassemble........
vers la dix-septième cannelure; ils le ....
et le mettent dans un bassin de bois ....
qui a une convexité sur son fond. En ....
et en lui imprimant en même temps un certain ....
vement, ils séparent avec beaucoup ....
sable. (L. Bosc.)

Les négresses d'Afrique lavent dans des ....
terres aurifères recueillies par les nègres.

Or en roche.   Parmi les minerais aurifères, les uns sont ....
d'Or natif très-visible, disséminé, dans ....
sont les plus riches; mais il est rare qu'ils ....
les filons avec une longue continuité.

Les autres sont des sulfures métalliques ....
tels que les sulfures de cuivre, d'argent, ...
plomb, de zinc, et sur-tout de fer.

Or en roche,
natif.   Les minerais pierreux d'Or sont d'abord boca...

On doit aussi faire observer que si ces minerais sont
du cuivre pyriteux, et que leur traitement ait été poussé
jusqu'au point d'obtenir du cuivre de rosette aurifère, ou même du cuivre noir tenant de l'Or, on ne
peut point en séparer l'Or avec avantage par le procédé
de la liquation [1]. L'Or ayant plus d'affinité avec le
cuivre qu'avec le Plomb, n'est entraîné qu'en partie
par ce dernier métal. Ces raisons doivent donc faire
donner la préférence au procédé de l'amalgamation.

Amalga-
mation.

Nous ne décrirons point en détail ce procédé ; il est
le même que celui qu'on a décrit à l'article du traitement métallurgique de l'argent. Nous dirons seulement
que les minerais riches dans lesquels l'Or natif est apparent, et seulement disséminé dans une gangue pierreuse,
sont directement broyés avec le mercure sans aucune
opération préparatoire. Quant aux minerais pauvres
dans lesquels l'Or est pour ainsi dire perdu au milieu
d'une grande masse de fer, de cuivre sulfurés, &c. on
leur fait subir un grillage avant de les amalgamer. Cette
opération paroît nécessaire pour mettre à nu l'Or métallique enveloppé par ces sulfures. Le mercure avec lequel
on broye le minerai, s'empare alors de tout l'Or en
quelque petite quantité que soit ce métal.

Affinage de
l'Or.

L'Or qu'on obtient par le moyen de l'affinage au
plomb, est privé de cuivre, de plomb, et de la plupart
des métaux oxidables ; mais il peut encore contenir du
fer, de l'étain ou de l'argent.

On prive difficilement l'Or du fer et de l'étain qu'il
peut contenir. On conseille pour lui enlever le fer, de
le coupeller avec du bismuth ou avec du sulfure d'antimoine. L'Or peut être débarrassé par la coupellation au
plomb, de l'antimoine qui lui reste uni.

L'étain donne à ce métal une dureté et une fragilité
remarquables, et l'Or ainsi altéré, est très-difficile à

---

[1] Voyez la description de ce procédé à l'article du cuivre, S. 4,
page 314.

purifier. On conseille encore ici de l'affiner avec le sulfure d'antimoine. (*Fourcroy.*)

L'Or qu'on a traité par le procédé de l'amalgamation ne contient plus ordinairement que de l'argent. On dissout l'argent par l'acide nitrique, qui laisse l'Or intact. Mais pour faire le *départ* en grand avec succès et économie, il faut prendre plusieurs précautions.

Si l'Or ne contient pas à-peu-près les trois quarts de son poids d'argent, ce métal, comme enveloppé par l'Or, est mis en partie à l'abri de l'action de l'acide nitrique. Lors donc qu'on s'est assuré par un essai en petit que l'argent est beaucoup au-dessous de cette proportion, on porte l'alliage d'Or et d'argent à ce titre en y ajoutant une quantité suffisante de ce dernier métal. Cette opération se nomme *inquartation.* On granule alors l'alliage ou bien on le lamine ; on verse dessus deux à trois fois son poids d'acide nitrique, qui doit être parfaitement pur, et quand on juge que la dissolution a été poussée aussi loin qu'il est possible par ce premier acide, on le décante et on en met de nouveau. Enfin après avoir bien lavé l'Or, on fait encore bouillir sur ce métal de l'acide sulfurique, qui enlève les deux à trois millièmes d'argent que l'acide nitrique le plus concentré n'a pu dissoudre (*Darcet* et *Dizé*), on a alors l'Or parfaitement pur. Départ, ou séparation de l'Or et de l'argent.

L'argent tenu en dissolution dans l'acide nitrique est précipité à l'état métallique par le cuivre, ou à l'état de muriate par le muriate de soude.

L'Or ayant dans l'opinion de tous les peuples civilisés une grande valeur, on a voulu pouvoir déterminer avec précision son *titre*, c'est-à-dire son degré de pureté. On suppose donc ici, comme pour l'argent, qu'une masse quelconque d'Or est divisée en mille parties, nommées *millièmes*. L'Or parfaitement pur est à 1000 millièmes de *fin ;* celui qui contient 6 millièmes d'alliage est à 0,994, &c. [1] Titre de l'Or.

---

[1] On divisoit l'Or dans l'ancien systeme de mesure en vingt-quatre

On a deux moyens de juger de la pureté de l'Or. Le premier est un moyen d'approximation, qui ne peut être employé que lorsqu'on a une grande expérience de son usage. Il consiste à frotter le bijou d'Or qu'on veut essayer, sur une pierre brune, et mieux encore, noire, qui soit dure, à grain très-fin, sans être luisante, et qui soit inattaquable par l'acide nitrique. On se sert ordinairement d'une cornéenne [1] particulière, à laquelle on a donné le nom de *lydienne*, et que l'on nomme vulgairement *pierre de touche*. L'Or laisse sur cette pierre une trace très-visible, que l'on doit examiner avec attention. On passe sur cette trace de l'acide nitrique très-pur, qui dissout sur-le-champ les métaux alliés à l'Or. On examine de nouveau la trace qui est d'autant plus effacée, que l'Or essayé est moins pur.

L'autre procédé, parfaitement exact, ne peut être rapporté ici; il est entièrement chimique. C'est le départ exécuté en petit et avec toutes les précautions convenables.

Usages. — Nous ne pouvons faire connoître ici toutes les formes que l'on donne à l'Or dans les arts, ni toutes les manières de l'employer. Nous nous bornerons à citer les principales.

L'Or en masse sert à faire des bijoux. Comme il est tellement ductile, que ces objets, toujours fort minces, n'auroient aucune solidité, on est obligé de l'allier avec une certaine quantité de cuivre. L'Or allié avec l'argent, prend une couleur d'un vert pâle.

L'Or est fort recherché en raison de son éclat et de

---

parties, appelées *carat* (*), et chaque carat étoit subdivisé en trente-deux parties. De l'Or à 24 carats, étoit de l'Or parfaitement pur; de l'Or à 22 carats $\frac{11}{17}$, étoit de l'Or qui contenoit une partie et $\frac{10}{17}$ d'alliage, &c.

[1] Il paroît, comme nous l'avons dit à l'article de la cornéenne lydienne, tome 1, page 551, que plusieurs espèces de pierres peuvent également servir de pierres de touche. On en a fait maintenant d'artificielles au Val sous Meudon; c'est une sorte de pâte noire très-dure et à grain fin.

(*) Voyez à l'article du diamant l'étymologie de ce nom.

son inaltérabilité, mais son prix élevé ayant obligé à l'économiser, on a trouvé moyen de l'appliquer en couches extrêmement minces sur presque tous les corps, ce qui constitue l'art de la dorure.

On peut établir trois divisions dans cet'art, en raison des principes que l'on suit dans l'application de l'Or.

1. L'Or s'applique sur le bois, sur le carton, sur le cuir, ou sur tout autre corps qui ne peut éprouver l'action du feu, au moyen d'un mordant, qui est tantôt une huile grasse et siccative, tantôt une colle animale. On emploie dans ce cas de l'Or réduit par le battage en feuilles extrêmement minces. **Dorure.**

2. La dorure sur porcelaine, faïence, verre, émail, et sur tout autre corps semblable, se fait avec de l'Or réduit en poudre extrêmement fine. On amène l'Or à cet état, ou bien en broyant sur une glace des feuilles très-minces de ce métal, que l'on divise au moyen du miel, de la gomme, ou de tout autre mucilage; ou bien en précipitant avec du sulfate de fer vert une dissolution nitro-muriatique d'Or. Cet Or extrêmement divisé est employé au pinceau. On n'y ajoute aucun fondant, si la couverte vitreuse des corps sur lesquels on l'applique se ramollit par le feu qu'on lui donne pour le fixer; mais si cette couverte, comme celle de la porcelaine, est trop dure, on ajoute à l'Or en poudre, du borax ou de l'oxide de bismuth, qui lui servent de fondant.

3. La dorure sur argent ou sur cuivre est fondée sur des principes tout-à-fait différens. L'Or est appliqué sur ces métaux, au moyen du mercure. On fait dissoudre de l'Or dans le mercure, jusqu'à ce que ce métal en soit saturé; on avive, par diverses opérations, la surface du cuivre ou de l'argent : on étend l'amalgame avec une brosse sur la surface à dorer, et on porte la pièce au feu. Le mercure se volatilise et l'or reste. On nomme *Or moulu* cette espèce de dorure : on dore aussi sur les métaux, au moyen de feuilles d'or qu'on applique avec le brunissoir sur leur surface nouvellement avivée.

L'oxide pourpre d'Or est la base des couleurs vitri-
fiables qui donnent le rose, le pourpre et le violet.

Annotations. Nous avons promis de donner ici une idée de la
quantité d'Or et d'argent produite par toutes les mines
connues, et du rapport de valeur de ces deux métaux.

Non-seulement le rapport de valeur de l'Or avec
l'argent a beaucoup varié, mais celui qui existe entre
ces métaux et les denrées qu'ils représentent, a subi
aussi des variations qui dérivent presque toutes des circonstances dans lesquelles les mines se sont successivement trouvées. Les mines qui fournissent ces deux
métaux ont toujours continué d'en verser dans le commerce une plus grande quantité qu'il ne s'en détruit par l'usage. Cette quantité s'est accrue considérablement depuis la découverte de l'Amérique; c'est-à-
dire, depuis environ 3oo ans. Les mines de ce continent, nombreuses, abondantes et faciles à exploiter,
en augmentant la masse de l'Or et de l'argent, dimi-
nuèrent nécessairement la valeur comparée de ces métaux avec celle des objets de commerce qu'ils représentent; en sorte que, toutes choses égales d'ailleurs, il
faut à présent, pour acquérir une même quantité de
denrées, beaucoup plus d'Or ou d'argent qu'il n'en
falloit du temps de Louis xi, avant la découverte de
l'Amérique [1]. Cette abondance des mines d'Amérique
a influé sur l'état de celles de l'ancien continent; et
beaucoup de mines d'argent ou d'Or ont été abandonnées; non que ces filons ou les sables aurifères
soient actuellement moins riches qu'ils n'étoient alors,

---

[1] On pouvoit alors avec 1 kilogr. d'argent payer environ cinq fois
plus de bled, ou cinq fois plus de travail, qu'on n'en peut payer
aujourd'hui (18o6) avec la meme quantité d'argent. Cette proportion
seroit encore plus considérable, si la consommation des metaux p.é-
cieux, et notamment celle de l'argent, n'avoit point augmenté en
raison des progres de la civilisation, des colonies nombreuses qui se
sont établies, de l'emploi plus considérable qu'on en a fait pour les
objets de luxe, &c.

iis parce que leur produit ne représente plus la valeur
ı journées d'hommes et des denrées qu'il faut payer
ur en continuer l'exploitation.

On va voir, par le tableau suivant, dans quelle
ɔportion est le produit des mines d'Amérique, en
nparaison de celui des mines de l'ancien continent.

BLEAU DES QUANTITÉS D'OR ET D'ARGENT
peut supposer être versées dans le commerce de l'Europe,
année commune, prise de 1790 à 1802.[1]

	OR.		ARGENT.	
ſ CONTINENT.	kil.	kil.	kil.	kil.
. . . .	1,700 2,500	. . . .	17,500	
e	650	. . . .	20,000	
ırg	75			
ıtrichiens	. . . .		5,000	
:t Hesse	. . . .		5,000	
. . . .			10,000	
ʒe	75		10,000	
. . . .	. . . .			
. . . .	. . . .		5,000	
ıe , &c	. . . .	. . . .		
l'Anc. Continent. .	4,000	ci , 4,000	72,500	ci , 72,500
ıU CONTINENT.				
ı SEPTENTRIONALE .	1,300	. . . .	600,000	
ı MÉRIDIONALE.				
ions espagnoles,				
ɔrenant le Choco,				
ɔyon, Santa-Fé, le				
ı proprement dit,				
ı Chili	5,000	. . . .	275,000	
ions portugaises. .	7,500			
Nouv. Continent. .	14,100	14,100	875,000	875,000
ıéral en kilogr. . .	. . . .	18,100 k.	. . . .	947,500 k.
—— en francs. . .	. . . .	54,300,000 f.	. . . .	189,500,000 f.

élémens de ce Tableau ont été fournis par M. Ch. Coquebert, qui les a pris, pour
ıe , dans Ulloa, Helms, le *Viagero universal*, le *Mercurio peruano*, les
ɔrios de Gamboa, et sur-tout dans les notes manuscrites que M. Humboldt a eu la
ınce de lui communiquer.

On remarque que les min... Europe trois fois et d... d'argent que toutes cell... voit aussi que la quantité... dans le rapport de ... à ... celui qui existe réellement d... métaux, et qui est en Europe de ... tient à plusieurs causes qui ne ... ici. Nous dirons seulement que l'Or ... et par son prix, beaucoup moins ... les demandes que l'on en fait sont aussi ... nombreuses, et cette cause suffit pour ... fort au-dessous de celui qu'il devrait ... rapport de sa quantité, comparée à celle ... pour une raison analogue, que le b... quoique beaucoup plus rares que l'argent ... dant d'un prix très-inférieur à celui de ...

Avant la découverte de l'Amérique, la ... n'étoit pas si éloignée de celle de l'argent, ... puis la découverte de ce continent l'argent ... en Europe, comme on vient de le voir, ... portion beaucoup plus forte que l'Or. En ... port n'est encore actuellement que de 1 à ... qui prouve que dans ce pays le produit des ... n'est pas autant au-dessous de celui des m... que dans le reste du globe.

§. V. *Traitement métallurgique et usages d...*

Nous ne devons parler ici que des min... qui sont exploitées particulièrement pour ... parmi celles-ci, nous ne traiterons que d... Cuivre sulfuré ; les autres, à l'exception ... bitumineux, n'étant presque jamais exploité...

Grillage.
On grille le Cuivre bitumineux sableusement ... teux, pour le rendre plus friable, et p... perdre une partie du soufre qu'il contient. C... se font en plein air ; le carbone bitumineux que ...

minerai sert, en grande partie, à entretenir ce [...]ge.

La plupart des autres minerais de Cuivre demandent [...]ent à être soumis à un grand nombre de grillages [...] d'être fondus en mattes. Le nombre de ces [...]ges varie depuis six jusqu'à trente, selon la qualité [...] minerai et le mode de grillage employé.

Tantôt on grille ces minerais en petite quantité, c'est-à-dire environ quatre cents quintaux à la fois, sur des [...] places de grillage, entourées de trois murailles [...]couvertes d'un hangar. On est obligé à chaque [...]ge d'augmenter la quantité du combustible qui [...] à l'opération, et on en fait trois à quatre de suite [...] de procéder à la fonte.

Dans d'autres cas, on dispose le minerai en pyra[...]de, selon le procédé que nous avons décrit au §. I. [...] peut opérer alors sur cinq mille quintaux de mi[...]. Le grillage étant plus complet, on peut fondre [...]minerai en matte immédiatement après.

Le minerai grillé est fondu en *matte* dans un four[...]ou courbe. On obtient, dans le bassin de réception, [...] Cuivre sulfuré ferrugineux fondu, brun et fragile, [...]érent du minerai, parce qu'il contient moins de [...]re.

Fonte.

Dans quelques mines, comme à Brixlegg en Tyrol, [...]arpenberg, on fond le minerai *crud*, c'est-à-dire [...] qu'il ait été préalablement grillé. Cette manière de [...]iter se nomme *fonte crue*.

Les mattes qui proviennent de l'une ou de l'autre de [...] fontes, sont concassées et grillées de nouveau et [...] même manière que le minerai : mais les grillages [...] leur fait subir sont toujours plus multipliés que [...] auxquels on soumet le minerai, et vont quel[...]fois jusqu'à huit et douze feux.

Il est avantageux, suivant Deborn, de fondre plu[...]rs fois les mattes dans le cours de leurs grillages. Cette [...]ération rapproche les parties, débarrasse les mattes

μ.

Z

des ...... qui enveloppent le ......
dent les grillages subséquens plus ......

On obtient à la fin une matte ......
dans les cellulosités de laquelle on ......
mens de Cuivre à l'état métallique.

Cette matte est fondue de nouveau ......
fourneau à manche, ordinairement plus ......
qui a servi à fondre le minerai cuod. ......
est du fer pyriteux renfermant un ......
ajoute, comme à Chessy, près Lyon, des ......
précédentes et du quartz. Cette substance ......
renferme pas de chaux ni d'alumine ......
d'enlever le fer au Cuivre et au soufre, ...
fusible, de l'empêcher de se ...... et ......
avec elle dans les scories. (STENNESER.)

On obtient de la dernière fonte des ......
qui renferme encore un peu de soufre ......
quefois du zinc ou d'autres métaux ......
le nomme *Cuivre noir*. Il contient ......
Cuivre pur; s'il était plus riche, il ......
affiner. (DAROUX.)

L'objet qu'on se propose dans l'......
noir, est d'oxider et de scorifier les ......
mélangés, et qui ayant plus d'affinité ......
gène, doivent s'oxider les premiers. ......
analogue à celle de la coupellation, de ......
fourneau dans lequel on la pratique, ...
ressemblance avec le fourneau de ......

C'est une espèce de fourneau à ......
réverbère, dont le sol un peu ....
d'une brasque d'argile et de charbon ......
battue : sur les côtés de ce fourneau ......
bassins de réception (*m n*), qui ont la ......
renversé; sur le côté opposé aux bassins ......
on place deux soufflets (*S S*), dont le ......
versé obliquement sur la surface du Cuivre ......

On met du Cuivre noir en morceaux mo......

ol : le fourneau d'affinage que nous prenons pour
mple peut en contenir 2500 myriagrammes. On a
de mettre un lit de paille entre la brasque et le
re noir, afin que les angles des morceaux n'y
ent point de trous. Lorsque le Cuivre est fondu, on
ve, par une porte (p), avec une espèce de râteau
dents, les scories qui le recouvrent, et on dirige
des soufflets sur sa surface. Au bout de deux
res environ, il est affiné. On ouvre alors les com-
ications (cc) qui sont pratiquées entre le bassin du
neau et les bassins de réception qu'on a soin de
chauds. Le Cuivre y coule et les remplit. On
figer en surface ; on jette de l'eau dessus ; ce qui
dette croûte plus épaisse. Des ouvriers l'enlèvent.
mme elle est ronde et couverte d'aspérités souvent
es, on lui a donné le nom de *rosette*. On enlève
tout le Cuivre des bassins par *rosettes*.

On pourroit couler leur Cuivre sur une toile à voile,
e sur des barres de fer, et couverte de deux pouces
. Il se moule en barres qui ont une couleur rouge
vive.

Dans quelques fonderies, on ajoute au Cuivre envi-
o,08 à 0,08 de plomb : ce plomb facilite la fusion
scorification à une température plus basse ; mais
que il augmente les dépenses, il entraîne en se
iant, environ la dixième partie de son poids de
vre.

Tant que le Cuivre est en fusion, on voit s'élever
surface une fumée qui est composée d'une mul-
de de petits globules de Cuivre. On les recueille dans
minée du fourneau, dans laquelle on pratique
quefois une espèce de chambre pour cet objet.

Lorsque le Cuivre contient de l'argent en quantité
considérable pour qu'il soit extrait avec avantage,
sépare en grand par l'opération de la coupella-
n, ou par celle que l'on nomme *liquation*.

On ne peut employer la coupellation que dans le cas

2

où le Cuivre contient au moins la moitié de son po
en argent. Dans le cas contraire, il doit être soumis à
liquation.

Liquation. On fond alors le Cuivre de nouveau dans un fou
neau à manche, en y ajoutant environ trois fois et deu
son poids de plomb. Cette opération s'appelle ra
chissement du Cuivre. On coule cet alliage da
moule brasqué, qui lui donne la forme de
driques assez plats : on les nomme *pains*

On place ces pains, au nombre de
calement et à côté les uns des autres.
çant de quatre à cinq centimètres.
particuliers (*pl. 15, fig. 4*); ils
composé de deux plaques de fonte
nées l'une vers l'autre, et qui
rigole profonde destinée à con
dans un bassin de réception.

Tantôt les fourneaux ne so
siéges, et alors les pains de
du charbon de bois, qui
mais on a deux fourne
vement; et du mome
dans l'un, on la reço

Tantôt le fourneau d
siéges (*aa, aa*, &c.),
à quinze pièces de li
recouvre tous, et fo

neau, où elles sont toujours placées verticalement : l'objet est de les faire *ressuer*; c'est-à-dire, d'en dégager par une plus forte chaleur presque tout le plomb qu'elles contiennent encore : chaleur qu'on n'auroit pas pu leur faire éprouver en commençant, sans fondre toute la masse, qui étoit beaucoup plus fusible lorsque le plomb y étoit en plus grande quantité.

Le plomb, obtenu par ces deux opérations, est du plomb d'œuvre ou argentifère : on en retire l'argent par le procédé décrit à l'article du plomb.

Le Cuivre qui reste n'est pas encore entièrement privé de plomb; il faut le raffiner de nouveau : et malgré ces diverses opérations, on ne peut le priver entièrement d'argent. Celui qui a été liquéfié avec le plus de soin en contient encore plus de 0,003.

Le procédé de la liquation ne peut être appliqué au Cuivre qui contient de l'or : ce métal précieux n'est point enlevé par le plomb. Si le Cuivre aurifère contient beaucoup d'or, on peut le coupeller avec du plomb; mais c'est une opération très-dispendieuse et qu'on pratique rarement. On a donc cherché un procédé moins cher et plus sûr pour enlever au Cuivre tout l'argent ou tout l'or qu'il peut renfermer. On arrive à ce but au moyen de l'amalgamation. On réduit le Cuivre en matte en le fondant avec du soufre; on grille ces mattes deux ou trois fois avec du muriate de soude et de la chaux (*NAPIONS*), et après chaque grillage, on enlève une partie de l'argent ou de l'or, en amalgamant le tout avec du mercure, suivant le procédé qu'on a décrit au paragraphe de l'argent; mais lorsqu'on sait d'avance qu'un minerai de Cuivre est aurifère, il vaut mieux le traiter immédiatement par l'amalgamation, que d'être obligé de ramener le Cuivre métallique à l'état de matte. *(Affinage du Cuivre aurifère.)*

Quand on a des minerais de Cuivre pyriteux très-pauvres en Cuivre, on se contente de les griller pour en retirer le soufre, on les lave ensuite pour dissoudre *(Cuivre de cémentation.)*

les sulfates de fer et de Cuivre qui se sont formés. On
réunit ces eaux de lavage avec celles qui coulent naturellement dans les galeries des mines de Cuivre, et
qui contiennent aussi du sulfate de Cuivre, et on les
conduit dans des cuves où l'on a mis des plaques de
fer ou de la vieille ferraille. Le Cuivre métallique se
dépose à la surface de ces morceaux de fer. Ce Cuivre
poreux, friable et dont la surface est couverte d'aspérités, porte le nom de *Cuivre de cémentation*. A Schemnitz, on l'enlève tous les trois jours ; un plus long
séjour ralentiroit la cémentation, le Cuivre abritant
alors complètement le fer du contact de l'eau cuivreuse.
On a même remarqué que cette opération étoit plus
prompte et plus complète, si l'eau étoit agitée. L'eau qui
sort des cuves de cémentation, est chargée de sulfate de
fer, qu'on en retire par évaporation et cristallisation.

Usages. Le Cuivre est principalement employé à l'état métallique, pour faire des vases et des ustensiles de ménage et des instrumens de chimie. Le Cuivre jaune est,
comme on va le voir, un alliage de Cuivre et de zinc.

Les oxides de Cuivre, et les sels qui ont ce métal
pour base, servent, les premiers, dans la peinture et
dans la coloration des émaux ; les seconds, dans la teinture. Tous les oxides de ce métal et tous ses sels sont des
poisons très-actifs.

§. V. *Traitement métallurgique et usages du Zinc.*

Zinc métal- ON ne traite presque jamais les minerais de Zinc
lique. pour en retirer ce métal isolé, qui n'est presque d'aucun usage dans les arts. Cependant à Goslar on est
parvenu à obtenir séparément une petite quantité de
Zinc métallique dans la fonte des minerais de plomb
ou de cuivre qui renferment du Zinc sulfuré. Le laboratoire des fourneaux à manche qui servent à cette opération (*pl.* 14, *fig.* 1), est comme divisé en deux parties
par la manière de charger. Dans l'espace renfermé

entre la ligne ponctuée (ss) et la chemise (oac), le charpeur ne met que du charbon très-menu. L'autre partie est remplie de charbon ordinaire, et le minerai est jeté contre le mur de la tuyère. Le Zinc oxidé chassé par le vent des soufflets contre la chemise du fourneau, pénètre dans la colonne de menu charbon, dans lequel la chaleur, et sur-tout le courant d'air, sont considérablement ralentis ; il se condense, se révivifie dans cette partie, et coule en larmes métalliques le long de la chemise. Il se rassemble à sa partie inférieure sur une plaque inclinée (h), qu'on nomme le *siège du Zinc*, et il est conduit par un canal particulier dans un petit bassin de réception (d) placé sur le côté. On retire en quarante-huit heures d'une fonte de 3600 kilogr. de minerai de plomb grillé, environ 8 kilogr. de Zinc. (*LAMPADIUS.*)

Mais l'objet qu'on se propose ordinairement dans le traitement de ces minerais, c'est d'allier immédiatement le Zinc avec le cuivre pour en faire le cuivre jaune ou *laiton*.

Le minerai de Zinc le plus communément exploité, est celui que nous avons nommé Zinc calamine. Le Zinc sulfuré forme très-rarement un objet de traitement particulier, et encore moins d'exploitation.

La première opération que l'on fasse subir à la calamine après le triage, est celle du grillage. On en forme tantôt des parallélipipèdes de quatre mètres de côtés sur douze à quinze décimètres de haut ; ils sont composés de couches alternatives de bois et de minerai. Tantôt, comme dans les environs de Limbourg, on dispose la calamine en tas moins considérables, qui ont la forme d'une ruche, et environ deux mètres de diamètre. Enfin, le meilleur procédé de grillage paroît être celui qui est usité en Angleterre et qui consiste à griller ce minerai dans des fourneaux de réverbère, au moyen de la houille.

La calamine grillée par l'un de ces moyens, doit

Laiton ou cuivre jaune.

être réduite en une poudre égale et fine. On la broie
d'abord grossièrement sous des meules qui roulent verticalement. On la réduit ensuite en une poudre très-
fine entre deux meules horizontales, et quelquefois on
la blute ou on la tamise à la manière de la farine. La
calamine est alors préparée.

Ces opérations préliminaires terminées, on se propose de réduire la calamine à l'état métallique, et de
l'allier au cuivre par une seule et même opération.

On la mêle alors très-exactement avec de la poussière
de charbon, et on stratifie cette poudre avec des morceaux de cuivre rouge, ou, ce qui convient encore
mieux, avec de la grenaille de cuivre : on met le tout
dans de grands creusets d'argile, préparés avec soin.
Les proportions sont généralement pour cent parties de
mélange, 0,50 de calamine, 0,20 de charbon, et 0,30
de cuivre rouge.

On place huit de ces creusets dans des fourneaux
circulaires d'une construction particulière. Gensanne
a proposé d'employer un fourneau à réverbère également circulaire, mais qui a deux laboratoires voûtés
(*pl. 15, fig. 5*). Le laboratoire supérieur (L') sert à
calciner la calamine, à cuire les creusets et à condenser
l'oxide de Zinc volatilisé pendant l'opération. On place
les creusets qui renferment le mélange dans le laboratoire inférieur (L).

Lorsque le Zinc, revivifié par le charbon, est uni
avec le cuivre fondu par la même chaleur, le laiton
est fait, et le cuivre a augmenté d'environ 50 p. $\frac{0}{0}$. On
réunit le laiton de six ou huit creusets dans un seul,
et on s'apprête à le couler en planches.

Le moule qui doit le recevoir pour lui donner cette
forme, est composé de deux fortes pierres qui sont
ordinairement de granite : l'inférieure est plus grande
que la supérieure. Elles sont écartées l'une de l'autre par
trois bandes de fer qui forment trois des côtés du vide,
où doit se mouler la plaque ou planche de laiton. On

lute la surface de ces pierres avec une bouillie composée
de terre à four et de bouse de vache. Les deux pierres
qui forment le moule sont liées par de forts écrous.
Ce moule, extrêmement pesant ; est cependant mobile
sur un essieu qui permet de le placer horizontalement
ou verticalement, au moyen d'un treuil. Lorsqu'il est
préparé, on l'incline de quinze degrés environ, et on
verse le laiton sur la partie de la pierre inférieure qui
déborde la supérieure, et qui sert comme d'entonnoir
pour conduire le métal fondu dans le vide ménagé
entre les deux pierres. On replace sur-le-champ le
moule horizontalement, on desserre les écrous, et on
enlève la planche de laiton avec précaution. Cette planche pèse de 40 à 45 kilogrammes.

Les moules de pierres étant rares et chers, on en fait
aussi avec des plaques de fonte à Ochrau en Tyrol.

Telle est la série des principales opérations de la fabrication du laiton avec la calamine. On emploie aussi
pour faire du laiton l'oxide de Zinc, nommé *tuthie*,
que l'on recueille dans les cheminées des fourneaux où
l'on fond le plomb. Mais on croit avoir remarqué que
le laiton qui en résulte est plus blanc, et on attribue
cette imperfection à l'arsenic que contient cet oxide de
Zinc sublimé. On peut faire aussi du laiton avec du Zinc
sulfuré. Ce minerai doit être grillé avec beaucoup de soin
avant d'être employé. On n'emploie alors que parties
égales de l'oxide de Zinc qui en résulte et de cuivre.

Le laiton en planche subit souvent encore d'autres
préparations, avant d'être mis dans le commerce. On
divise ces planches en les coupant avec des cisailles
mues par l'eau. On les bat sous des martinets pour les
amincir, ou même pour leur donner la forme concave
de la plupart des ouvrages auxquels elles sont destinées.
Dans d'autres cas, on les lamine pour en faire des
feuilles minces d'une égale épaisseur. Enfin, on tire ce
métal à la filière, pour en faire ce que l'on nomme *fil
de laiton*. Toutes ces préparations du laiton étant d'un

grand usage dans les arts, sont faites en grand et par des machines. Le laiton se bat très-bien à froid; mais il s'écrouit, et se casseroit si on n'avoit soin de le faire recuire dès qu'il devient trop dur. Cet alliage métallique, composé de deux métaux d'une fusibilité inégale, ne peut se battre à chaud; il se brise et se divise alors avec la plus grande facilité.

On prépare aussi avec le Zinc un sulfate de Zinc qui est nommé vulgairement *vitriol* ou *couperose blanche*. C'est principalement au Rammelsberg près de Goslar, et en Suède, que se fabrique ce sel.

Sulfate de Zinc. On fait griller les minerais qui renferment du Zinc sulfuré, et on les lessive étant encore chauds. On décompose, par l'agitation à l'air, le sulfate de fer qui peut s'y trouver, et on sépare l'oxide jaune qui résulte de cette décomposition. On fait évaporer la lessive purifiée, et on obtient du sulfate de Zinc cristallisé et limpide. On le fond, à l'aide de son eau de cristallisation; on l'agite continuellement, et on le verse dans des baquets: il se prend en une masse cristalline et blanche comme du sucre. C'est ainsi qu'il est répandu dans le commerce.

Usages. Le Zinc oxidé blanc peut, dit-on, remplacer avec avantage le blanc de plomb dans la peinture à l'huile; il n'a pas l'inconvénient de jaunir ou de noircir à l'air comme ce dernier.

Le sulfate de Zinc est employé dans la teinture.

Les oxides de Zinc sont employés en médecine comme anti-spasmodiques et comme dessicatifs, notamment dans les maladies des yeux; le sulfate de Zinc est astringent et un peu émétique.

§. VI. *Traitement métallurgique et usages de l'Etain.*

L'Etain, selon son gissement en roche ou dans les terreins d'alluvion, éprouve deux préparations préliminaires différentes.

Lorsqu'on le trouve disséminé sous forme de sable dans les terreins d'alluvion, on se contente de laver ces terreins, sur le lieu même, en y conduisant de l'eau qui entraîne les matières pierreuses, beaucoup moins pesantes que l'Etain. Lorsqu'il est en roche, on bocarde ces roches, et on lave le sable qui en résulte. Ce lavage se fait d'abord dans des caisses, ensuite sur des tables. *Lavage.*

Telles sont presque les seules préparations que l'on fasse subir au minerai d'Etain, lorsqu'il ne contient d'ailleurs aucun sulfure de fer ou de cuivre. Mais lorsqu'il est mélangé de ces sulfures, ce qui est le cas le plus ordinaire, on est obligé de le griller. Le grillage du minerai d'Etain ne se fait point en plein air, mais dans des fourneaux à réverbères assez semblables aux fours des boulangers. Le feu doit être conduit avec précaution ; un feu trop actif seroit nuisible, en emportant une partie de l'oxide d'Etain. *Grillage.*

Lorsque ce minerai mélangé est grillé, on le jette, encore presque rouge, dans des cuves pleines d'eau. Les sulfates de fer et de cuivre formés par ce grillage sont dissous par l'eau, on les retire par évaporation et cristallisation.

Il reste dans le fond des cuves une poussière, qui est un mélange d'oxide d'Etain, d'oxide de fer et de cuivre. On sépare ces deux derniers oxides, plus légers que le premier, en lavant le tout sur des tables. Quelquefois, comme à Alt-Saint-Johan, l'oxide d'Etain reste mêlé avec de l'oxide noir de fer ; on enlève la plus grande partie de ce fer attirable, en promenant sur les tables une forte pierre d'aimant. (*Jars.*)

L'oxide d'Etain, ainsi purifié, est fondu dans un fourneau à manche très-bas, dont le sol fort incliné est en granite, le bassin de l'avant-foyer en argile brasquée, et le bassin de réception en fonte. *Fonte.*

Ce fourneau se charge par en-haut avec du schlick et du charbon mouillé, afin que le vent des soufflets n'enlève pas le minerai, qui est très-léger. Comme le courant de la flamme en emporte toujours une partie, la cheminée se change, vers la moitié de sa hauteur, en une espèce de chambre de bois enduite d'argile ; la poussière de minerai entraînée par la flamme, se dépose dans cette espèce de caisse.

Ces principes de traitement sont ceux qui sont suivis en Saxe et en Bohême. Les procédés anglais usités dans le comté de Cornouailles, sont un peu différens.

Fonte en fourneau à réverbère.

L'Etain des filons, qui contient ordinairement des sulfures métalliques, est mêlé avec de la houille grasse, et fondu directement sans grillage préliminaire dans un fourneau de réverbère. On obtient, par ce moyen et dès le premier feu, de l'Etain et des scories qui contiennent le cuivre, le fer et les autres métaux, qui étoient mêlés au minerai d'Etain. Comme ces scories ne sont pas entièrement privées d'Etain métallique, on sépare ce métal par le bocardage et le lavage.

L'Etain fondu par l'un ou l'autre des procédés précédens, est rarement assez pur pour être livré au commerce ; il a besoin d'être affiné. En Allemagne, on fait éprouver à ce métal une nouvelle fusion, au milieu d'un feu de bois, et on couvre de résine la surface du bain d'Etain fondu. En Cornouailles, ou le fond de nouveau avec de la houille en poudre dans le même fourneau de réverbère. Le minerai d'Etain mêlé de sa gangue donne en grand, dans le comté de Cornouailles, à-peu-près 0,025 de métal.

L'oxide de cuivre, séparé du minerai d'Etain, est fondu séparément : mais comme il est rarement pur, il ne donne qu'un alliage aigre, analogue au bronze, et employé par les fondeurs.

Usages.

L'Etain, comme métal blanc, assez brillant, sert à faire de nombreux vases de ménage, qui n'ont d'autre défaut qu'une grande mollesse.

Étamage.

On l'applique, par la fusion, à la surface du cuivre et du fer ; il empêche le premier de se couvrir de vert-de-gris, et le second de se rouiller. Pour étamer le cuivre, on fait chauffer ce métal, on enduit sa surface de résine, afin de l'empêcher de s'oxider, et on la frotte avec de l'Etain fondu. Le cuivre ne prend qu'une couche d'Etain très-mince. Pour préparer le fer étamé nommé *fer-blanc*, on fait *décaper* les feuilles minces de Fer-blanc. ce métal dans une eau sure ; on les récure avec du grès, et on les trempe dans un bain d'étain recouvert de suif fondu. On nettoie ces feuilles avec du son.

C'est en appliquant une feuille d'Etain derrière les glaces, qu'on leur donne ce que l'on appelle *le tain*. Nous décrirons cette opération à l'article du mercure.

Les dissolutions d'Etain sont d'un grand usage dans l'art de la teinture. Elles avivent les couleurs pourpres tirées du règne animal, soit des coquilles qui fournissoient cette couleur aux anciens, soit de la cochenille, qui la donne bien plus facilement aux modernes. On croit même que les Phéniciens, qui connoissoient l'action de ce métal, faisoient bouillir leur teinture pourpre dans des vases d'étain.

L'Etain très-oxidé, nommé *potée d'Etain*, est employé comme matière à polir.

§. VII. *Traitement métallurgique et usages du Mercure.*

On ne traite en grand que le Mercure sulfuré. Ce sulfure, quoique très-pesant lorsqu'il est en masse, se réduit par la trituration en une poussière si fine, qu'elle est assez facilement emportée par l'eau ; en sorte qu'il est rarement avantageux de bocarder et de laver ces mines pour en séparer la gangue, à moins qu'elle ne soit extrêmement légère. Au rapport de Jars, on lavoit la mine d'Idria lorsque ce métallurgiste la visita.

On se contente donc souvent de concasser et de trier le minerai ; on ne traite que les morceaux qui contiennent 0,006 de Mercure. Il y a deux procédés très-différens de traiter les minerais de Mercure. L'un est

§. VIII. *Traitement métallurgique et usages de l'Antimoine.*

L'ANTIMOINE sulfuré étant la seule espèce qu'on trouve en masses volumineuses, est aussi le seul minerai d'Antimoine dont on retire ce métal dans le traitement en grand.

Ce traitement a pour objet, tantôt de séparer seulement l'Antimoine sulfuré de sa gangue, cette combinaison sulfureuse étant fréquemment employée dans les arts, tantôt d'en extraire le métal pur.

Sulfure d'Antimoine. On met le sulfure d'Antimoine concassé, dans des pots ou dans des creusets percés à leur fond de plusieurs trous. On place ces creusets sur d'autres creusets à moitié enfoncés dans la terre ou dans le sol du fourneau. On entoure de bois enflammé les creusets supérieurs, le sulfure d'Antimoine, fondu, abandonne sa gangue et coule dans les creusets inférieurs ; il s'y solidifie en une masse ordinairement aiguillée.

Lorsque l'opération est terminée, on est obligé de laisser refroidir tout l'appareil, pour vider les creusets supérieurs et les creusets inférieurs. Ce procédé, qui est un des plus suivis, entraîne une dépense assez considérable de creusets, de combustible et de temps. On peut la diminuer par l'un ou l'autre des procédés suivans.

Le premier est proposé par Gensanne. On place les creusets renfermant l'Antimoine et sa gangue dans l'intérieur d'un fourneau : on met en dehors les creusets qui doivent servir de récipient ; on les fait communiquer avec ceux du dedans par un conduit de terre. On peut chauffer le fourneau avec de la houille. L'Antimoine fondu coule dans les creusets extérieurs, et en est enlevé sur-le-champ. La gangue est retirée des creusets supérieurs, et ceux-ci sont remplis de nouveau minerai, sans qu'on soit obligé de laisser refroidir le fourneau.

On pourroit employer encore avec plus d'avantage pour opérer cette séparation, des fourneaux à réverbère dont le sol seroit un peu incliné. C'est ce qu'on a exécuté à la mine de la Ramée, près Pouzauge, dans le département de la Vendée. On s'est servi d'une espèce de fourneau à réverbère circulaire ; on plaçoit le minerai sur le sol brasqué et concave de ce fourneau : dès que l'Antimoine sulfuré étoit fondu, il se réunissoit dans la partie la plus basse du fourneau, on le faisoit alors couler par une percée, dans un bassin de réception qui étoit auprès du fourneau.

Lorsqu'on veut retirer l'Antimoine pur du sulfure d'Antimoine obtenu par ces premières opérations, il faut d'abord en dégager le soufre par une chaleur lente. On concasse le minerai; on place ces fragmens sur le sol d'un fourneau à réverbère, ou simple ou à plusieurs étages. On chauffe doucement ; le soufre se volatilise en partie ; l'Antimoine reste à l'état d'oxide gris un peu sulfuré. *Grillage.*

On met cet oxide dans de grands creusets avec moitié de son poids de tartre du vin (tartrite acidule de potasse), et on place ces creusets dans un fourneau de fusion, ou sur le sol d'un fourneau à réverbère. *Antimoine métallique.*

Le carbone de l'acide tartareux séparé par l'action du feu, et réduit à ses molécules intégrantes, désoxide rapidement l'Antimoine ; la potasse s'empare du soufre qui reste, facilite la fusion du métal, et en l'enveloppant, l'empêche de s'oxider de nouveau et de se volatiliser. Le métal se rassemble alors dans le fond des creusets.

Un fait assez remarquable, c'est qu'on ne peut point obtenir le même résultat en employant de la poussière de charbon; et des fondans terreux ou salins. On ne retire alors qu'une très-petite partie de l'Antimoine, et encore est-elle disséminée en globules au milieu de la masse vitrifiée du fondant.

L'Antimoine obtenu par ce moyen est mis dans le commerce sous le nom de *régule d'Antimoine*; sa surface présente ordinairement une ou plusieurs grandes étoiles, dont les rayons figurent assez bien la forme des feuilles de certaines fougères. C'est une cristallisation confuse.

Usages. L'Antimoine est peu employé à l'état métallique; sa fragilité restreint beaucoup les usages qu'on pourroit en faire. Il forme avec le plomb l'alliage dont on se sert pour fondre les caractères d'imprimerie; mais ses oxides sont la base d'un grand nombre de médicamens très-actifs. Ils entrent aussi dans la composition des couleurs jaunes destinées à la peinture sur émail ou sur porcelaine.

§. IX. *Traitement métallurgique et usages du Bismuth.*

LE Bismuth se trouvant presque toujours à l'état natif, et étant très-fusible, on conçoit qu'il doit être facile de l'extraire de ses gangues; aussi son traitement métallurgique est-il fort simple: on met les morceaux concassés dans de grands creusets, que l'on entoure de bois allumé. Une chaleur très-modérée suffit pour faire fondre ce métal et le retirer de sa gangue; si cependant la proportion de la gangue au métal est trop considérable, on y ajoute un fondant terreux et alkalin. Quand le Bismuth contient de l'arsénic, on fait volatiliser ce métal, en tenant le Bismuth en fusion pendant quelque temps. A Schnéeberg, le minerai dont on retire le Bismuth est une mine de cobalt. On met les morceaux concassés de ce minerai dans des tuyaux de fer de 14 décimètres de long sur 1 décimètre de diamètre. Ces tuyaux sont placés en travers sur un fourneau, et un peu inclinés. L'une des extrémités, celle par laquelle doit s'écouler le Bismuth, est en partie bouchée par un morceau d'argile percé seulement d'une petite ouverture; l'autre extrémité est fermée avec un couvercle en fer. Lorsque le minerai est suffisamment échauffé, le Bismuth coule par l'extrémité inférieure du tuyau dans une capsule de fer. Dans tous les cas, il ne faut pas chauffer le Bismuth trop fortement ; car ce métal est très-oxidable, et son oxide est volatil.

Le Bismuth est employé pour donner à l'étain plus de solidité, sans lui enlever sa blancheur.

Ses oxides communiquent aux émaux et au verre une couleur jaune analogue à celle qui est donnée par le plomb.

On se sert de son oxide, bien lavé, pour la dorure sur porcelaine ; il est ajouté à l'or dans la proportion d'un quinzième.

Il a été employé dernièrement contre les crampes de l'estomac, comme anti-spasmodique.

§. X. Traitement métallurgique et usages du Cobalt.

Le Cobalt à l'état métallique n'est d'aucun usage ; en sorte qu'on ne connoît point de procédé métallurgique qui ait pour but de retirer le Cobalt métallique de ses minerais : mais la belle couleur bleue qu'on prépare avec ce métal, et qu'on nomme *smalt*, *azur* ou *bleu d'émail*, a été connue long-temps avant qu'on ait découvert, dans le minerai qu'on employoit pour la préparer, la présence d'un métal particulier ; il paroît même, par les fragmens de mosaïque et d'émaux antiques qui nous restent, que les anciens connoissoient ce minerai, et le moyen d'en retirer l'émail bleu.

Cette couleur est mise dans le commerce sous deux états très-différens ; l'un est le *safre* ou *saflor* ; l'autre le *smalt* ou *azur*.

Le *safre* est un mélange d'oxide de Cobalt calciné et de silice ; il est, par conséquent, gris et pulvérulent, et préparé pour donner de l'émail bleu par la fusion. Le *smalt* est du verre coloré en bleu par de l'oxide de Cobalt, et pulvérisé.

Pour préparer ces substances, on trie le minerai de Cobalt de manière à en séparer les métaux et les autres substances étrangères. On le concasse, on le broie même

assez fin, on le crible ou on le lave sur des tables : on
le place ensuite sur *la sole* d'un petit fourneau à réverbère, qui est chauffé avec du bois ou de la houille ; ce
fourneau est terminé par une longue cheminée horizontale, destinée à condenser l'oxide d'arsénic qui se
dégage du minerai de Cobalt.

Lorsque le minerai de Cobalt est privé, par ce grillage,
du soufre et de l'arsénic qu'il contenoit, on le crible
de nouveau, on le broie très-finement, et on le mélange
avec deux ou trois parties de sable siliceux très-pur.
On a alors la préparation qu'on nomme *safre*.

Si on veut faire du smalt ou de l'azur, qui est beaucoup plus commun dans le commerce que le safre, on
ajoute à l'oxide de Cobalt grillé, criblé et pulvérisé,
deux ou trois parties de sable siliceux, à-peu-près autant
de potasse, et même plus, selon la faculté qu'a l'oxide
de teindre plus ou moins fortement. On met ce mélange
dans des creusets qu'on place dans un fourneau. On
obtient par la fusion un verre bleu que l'on jette tout
chaud dans l'eau. Il reste ordinairement au fond du
creuset un culot de Cobalt métallique, souvent impur,
qu'on nomme *speis*.

Ce verre bleu est broyé dans des moulins, et divisé par
des lavages successifs en poudres bleues de diverses ténui-
tés. Ce sont ces poudres qu'on nomme *smalt* ou *azur*.

On reconnoît plusieurs qualités de smalt ou d'azur,
en raison de l'intensité de leur couleur et de leur ténuité.
L'azur le plus fin est employé dans l'apprêt des toiles,
batistes, linoms, mousselines et fils ; celui du second degré
sert à teindre l'empois, et est employé dans la peinture en
émail ; le plus gros sert aux confiseurs ou aux peintres
en bâtimens, pour faire des fonds d'azur sablé.

C'est ainsi qu'on prépare le safre et le smalt à Schnéeberg en Saxe, à Platten et à Joachimsthal en Bohême,
à Gloknitz en Autriche, et qu'on l'a préparé à Saint-
Mamet dans la vallée de Luchon, au milieu des Pyrénées françaises.

Le bleu que l'on met en fond sur la porcelaine dure, se fait avec de l'oxide de Cobalt soigneusement purifié, et fondu avec du félspath et un peu de potasse.

Le bleu du Cobalt est extrêmement vif, et aussi inaltérable que celui qu'on tire du lazulite, et qui est connu sous le nom d'*outre-mer*; mais comme c'est une matière vitreuse, il ne pouvoit s'employer à l'huile. M. Thenard a composé un bleu de Cobalt qui possède cette qualité, en faisant un mélange d'alumine et de phosphate de Cobalt préparé avec soin. Cette couleur joint à toutes les qualités de l'outre-mer, l'avantage d'être à un très-bas prix.

§. XI. *Traitement métallurgique et usages de l'Arsénic.*

On ne traite presque jamais les minerais d'Arsénic proprement dits; l'oxide de ce métal qui est mis dans le commerce, vient du grillage des minerais d'étain, d'argent, de cobalt, &c. On a vu que ces grillages, et sur-tout celui du cobalt, se faisoient souvent dans des fourneaux à réverbère, dont le laboratoire prolongé, formoit plusieurs chambres dans lesquelles l'oxide d'Arsénic sublimé par le grillage venoit se condenser. On retire de temps en temps cet oxide; mais il est impur, et demande à être purifié par une nouvelle sublimation. Cette opération se fait de la manière suivante à la mine de Maurizzech, près d'Aberdam, dans la contrée de Joachimsthal en Bohême.

Le fourneau de sublimation consiste en un massif de maçonnerie, carré-long. Il y a deux foyers, un à chaque extrémité; les cheminées se réunissent dans une voûte commune qui donne issue à la fumée. On place sur le foyer de ces fourneaux cinq vaisseaux sublimatoires, composés chacun d'une cucurbite et d'un chapiteau conique en fonte; ces deux pièces sont lutées avec de l'argile. On ne met l'Arsénic dans les cucurbites que lorsqu'elles sont rouges; on y fait entrer ce métal par un trou qui est percé au chapiteau, et que l'on rebouche aussi-tôt. On y jette à-la-fois 7 kilogr. d'Arsénic, qui mettent environ deux heures à se sublimer : on en introduit de nouveau, et par la même ouverture, 7 autres kilogr., et ainsi de suite jusqu'à 77 kilogr. On laisse bien refroidir le fourneau avant de détacher l'oxide blanc d'Arsénic qui est sublimé dans les chapiteaux. Cet Arsénic se vend environ 20 francs le myriagramme.

Quand on veut faire de l'orpiment, on ajoute une partie de soufre sur deux parties d'Arsénic, et on opère de la même manière que pour l'oxide. Cette matière se vend alors environ 23 fr. le myriagramme.

L'oxide d'Arsénic, ainsi sublimé, est vitreux, et a d'abord la transparence du cristal : il perd cette qualité par le contact de l'air. M. Fragoso, qui a décrit les opérations précédentes, assure que les ouvriers qui la font n'en sont point incommodés, et qu'ils vivent aussi long-temps que les autres ; ils ont soin seulement de se mettre un mouchoir sur la bouche, lorsqu'ils jettent l'Arsénic dans les cucurbites, et lorsqu'ils le détachent des chapiteaux.

Cet oxide métallique est un objet de commerce en Saxe, en Bohême et dans la Silésie prussienne.

§. XII. *Traitement métallurgique et usages du Fer.*

Les minerais de Fer, considérés sous le point de vue de leur traitement métallurgique ou de l'art d'en extraire le Fer avec économie, doivent être divisés en deux sortes seulement : 1. les minerais ou mines terreuses, 2. les minerais en roche.

Les premiers comprennent le Fer brun granuleux et les différentes variétés du Fer terreux.

Les seconds sont le Fer oxidulé, le Fer oligiste, le Fer rouge hématite, le Fer brun fibreux, et le Fer spathique.

Minerais terreux. Lavage.

Les minerais de Fer terreux, dont nous parlerons en premier, n'ont jamais besoin d'être grillés. Il faut

seulement les laver. Ce lavage a pour but d'enlever les
terres argileuses ou calcaires qui enveloppent le Fer
granuleux. Si ces minerais sont en masse solide, on les
bocarde et on fait passer en même temps sous les pilons
du bocard un courant d'eau qui entraîne les terres. Ce
premier lavage ne suffit pas toujours.

Lorsque les mines ont été bocardées, ou lorsqu'elles
sont naturellement friables, on les lave complètement
ou dans des fosses, ou dans des lavoirs particuliers,
qu'on nomme *patouillet* et *égrappoir*.

Le *patouillet* (pl. *16, fig. 1*, I, II), consiste en une
espèce de fosse longue, nommée *huche* (H). Au-dessus
de cette fosse, et dans le sens de sa longueur, est placé
un arbre horizontal, armé de bras de fer, doublement
coudés, à angles droits. Les bras de cet arbre; mis en
mouvement par une roue mue par l'eau, agitent et
lavent le minerai placé dans la huche, et sur lequel
passe perpétuellement un courant d'eau.

L'*égrappoir* est une espèce de crible incliné, semblable à une échelle, dont les échelons seroient prismatiques et très-près les uns des autres : on jette le minerai sur l'égrappoir, au moyen d'une trémie qui est
placée à sa tête; on y fait passer en même temps un
courant d'eau assez rapide pour délayer les terres qui
enveloppent le minerai, et les entraîner au travers des
fissures étroites qui séparent les barres transversales de
l'égrappoir.

Les mines terreuses qui ont besoin d'être lavées,
peuvent être amenées par l'un de ces moyens au degré
de pureté nécessaire pour qu'elles soient fondues avec
le plus d'économie possible.

Les minerais en roche ne sont ni lavés ni même   Minerais
bocardés, mais presque tous ont besoin d'être grillés.   en roche.
Il paroît que le but de ce grillage est différent selon   Grillage.
les espèces de minerais qui y sont soumises. Il a en
général pour objet principal de rendre le minerai
plus friable, de dégager le soufre ou l'arsénic de ceux

qui en contiennent, l'eau de cristallisation du Fer spathique, &c.

On laisse souvent ce dernier minerai long-temps
exposé à l'air, avant et mieux encore après le grillage.
Il devient alors plus fusible. M. Descostils ayant observé
que la magnésie est la terre qui rend réfractaires les
minerais de Fer spathique, pense qu'une longue exposition à l'air et à l'eau, les débarrasse de cette terre,
tantôt parce que l'eau enlève le sulfate de magnésie
qui s'est formé dans le grillage au moyen du soufre des
pyrites ; tantôt parce que l'eau entraîne peu à peu le
carbonate de magnésie. Dans ce dernier cas, il faut
que l'exposition à l'air dure un très-grand nombre
d'années.

Les minerais de Fer ne renfermant pas, comme les
sulfures métalliques, une matière combustible au moyen
de laquelle le grillage puisse se continuer, on est
obligé de les disposer en couches alternatives avec du
bois ou de la houille, et de les placer dans des fours
carrés ou en cônes renversés, semblables à ceux dans
lesquels on cuit la chaux.

Les minerais de Fer en roche n'ont cependant pas
toujours besoin d'être grillés ; le Fer spathique de Klein-
boden en Tyrol, et celui d'Eïsen-Ertz en Styrie,
peuvent se passer du grillage. On peut également négliger cette opération préliminaire pour la plupart des
minerais destinés à être fondus dans des *hauts four-*
neaux de dix à douze mètres de hauteur. Le temps
qu'ils mettent à descendre de l'ouverture supérieure
du fourneau (du gueulard), jusqu'à son fond, leur
tient lieu d'un grillage particulier. Tous les minerais de
Fer prennent, par cette opération, une couleur brun-
rouge qu'ils n'avoient point auparavant, et tous ceux
qui n'agissoient pas sur l'aiguille aimantée, acquièrent
par-là cette propriété.

FONDAGE.   Les minerais de Fer qui ont subi ces opérations
préliminaires, sont disposés à être fondus.

Les fourneaux généralement employés pour fondre
en grand les mines de fer, ont une forme particulière, et
portent le nom de *hauts fourneaux* (*pl. 16, fig. 2*, I, II,
III), parce qu'en effet ils sont tous beaucoup plus hauts
que larges : quelques-uns ont quatorze mètres de hauteur, et ressemblent à des puits élargis dans leur milieu ;
la forme des différentes parties de ces fourneaux et leurs
dimensions respectives, sont de la plus grande importance pour le succès des fontes qu'on y fait. La figure
que nous donnons indique les dimensions qui sont
regardées comme les meilleures.

Les diverses parties qui composent ces fourneaux
sont fort nombreuses. On ne parlera ici que des principales.

Les hauts fourneaux devant avoir une grande solidité, sont élevés sur des pilotis ou sur une double grille
de charpente (H) qui en est la fondation. Leurs murailles, ordinairement très-épaisses, sont percées de
canaux (*a a*) pour l'évaporation de l'humidité. Cette
épaisseur peut être diminuée, si on veut armer en Fer
l'extérieur de ces fourneaux.

Le foyer et le laboratoire sont renfermés et comme
confondus dans la même cavité. Il n'y a pas de cheminée proprement dite. La cavité moyenne (L) du fourneau a généralement la forme ou de deux cônes tronqués apposés base à base, ou d'un ellipsoïde : elle porte
particulièrement le nom de *cuve*. Elle se termine inférieurement par une cavité, tantôt à-peu-près cylindrique ou un peu conique, que l'on nomme le *creuset*,
et tantôt prismatique. C'est dans cette cavité que doit
se réunir le métal fondu. On y remarque trois sortes
d'ouvertures ; une (*o*) ou plusieurs, par lesquelles s'introduit l'air destiné à exciter le feu ; une autre (*m i*),
percée vers le bord supérieur du creuset, et par où
doivent sortir les laitiers ou scories en s'écoulant sur
une plaque de fonte inclinée, nommée *la dame* (*m*) ;
une troisième (*p*), qui est pratiquée au fond même du

creuset, et qui est destinée à laisser sortir le métal fondu lorsqu'on la débouche.

Le creuset s'évase à sa partie supérieure pour se réunir à la grande cavité du fourneau. Cet évasement (*efgh*) porte le nom d'*étalages*. La grande cavité ou *cuve* (L) se rétrécit insensiblement jusqu'à l'ouverture supérieure et circulaire du fourneau, que l'on appelle *le gueulard* (G). Le creuset et les étalages pris ensemble sont désignés en général sous le nom d'*ouvrage*.

La masse du fourneau est construite en maçonnerie; mais ses parois intérieures doivent être en pierre réfractaire, et mieux encore en brique infusible. C'est le fondeur qui construit lui-même la partie du fourneau qu'on nomme l'*ouvrage*. Il donne au creuset et aux étalages des dimensions différentes, selon la nature de la mine qu'il a à fondre. Mais en général on a remarqué que la fonte se faisoit d'autant mieux que la pente des étalages étoit plus roide, et maintenant ils sont presqu'entièrement supprimés, comme le fait voir la figure.

Lorsque le fourneau est préparé et bien séché par un feu de charbon, on le charge par le gueulard d'un mélange composé de minerai, de charbon, et quelquefois d'un fondant terreux, qui est argileux ou calcaire selon la nature du minerai. Si le minerai est très-argileux, et c'est le cas le plus ordinaire, on y ajoute de la pierre calcaire que l'on nomme *castine*. La nature de cette chaux carbonatée influe beaucoup sur la qualité de la fonte que l'on doit obtenir, et il est important d'apprécier la quantité d'argile ou de silice qu'elle contient. Lorsque la mine est trop calcaire, on y ajoute une terre argileuse. Ce fondant est appelé *erbue* par les ouvriers.

Le combustible employé pour fondre les mines de Fer dans ce fourneau, est du charbon de bois ou de la houille carbonisée. Nous ne parlerons d'abord que du traitement par le charbon de bois. On a observé que le meilleur pour les hauts fourneaux étoit le charbon de chêne bien sec fait avec du bois de dix-huit à trente ans.

Il n'est pas possible de déterminer d'une manière générale les proportions de ces trois substances. Cependant, en supposant le cas le plus simple, on peut indiquer les proportions suivantes : Minerai de Fer terreux, o,58 ; castine de marbre blanc, o,09 ; charbon, o,33, qui donneront environ o,2o de fonte et o,15 de Fer.

Le feu est *activé* dans ce fourneau ou par des soufflets en bois, ou par le vent des trompes, ou par des pompes soufflantes (*pl. 16, fig. 2*, I V).

Ordinairement le vent n'est introduit dans le fourneau que par une seule tuyère. Cependant à Treibach en Carinthie, il y a deux tuyères opposées. On a remarqué qu'en mettant deux et même trois tuyères sur deux ou trois points opposés de la circonférence du fourneau, la fonte se faisoit beaucoup mieux, plus promptement et avec plus d'économie.

A mesure que le charbon se consume, et que la mine et ses mélanges terreux se fondent, la masse qui est dans le fourneau s'affaisse ; et si le *travail* va bien, elle doit descendre lentement et également. Le minerai chauffé et comme préparé dans la partie supérieure du haut fourneau, est complètement fondu en arrivant devant la tuyère. L'oxide de Fer en partie revivifié, se combine avec une certaine quantité de carbone et passe à l'état de *fonte*. Devenu alors d'une pesanteur spécifique beaucoup plus considérable que les terres vitrifiées qui l'accompagnent, il les abandonne, coule, et se rassemble au fond du creuset. L'argile, la silice, la chaux, et quelquefois le manganèse des gangues, le tout mêlé d'un peu d'oxide de fer, forment, par leur vitrification, un émail ou une scorie qui nage sur la fonte et gagne bientôt les bords du creuset. Ce verre opaque, brun, à cassure quelquefois luisante et conchoïde, quelquefois lamelleuse et lithoïde, porte le nom

Travail.

de *laitier* : il sort par une ouverture pratiquée au bord supérieur du creuset, et s'écoule le long de la plaque de fonte inclinée qu'on nomme *la dame*. On a observé que la charge qu'on jette dans le gueulard d'un fourneau de quinze mètres de haut, met près de trois jours à descendre dans le creuset. Les ouvriers, placés au gueulard, ne laissent point le fourneau se vider; ils remplacent par de nouvelles charges celles qui descendent.

Lorsqu'on juge, d'après le nombre des charges et l'abondance du laitier qui s'écoule, que le creuset est plein de fonte, on s'apprête à le vider par l'opération qu'on nomme *la coulée*.

Le mouleur pratique dans le sol sablonneux de la fonderie qui est disposée exprès, un sillon triangulaire, ou des cavités tantôt rectangulaires, tantôt demi-sphériques, destinées à recevoir la fonte et à lui donner la forme qu'on juge la plus convenable. Alors on arrête le vent des soufflets ; un ouvrier avec un *ringard*, qui est une longue barre de fer, débouche le trou du fond du creuset qui a été fermé avec de l'argile. La fonte s'écoule et se moule dans les cavités qu'on lui a préparées.

Lorsque la masse de fonte qu'on a coulée, s'est moulée dans un sillon creusé dans le sol de la fonderie, elle prend la forme d'un long prisme triangulaire effilé à ses extrémités, et porte le nom de *gueuse* (*fig. 3*).

Il faut avoir soin que le sable qui sert de moule soit bien sec. La moindre humidité produiroit une explosion dangereuse. A mesure que la fonte s'écoule, un ouvrier la couvre de poussière mêlée de poudre de charbon, pour l'empêcher de brûler et pour diminuer l'intensité de la chaleur qui se répand et qui incommode beaucoup les ouvriers. Lorsque la coulée est faite, on bouche la percée avec de l'argile, on donne le vent et on continue la fonte.

Les hauts fourneaux vont continuellement pendant

plusieurs mois de suite ; on fait ordinairement deux à trois coulées par jour.

On peut fondre le minérai de Fer au haut fourneau avec de la houille ; mais il faut que ce combustible fossile soit privé, par une carbonisation analogue à celle du charbon de bois, premièrement, du bitume qui le rend collant et l'empêche de descendre peu à peu dans le haut fourneau ; secondement, du soufre qu'il renferme souvent, et dont la présence est très-nuisible à la fabrication du Fer.

La fonte obtenue par l'opération qu'on vient de décrire est, comme on le sait, une combinaison de Fer, d'un peu d'oxigène et de charbon. Mais ces trois principes variant beaucoup dans leurs proportions donnent des qualités de fonte très-différentes et qu'il est important de connoître avant de traiter de l'affinage du Fer.   *Fonte.*

Nous réduirons les qualités de la fonte à deux principales ; la fonte blanche, et la fonte grise.

La *fonte* naturellement *blanche* a la cassure lamelleuse ; elle est d'un gris blanc : elle contient plus d'oxigène que la fonte grise et moins de charbon ; elle est plus dure, plus cassante et plus fusible ; mais elle se fige plus promptement : elle répand en coulant beaucoup d'étincelles blanches et brillantes ; sa surface est irrégulière, et la retraite qu'elle prend en se refroidissant est assez considérable. Le laitier qui accompagne cette fonte a aussi quelques caractères particuliers. Il est très-fluide, d'un vert brun, et contient lui-même beaucoup de Fer. Cette fonte est toujours donnée par le traitement des minerais de Fer qui contiennent du manganèse, quelle que soit la quantité de charbon qu'on emploie dans le *fondage*. Le manganèse donne en général une grande fusibilité à ces minerais ; d'où il résulte que le Fer spathique et le Fer oxidé brun réunis, forment le mélange le plus facile à fondre. (*Stünkel.*) Cependant cette fonte difficile à affiner complètement, est peu estimée lorsqu'il s'agit d'obtenir du Fer doux ; mais elle donne le meilleur *acier naturel.*

Il ne faut pas confondre cette fonte blanche naturelle avec celle qu'on obtient de toutes sortes de minerais, lorsque le fondage est mal conduit, ou que le charbon n'est pas en quantité suffisante, ni avec celle qui résulte du refroidissement subit de la fonte grise.

La *fonte grise* est d'un gris tirant sur le noir ; son grain est assez fin et brillant : elle contient beaucoup plus de carbone que la précédente : elle est moins dure et moins fusible. Elle jette en coulant des étincelles rougeàtres ; sa surface est assez unie, et ordinairement recouverte d'une pellicule de carbure de Fer. Elle est plus pesante que la fonte blanche, dans la proportion de 100 à 94. Elle prend moins de retraite en se refroidissant ; enfin, on consomme environ un cinquième de charbon de plus pour l'obtenir. Le laitier qui l'accompagne est blanc, pâteux, et a une cassure lamelleuse. Cette fonte n'est jamais produite par les minerais de Fer manganésifères. On en distingue deux qualités : la *fonte grise aigre*, qui éprouve beaucoup de déchet dans l'affinage, et qui donne un mauvais Fer ; et *la fonte grise douce*, qui a les qualités opposées à ces défauts : celle-ci est la plus estimée ; elle est quelquefois plus difficile à affiner que la première. (STÜNKEL.)

Les minerais de Fer traités par la houille épurée, donnent constamment de la fonte grise. Telle est celle d'Angleterre.

La fonte grise, refroidie promptement et comme trempée, prend, comme on vient de le dire, l'aspect et la dureté de la fonte blanche ; il y a entre ces deux qualités de fonte, un grand nombre de nuances intermédiaires.

La fonte est souvent employée sous cet état dans les usages de la vie. La grande facilité qu'on a de la couler et de la mouler la rend propre à la fabrication d'un grand nombre d'ustensiles. Souvent avant de la moufer, on la raffine en la fondant de nouveau dans des fourneaux à réverbère. Les moules dans lesquels on la coule sont faits avec un sable fin argileux, susceptible de conserver par un fort battage les formes les plus délicates. Mais la fragilité de la fonte, et sur-tout sa dureté, sont un obstacle à ce qu'on en fasse des objets d'ornement qui demandent à être finis avec soin. Les formes qu'elle présente en sortant du moule, sont toujours émoussées, obtuses, et exigeroient, dans beaucoup de cas, d'être réparées au ciseau. Il faut, pour cela, attendrir au moins la surface de la fonte. Réaumur est parvenu à ce résultat, soit en faisant chauffer fortement de la fonte au milieu d'un cément de poussière d'os et de poussière de charbon, soit en la recouvrant d'une couche de carbure de Fer, soit enfin en fondant de la fonte grise au milieu de la poussière de charbon, et la coulant dans des moules rouges qui ne se refroidissent que lentement. La fonte, ainsi recuite, est susceptible d'être limée et ciselée. On peut alors en faire des ouvrages qui ne se feroient en fer forgé qu'avec des frais considérables.

La fonte n'est qu'un passage du minerai de Fer au AFFINAGE. Fer métallique ; elle demande, pour acquérir toutes les propriétés de ce métal, à être privée du carbone et de l'oxigène qui sont combinés avec le Fer. On nomme *affinage* l'opération d'amener la fonte à l'état de Fer. On suit plusieurs procédés pour arriver à ce résultat. Nous allons faire connoître les principaux, en commençant par celui qui est le plus ordinairement usité.

La forge ou fourneau d'affinage ordinaire, qui porte Forge. aussi les noms d'*ouvrage*, de *renardière*, &c. ressemble, au premier aspect, aux forges des serruriers (*pl. 16, fig. 4,* I, II). Elle est composée d'un sol élevé au-dessus de celui de l'atelier, d'une cheminée en hotte qui le recouvre, d'une espèce de chemise ou garde-feu de brique qui descend obliquement de la hotte vers un des jambages de la cheminée : ce mur doit garantir les ouvriers de la trop grande ardeur du feu [1].

Une cavité carrée (C), garnie de plaques de fonte très-épaisses, est pratiquée dans le sol élevé du fourneau. Elle est destinée à servir de creuset, ou plutôt à contenir l'espèce de creuset de brasque qu'on doit y former; de forts soufflets dirigent leur vent dans cette cavité.

La tuyère (t) des soufflets s'appuie sur une des plaques de côté (a), nommée varme : celle qui est en face porte le nom de contre-vent (v); celle qui est à gauche de la tuyère s'appelle rustine (r). Enfin, celle qui est à droite (k), ou en face de la rustine, est percée d'un trou (i) destiné à la sortie des laitiers : cette ouverture porte le nom de chio.

Lorsqu'on se dispose à affiner de la fonte, on commence par former le creuset proprement dit. On remplit la cavité carrée qui vient d'être décrite, avec de la poussière de charbon bien battue qu'on nomme brasque légère : un ouvrier creuse une cavité hémisphérique dans cette masse de poussière de charbon; il y place les morceaux de fonte à affiner : il entoure le tout de charbons de bois allumés; le feu est bientôt porté à un haut degré d'intensité par le vent des soufflets.

Travail.   La fonte ne tarde pas à entrer en fusion; on la maintient quelque temps dans cet état, ayant soin de diriger le vent des soufflets sur sa surface : un ouvrier écarte même les scories qui abritent la surface du bain de fonte du contact de l'air. L'objet de cette pratique est de faire brûler par l'air extérieur et par celui des soufflets, le carbone contenu dans la fonte; et pour hâter cette combustion, l'ouvrier remue continuellement la fonte avec le ringard. A mesure que le charbon est brûlé par l'oxigène de l'oxide de fer et par celui de l'atmosphère, le Fer passe à l'état métallique, et devient moins fusible; il se forme dans le bain de fonte des grumeaux de Fer

---

[1] Ces parties n'ont point été mises dans la figure.

métallique que l'ouvrier cherche à rapprocher en une seule masse. Cette masse poreuse porte le nom de *loupe*, *renard* ou *masse* (*pl. 16* , *fig. 6* , A). Lorsqu'elle est d'une grosseur convenable, l'ouvrier la retire hors du creuset , et la roule sur une plaque de fonte qui est sur le sol de l'atelier. Alors plusieurs ouvriers la frappent avec de lourds marteaux, font suinter le laitier abondant qui tenoit ses parties séparées , et lui donnent une forme à-peu-près sphérique ; cette opération préliminaire s'appelle *fouler la loupe*. On la porte alors sous le martinet , pour commencer à la forger ; et cette autre opération , que nous regarderons comme la première , se nomme le *cinglage de la loupe*.

Le *martinet* (*pl. 16* , *fig. 5* ,), est un gros marteau de fonte douce ou de Fer , pesant environ 450-kilogr.; il est emmanché à l'extrémité d'une longue solive et mis en mouvement par une machine à eau ou par une machine à vapeur. Il frappe avec une grande force , et avec une vitesse variable , selon la volonté de l'ouvrier, sur une forte enclume (*a*) enfoncée en partie dans la terre, et portée sur un massif de charpente solidement scellé. Cette enclume est de la même nature que le marteau , et a à-peu-près la même forme que lui.

Martinet.

. La *loupe cinglée* sous le martinet , et continuellement retournée par l'ouvrier chargé de cette opération , prend la forme d'un prisme court à huit pans , quatre larges et quatre étroits (*fig. 6*, B). On la nomme *pièce*. On reporte la pièce au feu , en la tenant sous le vent des soufflets au moyen de fortes tenailles. Lorsqu'elle est suffisamment chaude, on la replace sous le martinet , et on ne frappe que sur le milieu de la pièce. Elle s'alonge et s'amincit dans cette partie, en conservant une masse à chacune de ses extrémités. Elle porte alors le nom d'*encrenée* (C).

L'*encrenée* est de nouveau portée au feu , et forgée de manière qu'une des masses de ses extrémités disparoisse ; alors elle représente une large bande de Fer terminée d'un seul côté par une masse, et elle prend le nom de *maquette* (D).

La *maquette* éprouve un quatrième feu, ou *chauffe*, et elle est encore remise sous le martinet ; la masse qui restoit, disparoît ; la bande ou barre de Fer est forgée, et peut être livrée au serrurier.

Tel est le procédé général de l'affinage de la fonte ou de la préparation du Fer. Si ce n'est pas le meilleur, c'est le plus suivi en France et dans beaucoup de pays. Nous devons faire connoître les principales méthodes qui en diffèrent, et les améliorations qu'on y a faites.

Méthode catalane. Il y a dans les Pyrénées, certains minerais de Fer spathique mêlés de Fer hématite, tels que ceux du pays de Foix, ceux des environs du Canigou, ceux de la Catalogne, &c., qui sont assez riches et assez faciles à fondre pour donner immédiatement du fer au fourneau d'affinage, sans qu'il soit nécessaire de les faire passer par l'opération du haut fourneau. On appelle *méthode catalane* cette manière de traiter les mines de Fer. La forge catalane est faite comme les autres affineries : mais au lieu de mettre de la fonte dans le creuset, on y place de la mine, on la fond dans le creuset même, et on en retire, au bout d'un certain temps, des loupes de Fer, que l'on sort en barres de Fer par une serie d'opérations semblables à celles que nous venons de décrire. Cette méthode, qui ne peut être appliquée qu'à certains minerais de Fer très-fusibles, et qui convient peut-être exclusivement au Fer spathique à petites facettes, a l'avantage d'être beaucoup plus économique que celle du haut fourneau, d'exiger une avance de fonds beaucoup moins considérable, et de ne point faire craindre des chances de pertes aussi grandes.

Dans les cas où le bois est très-rare, comme en [...] on a cherché à affiner le fer avec de la [...] et on est parvenu à employer [...] d'une manière satisfaisante, malgré les [...]

Les procédés sont très-différens de ceux que nous avons décrits, et sont dus à MM. Cort et Purnell, anglais. On fait d'abord subir à la fonte une nouvelle fusion dans des affineries ordinaires, chauffées avec de la houille épurée ; elle y éprouve un commencement d'affinage, et passe à l'état de fonte blanche. Cette fonte, réduite en petites masses, est placée sur l'autel d'un fourneau à réverbère chauffé avec de la houille naturelle ; elle fond et bouillonne, et lorsqu'elle est en parfaite fusion, on remarque à sa surface de petites flammes bleues qui sont dues à la combustion du carbone. On jette souvent du sable et des morceaux de houille sur ce bain de fonte, afin de faciliter la formation des scories : on brasse alors la fonte avec un ringard, et on réunit en trois ou sept loupes le Fer, qui se revivifie. On place ces loupes sous un lourd martinet, qui pèse 5 à 600 kilogr., et on les cingle. Dans d'autres usines, on opère cette première opération du Fer, en passant les loupes entre des cylindres cannelés qui font suinter les scories qu'elles renferment. Les cannelures vont en diminuant de profondeur, et on passe la loupe par chaque cannelure successivement, en commençant par la plus grande, et finissant par la plus petite. On reporte les loupes, ainsi cinglées, dans un fourneau à réverbère plus grand que le premier ; et lorsqu'elles sont rouges, on les passe de nouveau entre deux cylindres cannelés, qui leur donnent la forme de barres aplaties.

On les refend en plusieurs barres ou baguettes, dans un atelier particulier qu'on nomme *fenderie*. Pour faire cette opération avec promptitude et économie, on fait rougir ces bandes, et on les passe d'abord entre les cylindres d'un laminoir, qui les amincit et les aplatit ; on les fait repasser de suite entre d'autres cylindres armés de coupans qui s'engrènent l'un dans l'autre, et qui séparent la bande de Fer en autant de barres ou de baguettes qu'il y a de taillans sur ces cylindres.

On connoît le Fer sous les ... sous trois états : celui de fonte, que nous venons de décrire ; celui de Fer malléable et pur ; et celui d'acier. Ce ... est, ... être, intermédiaire entre l'eau de forge et celui de Fer.

L'acier est une combinaison de fer et de carbone : il diffère donc de la fonte par l'absence de l'oxigène, et du Fer par la présence du carbone. Ainsi, on peut transformer la fonte en acier en la privant de l'oxigène qu'elle renferme, et amener le Fer à l'état d'acier, en y introduisant du carbone. Il résulte de ces principes deux méthodes de faire l'acier.

Par la première, on enlève seulement l'oxigène à la fonte, et on obtient ce que l'on appelle de l'*acier naturel*.

Par la seconde, on donne du carbone au fer, et on fait l'acier nommé *de cémentation*.

Acier naturel

1. Les meilleurs minerais pour faire l'*acier naturel* ou *de fonte*, appelé aussi *acier d'Allemagne*, sont le Fer oxidé hématite, et sur-tout le Fer spathique. On croit avoir remarqué que la présence du manganèse favorise la formation de l'acier. Les procédés pour obtenir le Fer dans cet état diffèrent très-peu de ceux que l'on suit pour avoir du Fer pur ; il suffit souvent de donner moins de vent, et de changer l'inclinaison de la tuyère des soufflets. La fonte qu'on emploie doit être de la fonte grise ; la fonte blanche n'en donneroit pas, ou bien il faudroit amener cette fonte, qui contient peu de charbon, à l'état de fonte grise, en augmentant dans le fourneau la dose du charbon. La fonte trop noire donneroit de l'acier mauvais et trop cassant : il faut donc, lorsqu'on traite de telle fonte, lui enlever son excès de carbone, en jetant dans le creuset de la vieille ferraille. Dans la fabrication du fer, le vent des soufflets tombe sur le bain de fonte, et sert en partie à brûler le carbone qu'elle contient ; dans celle de l'acier, le vent est dirigé horizontalement, de manière

qu'il n'y. a de carbone détruit que celui qui est brûlé
par l'oxigène de la fonte. Aussi a-t-on soin de laisser le
bain de.fonte recouvert par les scories, qui l'abritent
du contact de l'air, et de laisser ce bain long-temps en
repos avant de chercher à rassembler par le brassage
les molécules métalliques qui se séparent. Il reste toujours par ce moyen une grande quantité de carbone
combiné avec le Fer, ce qui constitue l'*acier.*

Lorsque l'on fait de l'acier naturel, on retire presque
toujours de la forge, vers la fin de l'opération, une ou
plusieurs loupes de Fer ; mais ce Fer est un peu dur;
il convient pour les instrumens de labourage.

L'acier naturel a le défaut d'être rarement homogène;
il renferme des pailles, et sur-tout des parties qui se
rapprochent plus ou moins de l'état de Fer. On corrige
en grande partie ce défaut en réunissant plusieurs barres
en paquets ; on les soude et on les forge ensemble par
une *chaude suante* [1], et on tire ces diverses pièces en
une seule barre, que l'on replie quelquefois plusieurs
fois sur elle-même, en la soudant et la forgeant de nouveau. L'acier qu'on obtient par ce moyen, est beaucoup plus homogène, et principalement employé·à
faire des faulx.

On fait de l'acier naturel dans les Pyrénées; à Rives,
département de l'Isère ; en Styrie et en Carinthie, &c.

2. L'objet qu'on se propose dans la fabrication de *Acier de cé-*
l'*acier de cémentation,* est d'introduire dans du Fer déjà *mentation.*
fait et d'une qualité connue, la quantité de carbone qui
est nécessaire pour l'amener à l'état d'acier. Pour remplir cet objet, on met des barres de Fer dans des caisses
de terre réfractaire qui sont remplies ou de poussière
de charbon ou de *cément ;* c'est une poudre composée
de matières propres à donner du charbon par leur
décomposition. Le tout est recouvert d'une couche de

---

[1] On nomme ainsi la chaleur susceptible de ramollir le Fer au
point d'en faire bouillonner la surface.

sable humecté et bien battu qui empêche le charbon
de brûler. On expose ces caisses dans un fourneau à
réverbère d'une structure particulière, à une chaleur
très-forte et long-temps continuée. Les pores du Fer
s'écartent considérablement, le charbon presque fondu
par le calorique, s'introduit dans le Fer et le change en
acier.

Les barres qui sortent de la caisse de cémentation ont
une surface boursoufflée ; leur texture est lamelleuse :
elles prennent dans cet état le nom d'*acier poule*. Il
faut chauffer et forger de nouveau cet acier avant de
le mettre dans le commerce.

Le Fer, en passant à l'état d'acier par cémentation,
augmente d'un centième en volume, et depuis $\frac{1}{185}$ jusqu'à $\frac{1}{140}$ en poids.

Pour avoir de bon acier de cémentation, il faut
employer du Fer de très-bonne qualité, bien forgé et
bien *corroyé* [1]. Le Fer de France qui paroît le meilleur
pour cet usage, est celui d'Alsace. Celui de Roslagie en
Suède est encore plus estimé ; c'est ce Fer qu'on cé-
mente à Newcastle en Angleterre. On fait vingt-cinq à
trente milliers d'acier dans une seule opération qui
dure cinq jours et cinq nuits.

Acier fondu.   3. On connoît dans les arts une troisième sorte d'acier
qu'on nomme *Acier fondu*. En effet, c'est de l'acier
qui a été réellement fondu à l'abri du contact de l'air.
Il y a plusieurs manières de le faire. La méthode ordinaire consiste à mettre dans un creuset des rognures ou
cassures d'acier naturel et d'acier de cémentation. On y
ajoute un flux dont on a fait long-temps un mystère ;
mais c'est simplement un flux vitreux qui ne doit contenir ni arsenic, ni plomb. On fond par ce moyen
l'acier à l'abri du contact de l'air ; on le coule dans des
lingotières, et on le forge avec précaution.

---

[1] C'est-à-dire fréquemment et méthodiquement alongé sous le
marteau.

Clouet a fait de l'Acier fondu, en décomposant l'acide carbonique du carbonate de chaux, au moyen du Fer. On met dans un creuset, et couches par couches, des petits morceaux de Fer et un mélange de carbonate de chaux et d'argile. Il faut qu'il y ait assez de ces deux terres pour que la surface du fer soit entièrement couverte par le verre après la fusion. On obtient un acier fondu qui se laisse travailler assez facilement à la forge. Le même chimiste a remarqué que si on laisse l'acier fondu trop long-temps sous le verre en fusion, cet acier devient dur et difficile à forger ; il attribue la fragilité qu'il acquiert à une combinaison du verre avec l'acier.

On sait que la dureté, jointe à une sorte de ténacité, sont les qualités que l'on recherche dans l'acier. Celui qui sort du feu n'a pas encore le degré de dureté dont il est susceptible ; il doit l'acquérir par l'opération qu'on nomme *la trempe*. Le principe de cette opération aussi singulière qu'elle est simple, est de faire refroidir l'acier promptement : plus le refroidissement est prompt et fort, plus l'acier acquiert de dureté. Aussi la trempe dans le mercure froid est-elle celle qui donne le plus de dureté à l'acier ; mais comme il perd alors presque toute sa malléabilité, elle n'est presque point employée. La trempe ordinaire se fait dans l'eau. On ajoute quelquefois divers ingrédiens à ce liquide : mais ils sont sans utilité s'ils ne contribuent pas à rendre l'eau plus froide.

Trempe de l'acier.

L'acier a besoin d'avoir différens degrés de dureté, suivant les usages auxquels on le destine. Pour les lui donner avec une certaine exactitude, on commence par le tremper très-dur ; ensuite on lui ôte les degrés de dureté qu'il auroit de trop, en le faisant *recuire* ; c'est-à-dire, en le chauffant de nouveau. Plus on le chauffe, et plus il perd de sa dureté. On juge à-peu-près les degrés de diminution de cette qualité par les couleurs qu'il acquiert dans le *recuit*, ou par la manière dont se décomposent les graisses dans lesquelles on le chauffe. Ainsi en supposant de l'acier très-dur, le premier degré de recuit, celui qui est

propre aux rasoirs, canifs, burins, lui donne la couleur
paille, et le suif dans lequel on le chauffe doit seulement
fumer. Le deuxième degré propre aux ciseaux, couteaux, &c. lui donne une couleur brune ; la fumée du suif
est plus abondante, et un peu colorée. Au troisième degré,
qui est celui des ressorts de montre, l'acier devient bleu,
et le suif est tellement chaud, qu'il s'allume par la présence d'un corps enflammé. Le dernier degré de recuit,
est celui dans lequel l'acier a été chauffé au point de
paroître d'un rouge sombre dans l'obscurité ; c'est le
recuit que l'on donne aux ressorts de voiture.

Lorsqu'on fait chauffer l'acier pour le tremper, il
s'oxide quelquefois à la surface, ce qui ôte à la pointe
de certains outils, tels que les burins, le degré de ténuité
qu'on y recherche. Pour éviter cet inconvénient, il faut
faire chauffer l'acier à l'abri du contact de l'air. On y
parvient aisément en le tenant dans du plomb fondu
et chauffé au rouge.

Diverses
qualités du
Fer.

Le bon Fer a le grain homogène, peu gros ; il se
laisse forger à chaud sans se gercer, et plier à froid sans
se casser. Quelque pur qu'il paroisse, il contient encore
un peu de carbone et d'oxigène. Le Fer qui passe pour
le meilleur, est celui des forges de Roslagie en Suède ;
elles sont alimentées par le minerai de Danemora. C'est
avec ce Fer marqué oo, que les Anglais font leur acier
de cémentation.

Les deux mauvaises sortes de Fer, sont celles qu'on
nomme *Fer cassant à chaud* et *Fer cassant à froid*.

Le premier est aussi appelé *Fer de couleur* ou *rouve-
rain*. Il a le défaut de se casser quand on le forge lorsqu'il est seulement rouge-cerise ; mais on peut parer à
cet inconvénient qui le met souvent hors d'usage, en le
forgeant lorsqu'il est rouge-blanc, et cessant lorsqu'il
devient rouge-brun. On le pare lorsqu'il prend la couleur rouge-cerise obscure, et on continue de le forger à
froid. On croit que le Fer doit cette mauvaise qualité

à l'arsénio, ou aux autres métaux plus fusibles que lui qu'il contient. Ces métaux fondus par la chaleur avant que le Fer soit assez mou pour que ses molécules puissent être rapprochées par la forge, établissent dans la masse de Fer des solutions de continuité, qui lui enlèvent sa ténacité.

Le *Fer cassant à froid* a la texture à gros grains brillans. Il doit ce défaut ou à un excès de carbone, et alors on peut l'en débarrasser par un nouvel affinage; ou au phosphure de Fer. Le Fer produit par les mine-rais que nous avons appelés *limoneux*, est sujet à ce défaut. On croit que l'acide phosphorique vient des animaux décomposés, dont ce minerai de Fer ren-ferme de nombreuses dépouilles. On peut améliorer ce Fer par le moyen de la chaux, soit en ajoutant une plus grande quantité de *castine* lorsqu'on le fond dans le haut fourneau, soit en ajoutant de la chaux dans l'affinage même; alors on trempe ce Fer dans de la chaux délayée dans de l'eau, ou bien on le sau-poudre de craie, ayant l'attention de le forger et de le corroyer plusieurs fois à une grande chaleur et lors-qu'il est couvert de cet enduit calcaire. (*LEVAVASSEUR*.) On arrive au même résultat en jetant dans l'affinage, ou sur la loupe, une poudre composée de pierre cal-caire, de potasse, de sel marin et d'alun. On emploie ce procédé dans les départemens de l'est de la France. (*BAILLET.*)

Le Fer a la propriété de se souder avec lui-même sans intermède, il suffit de lui donner une chaleur suffisante; mais quand il s'agit de souder des objets délicats qu'une telle chaleur déformeroit, on emploie le cuivre comme intermède. Dans tous les cas, il est utile d'enduire les parties à souder d'une argile sablonneuse et infusible, qui abrite ces parties de l'oxidation, et qui soit facilement chassée sous forme de laitier par la pression du marteau.

L'acier se distingue du Fer par plusieurs caractères. Son grain est plus fin, et le bon acier doit l'avoir très-

Diverses qualités de l'acier.

homogène. Il acquiert par la trempe une grande dureté. L'acide nitrique étendu d'eau que l'on verse dessus, y laisse une tache noire due au charbon qu'il sépare, tandis qu'il n'en laisse aucune sur le Fer. Enfin le Fer placé verticalement, acquiert sur-le-champ des pôles magnétiques, tandis que l'acier ne présente pas le même phénomène, s'il n'est point aimanté. (*Nacer.*) Le meilleur acier est celui qui réunit à une grande dureté assez de ténacité pour n'être pas facilement cassé. Les trois sortes d'aciers dont on a parlé ont des qualités différentes.

L'*acier naturel* est moins homogène que les autres; il n'est pas susceptible d'un aussi beau poli, d'une aussi grande dureté, mais il se forge et se soude facilement, et a une assez grande ténacité.

L'*acier de cémentation* est plus dur, plus homogène; il se soude moins facilement; mais il entre cependant dans la composition de ces mélanges de Fer et d'acier, qu'on nomme des *étoffes*. L'objet qu'on se propose en soudant ensemble plusieurs lames d'acier et plusieurs lames de Fer, est d'obtenir un tout, qui joigne à la ténacité et à la souplesse du Fer la dureté et l'élasticité de l'acier. C'est ainsi que sont faites les lames d'épées, de sabres, de fleurets, de couteaux, &c.

Enfin l'*acier fondu* jouissant d'une grande homogénéité et d'une grande dureté, est susceptible du poli le plus brillant; mais il se forge plus difficilement que les autres, et ce n'est qu'avec la plus grande difficulté qu'on parvient à le souder avec lui-même ou avec le Fer. Pour parer à cet inconvénient, M. Wilde place une lame de Fer qui a reçu une chaude suante dans le centre du moule; il y coule aussi-tôt l'acier, qui enveloppe la lame; l'acier peut alors être forgé et recevoir toutes sortes de formes [1].

---

[1] On connoît dans l'Inde une espèce d'acier extrememement dur, qu'on nomme *wootz*. Il est susceptible de s'égrainer; il ne peut point se souder; il ne se forge que tres-difficilement, et lorsqu'on le fait

Lorsque l'acier est trop dur pour l'usage auquel on le destine, et que cette dureté ne vient pas de la trempe, mais de la trop grande quantité de carbone qu'il contient, on rend sa surface plus tendre et par conséquent plus facile à travailler, en le cémentant avec de l'oxide rouge de Fer ou de l'oxide de manganèse, qui brûle l'excès de carbone qu'il contient.

En réunissant des lames minces d'acier de diverses qualités, ou des lames de Fer et d'acier, et les soudant ensemble avec précaution, on obtient des *étoffes* qui présentent des ondulations ou même des dessins réguliers. Pour obtenir ces derniers, on réunit ces lames, suivant certaines règles, et on leur fait éprouver ensuite une torsion, qui est calculée pour produire les figures qu'on veut faire. On appelle vulgairement *damas*, les lames de sabres qui présentent ces sortes de dessins; parce que ce procédé a été en usage à Damas avant le 14° siècle; il s'y est perdu depuis, et a été transporté en Perse.

Le Fer, la fonte et l'acier ont des usages si étendus, si variés, que nous nous écarterions beaucoup trop du sujet que nous avons eu à traiter, si nous voulions seulement en présenter le tableau. Nous les passerons donc presqu'entièrement sous silence.

Quoique les minerais de Fer soient et beaucoup plus répandus et beaucoup plus abondans que ceux d'aucun autre métal, la difficulté qu'on trouve à les traiter, le feu violent qu'il faut leur faire subir, la suite d'opérations difficiles auxquelles il faut les soumettre pour en retirer le Fer, ont dû nécessairement retarder la connoissance et l'usage de ce métal. Aussi les monumens et les livres les plus anciens, tels que les *Œuvres d'Homère*, le *Deuteronome*, les *Marbres d'Oxford*, &c. concourent-ils tous à prouver que le cuivre a été employé

Usages.

─────────────────────────────────

rougir trop fortement, une partie de la masse paroit couler et se séparer de l'autre.

long-temps avant le Fer. On remarque que la plupart des armes véritablement antiques, et que les monumens menus et les idoles très-anciens, sont en cuivre ou en bronze. Ce sont que le Fer n'a commencé à être en usage que vers l'an 1500 avant J. C. Beaucoup de peuples ignorent encore l'art de l'extraire de ses minerais.

Les oxides de Fer et les sels qui ont se méléé par base, offrent aux arts de la peinture et de la teinture presque toutes les couleurs primitives, le noir, le bleu, le vert, les différens jaunes, le rouge, le rose, &c. Ces mêmes préparations donnent aussi à la médecine des remèdes actifs, qui sont généralement astringens et toniques.

Dans quelques pays, et notamment dans le département de l'Aisne, on calcine les terres moins qui renferment des sulfures de Fer, et on emploie la terre rougeâtre qui en résulte pour amender les prairies artificielles.

En Suède, on moule en forme de brique les laitiers des hauts fourneaux. On recuit ces briques de verre, mais il faut que les laitiers soient compactes, gris, à cassure lamellaire. Les minerais de Fer qui fondent presque sans castine, sont ceux qui donnent les meilleures briques. Elles deviennent tellement réfractaires, qu'on peut les employer dans la construction des chemises des fourneaux. (GARNEY.)

SUPPLÉMENT.

ARTICLE PREMIER.

Additions résultant des faits découverts ou reconnus pendant l'impression de l'ouvrage.

ALUMINE SULFATÉE.

On trouve ce sel en efflorescence sur les parois des grottes du cap de Misène près de Naples. Il contient la potasse nécessaire à sa cristallisation en octaèdre. (KLAPROTH.)

Le schiste alumineux de Freyenwald est composé des principes suivans : Alumine, 0,160 ; soufre, 0,028 ; carbone, 0,196 ; silice, 0,400 ; fer oxidé noir, 0,064 ; eau, 0,107 ; fer sulfaté, chaux sulfatée, potasse sulfatée, potasse muriatée et magnésie, environ 0,050.

Ce schiste ne renferme point de bitume ; il brûle sans flamme ni fumée ; le carbone y est pur ; il paroît qu'il est combiné avec le soufre, et que l'acide sulfurique n'est point dû, comme on l'a cru, à la décomposition des pyrites ; ce schiste n'en renferme même qu'une très-petite quantité. (KLAPROTH.)

CHAUX DATHOLITE [1].

La Datholite n'est encore connu que sous la forme de cristaux prismatiques à 10 pans (*pl. 16, fig. 7*, B) blanchâtres et translucides ; leur cassure est vitreuse et conchoïde ; ils sont assez durs pour rayer la chaux fluatée : leur pesanteur spécifique est de 2,980 ; exposés à la flamme d'une bougie, ils deviennent d'un blanc mat

---

[1] DATHOLITE. ESMARK. — Chaux boratée siliceuse. HAÜY.

et faciles à pulvériser. Ils se boursoufflent au chalumeau, et s'y fondent en un verre d'un rose pâle.

Leur forme primitive (A) est un prisme droit à base rhombes, dont les pans font entr'eux des angles de 109° 18', et de 70° 32'. (*Haüy.*)

Ce minéral est composé de 0,35 ½ de chaux ; 0,35 ½ de silice ; 0,24 d'acide boracique, et 0,04 d'eau. (*Klaproth.*)

Il a été trouvé près d'Arendal, en Norwège, par M. Esmark. Les échantillons que M. Haüy a reçus, sont accompagnés de talc lamellaire verdâtre.

SILEX PLASME.

Il faut rapporter à l'espèce du Silex ce minéral, décrit par M. Werner et par ses élèves. Nous n'avons pu le voir lors de la rédaction de l'article du Silex. Depuis ce temps, M. Gillet en a reçu des échantillons.

Il est d'un vert plus ou moins foncé ; ses teintes, souvent mélangées, forment différens dessins ; sa cassure est conchoïde et luisante.

Il est aussi dur que la calcédoine ; il est translucide, et même diaphane, comme elle, dans les éclats minces.

Il blanchit au chalumeau, mais il est infusible.

Cette pierre vient d'Italie et du Levant. Elle a été surtout employée par les anciens. On dit qu'on a trouvé aussi du Silex plasme à Taltsa, dans la Haute-Hongrie, et à Bojanowitz en Moravie, dans une montagne de serpentine ; il y est disséminé en morceaux arrondis, accompagnés de Silex corné et de Silex pyromaque. Ce Silex est très-voisin de la calcédoine ; mais il a une couleur verte, qu'on ne peut attribuer à cette agate. Il se rapproche davantage du Silex prase ; il diffère beaucoup par sa couleur du Silex chrysoprase.

DIOPSIDE. *Haüy.*

Cette pierre s'est présentée en cristaux généralement prismatiques, dont la forme primitive est un prisme quadrangulaire rectangle à base oblique ; l'incidence de la diagonale (A O) de la base sur l'arête (H) (*pl. 16, fig. 8*, A), est de 107° 8′. Ces prismes ont la cassure lamelleuse dans le sens parallèle aux bases ; ils ne sont pas aussi faciles à diviser dans le sens des pans. (*Haür.*)

Les cristaux de Diopside sont tantôt des prismes à quatre pans, tantôt des prismes à douze pans, terminés par des sommets obliques à six faces (D. *didodécaèdre*, *pl. 16, fig. 8*, B), tantôt des prismes cannelés ou striés longitudinalement. On trouve aussi cette pierre en cristaux lamelliformes, et même en masses amorphes et compactes. Les uns sont petits et opaques ; les autres plus gros et translucides. Leur couleur varie entre le vert pâle et le blanc jaunâtre.

Le Diopside se laisse rayer par le verre ; il fond au chalumeau, mais avec quelque difficulté, en un verre limpide ou grisâtre.

La variété qui a pour forme le prisme à quatre pans [1], a été trouvée dans la plaine de Mussa, élevée au-dessus et à l'extrémité de cette partie de la vallée de Lans, qu'on nomme vallée d'Ala, en Piémont.

Ses cristaux sont implantés sur une roche de serpentine noire, et remplissent les fissures de cette roche. La chaux carbonatée saccaroïde, le fer oligiste, &c. les accompagnent.

La variété didodécaèdre [2] vient de la montagne de Ciarmetta, qui est située au-delà du rocher de la plaine de Mussa, nommé *Testa-Ciarva*, à l'extrémité de la vallée d'Ala en Piémont.

Ces deux variétés ont été découvertes par M. le docteur Bonvoisin.

IDOCRASE [3].

M. le docteur Bonvoisin a décrit de l'Idocrase en beaux cristaux d'un vert tendre, passant quelquefois à la couleur jaune-rougeâtre du vin blanc. Il l'a trouvée

---

[1] MUSSITE. *BONVOISIN.*
[2] ALALITE. *BONVOISIN.*
[3] Péridot-Idocrase, *BONVOISIN.*

en Piémont, dans la roche nommée *Testa-Ciara*,
située dans la plaine de la Mussa, plaine élevée à l'extrémité de la vallée d'Ala, qui fait partie de la vallée
de Lans. La roche qui la renferme est une serpentine
traversée de filons d'Idocrase verte en masse.

GRENAT.

M. le docteur Bonvoisin a trouvé en Piémont, vallée
de Lans, quelques nouvelles variétés de couleurs de
Grenats : 1°. des Grenats à trente-six faces et d'un rouge
nacarat ; ils sont mêlés avec le diopside ; 2°. des Grenats
dodécaèdres à plans rhombes, d'un jaune de topase
très-pâle [1], et quelquefois d'un vert approchant de celui
du péridot.

ÉPIDOTE.

ON vient de nommer *Zoysite*, en l'honneur du
baron de Zoys, une pierre que M. Haüy a reconnue
pour une variété d'Epidote. Elle se présente en prismes
cannelés ou rhomboïdaux et très-aplatis, qui sont gris,
jaunes-grisâtres ou bruns, avec un aspect nacré.

Cette variété se trouve particulièrement en Carinthie ; dans le pays de Salzbourg ; dans le Tyrol, et dans
le Valais.

YENITE.

M. Lelièvre vient de faire connoître [2] une nouvelle
espèce de pierre à laquelle il a donné ce nom.

La Yenite ressemble au premier aspect à de l'amphibole, et mieux encore à de l'épidote noir. Sa forme
générale est celle d'un prisme à quatre et à huit pans,
dont les sommets portent plus ou moins de facettes ;
mais ces sommets sont droits, et les facettes y sont disposées régulièrement, ce qui la distingue de l'épidote.
De plus, elle a pour forme primitive un prisme droit à

---

[1] TOPAZOLITE. *BONVOISIN.*
[2] Séance de l'Institut, du 29 décembre 1805.

... rhombe, dont les angles sont de 112ᵈ ½ et 67ᵈ ½, ce
... la distingue encore plus essentiellement et de l'épi-
... et de l'amphibole. Sa cassure est un peu lamelleuse
... le sens parallèle à l'axe du prisme ; elle est con-
... et inégale dans le sens des bases.

L'Yénite est foiblement scintillante ; elle est rayée
... le felspath ; elle n'offre aucune sorte d'électricité.
... qu'on l'expose à l'action du feu, elle devient atti-
... à l'aimant ; elle fond facilement au chalumeau, et
... un globule noir opaque et terne. Sa pesanteur
... cifique est de 3,8 à 4. Les analyses qui en ont été faites
... MM. Vauquelin et Descotils, ont donné sensible-
... les mêmes résultats, c'est-à-dire : silice, 0,29 ;
... aux, 0,12 ; oxide de fer, 0,55 ; oxide de manganèse,
... o3 ; alumine, 0,006.

Cette pierre a été trouvée par M. Lelièvre dans l'île
de Corse, à Rio-la-Marine et au cap Calamite ; elle est
dispersée en cristaux, en groupes maclés, composés de
cristaux prismatiques assez gros et en rognons presque
compactes, dans une couche épaisse d'une substance
verte, que M. Lelièvre n'a point encore définitivement
déterminée ; mais il lui croit de grandes analogies avec
la Yénite elle-même. Elle est accompagnée d'épidote
d'un vert-jaunâtre, de quartz et de fer arsénical. Cette
couche recouvre à Rio une roche de chaux carbonatée
saccaroïde mêlée de talc. Au cap de Calamite, elle
est accompagnée de fer oxidulé, de grenats et de quartz.

L'Yénite est remarquable par la quantité de fer
qu'elle contient. Elle se décompose à l'air, et se réduit
peu à peu en une terre d'un jaune-brun semblable aux
ocres.

TOPAZE.

M. Haüy pense qu'il faut regarder comme une
variété de Topaze, la pierre que MM. Hisenger et Berzelius ont décrite et analysée sous le nom de *Pyrophy-
salithe*. Elle est d'un blanc verdâtre ; jetée sur les char-

bone, elle y répand une lueur phosphorique ver[...]
chauffée fortement au chalumeau, on voit sa surf[...]
couvrir de petites bulles qui y crèvent : il paroît qu[...]
phénomènes sont dus à la chaux fluatée qui est [...]
avec cette pierre, et qui la recouvre quelquefois [...]
manière apparente.

M. Gahn a trouvé cette pierre à Finbo pr[...]
Fahlun en Suède : elle est en rognons engagés dan[...]
granite composé de quartz blanc, de felspath, [...]
mica argentin. Les rognons sont séparés de la [...]
par un talc d'un jaune verdâtre.

ARGILE FEUILLETÉE de Ménilmontant.

M. Klaproth vient de publier une nouvelle an[...]
de cette argile. Elle diffère de la première, qui est [...]
que nous avons rapportée, t. I, p. 525, à l'articl[...]
cette variété : mais elle diffère sur-tout d'une an[...]
qui a été faite par M. Lampadius. Voici celle de M. [...]
proth.

Silice, 0,625; magnésie, 0,080; oxide de fer, 0,[...]
carbone, 0,007; alumine, 0,007; chaux, 0,003;
et gaz, 0,220; perte, 0,017.

MARNE.

On a donné le nom de Leutride à une pierre [...]
blanc grisâtre ou jaunâtre, qui répand une lu[...]
phosphorique lorsqu'on la gratte; elle forme quel[...]
fois des géodes qui sont tapissées intérieurement [...]
cristaux de chaux carbonatée.

On l'emploie comme engrais dans les environ[...]
Leutra près d'Iena.

TITANE.

M. Cordier a trouvé le Titane uni à l'oxide de [...]
1° dans tous les sables noirs et ferrugineux des vol[...]
éteints de l'intérieur de la France; 2° dans un g[...]
nombre de laves granitoïdes des mêmes volcans; 3° [...]
le diabase (grunstein) du sommet du mont Meissn[...]

CUIVRE.

D'après une analyse récente que M. Bouillon-la-Grange vient de faire des *turquoises*, il paroît prouvé que ces pierres ne contiennent pas un atome de cuivre, quoique tous les minéralogistes les aient jusqu'à ce jour regardées comme des os fossiles imprégnés de cuivre oxidé : mais cette même analyse a prouvé en même temps que les turquoises examinées par M. Bouillon-la-Grange étoient réellement des parties d'os. Il y a trouvé : Phosphate de chaux, 0,80 ; carbonate de chaux, 0,08 ; phosphate de fer, 0,02 ; phosphate de magnésie, 0,02 ; alumine, 0,01 $\frac{1}{2}$; eau, 0,06.

La couleur des Turquoises est donc due au phosphate de fer ; plusieurs faits observés par M. Vauquelin et par d'autres chimistes, apprennent que le phosphate de fer, et même que les os calcinés, prennent dans quelques cas une couleur verdâtre.

MERCURE SULFURÉ.

Le Mercure sulfuré naturel est composé de 0,85 de Mercure et de 0,15 de soufre. M. Klaproth a trouvé ces proportions à très-peu-près les mêmes dans le Mercure sulfuré du Japon et dans celui de Neumœrkel en Carniole.

Le Mercure sulfuré hépatique d'Idria est composé, suivant M. Klaproth, de Mercure, 0,818 ; de soufre, 0,137 ; de charbon, 0,023, et d'un peu de silice, d'alumine, de cuivre et d'eau. Ce chimiste fait observer que le soufre et le Mercure sont ici dans les mêmes proportions que dans le Mercure sulfuré ordinaire : il attribue au carbone que renferme ce minerai la propriété qu'il a de se décomposer en partie lorsqu'on le distille. L'oxide de Mercure qu'on obtient dans ce cas ne peut venir du minerai, puisque ce dernier n'en contient pas.

ARTICLE II.

Appendice contenant l'indication par ordre alpha-
bétique de quelques minéraux à peine connus.

BERGMANITE. *Schumacher.*

CE minéral ressemble à une roche ; il peut rayer
le verre : il donne, par l'action du chalumeau, un verre
translucide. Sa pesanteur spécifique est de 2,5.

Il vient de Norwège : on le trouve dans un felspath
rougeâtre.

M. Haüy pense que c'est un mélange de diverses
pierres, et qu'on ne peut y trouver aucun caractère.

CHUSITE. *Saussure.*

C'EST un minéral que Saussure a trouvé dans les
cavités des porphyres des environs de Limbourg.

Il est jaunâtre ou verdâtre et translucide ; sa cassure
est tantôt parfaitement unie et d'un éclat gras, tantôt
grenue : il est tendre et assez fragile ; il se fond aisément,
a un émail translucide, et renfermant quelques bulles.

Il se dissout entièrement et sans effervescence dans
les acides.

Saussure a trouvé la variété *grenue* tapissant les cloisons
rougeâtres d'une argillolite des deux Emmes en Suisse.

FUSCITE. *Schumacher.*

CE minéral est opaque, d'un noir ou verdâtre ou
grisâtre ; il cristallise en prismes à quatre et à six pans ;
sa cassure est raboteuse. Il est mou et se laisse aisément
racler. Il donne une poussière d'un gris blanchâtre ; sa
pesanteur spécifique est de 2,5 à 3.

Il ne fond pas au chalumeau ; mais il y devient luisant et comme émaillé.

Il se trouve à Kallerigen, près d'Arendal, en Norwège, dans du quartz roulé grenu, accompagné d'un
peu de felspath et de chaux carbonatée brunissante.

Cette pierre paroît avoir beaucoup de ressemblance
avec la pinite.

GABBRONITE. *Schumacher.*

C'est un minéral en masse compacte, d'un gris
bleuâtre ou verdâtre ; sa cassure est tantôt unie, et tantôt
écailleuse à larges écailles : il est opaque, mais translucide sur les bords ; il n'est point scintillant, quoiqu'il
soit assez dur pour ne point se laisser rayer par le fer : il
perd sa couleur au chalumeau, et se fond, mais avec
difficulté, en un globule blanc opaque.

On trouve la variété bleuâtre à Kenlig, près d'Arendal, avec de l'amphibole hornblende ; et la variété verdâtre près de Friderichsvarn en Norwège ; elle est
disséminée dans une sienite à gros grains.

LIMBILITE. *Saussure.*

C'est un minéral d'un jaune de miel souvent foncé ;
sa cassure est compacte et unie, un peu écailleuse : il se
laisse facilement rayer ; sa poussière est d'un jaune clair.
Il se fond aisément en un émail noir brillant compacte.

Saussure l'a trouvé en grains de forme irrégulière,
dans la colline volcanique de Limbourg.

PÉTALITE. *Dandrada.*

Ce minéral est rougeâtre ; sa cassure est lamelleuse :
il est fragile, mais assez dur pour rayer le verre. Sa
pesanteur spécifique est de 2,62.

Il est infusible au chalumeau.

Il se trouve à Uton, à Sahla et à Fingrufan, près de
Niakoparberg en Suède.

PSEUDO-NÉPHÉLINE. *Fleuriau de Bellevue.*

On trouve ce minéral dans les laves poreuses de *Capo
di Bove* ; ses cristaux, généralement très-petits, et souvent
même microscopiques, sont des prismes hexagones droits;
ils se réduisent en gelée dans l'acide nitrique : ils sont disséminés dans la masse de la lave et en tapissent les fissures.

SIDEROCLEPTE. *Saussure.*

Cette substance est translucide et d'un vert jaunâtre.
Son éclat est foible et gras. Sa cassure est compacte et

unie : elle est assez tendre pour se laisser entamer par l'ongle.

Elle est infusible au chalumeau ordinaire ; mais elle devient d'un noir foncé très-brillant.

Elle a été trouvée par Saussure dans les pores de la lave des volcans de Brisgaw. Elle s'y présente sous forme de mamelons isolés ou groupés, et qui paroissent quelquefois composés de couches concentriques.

SPATH EN TABLE (*tafelspath*). *Stütz.*

CETTE pierre est d'un blanc laiteux et nacré ; elle présente dans sa cassure de grands feuillets assez brillans; elle cristallise en petites lames hexagonales ?

Elle est composée, suivant M. Klaproth, de silice, 0,50 ; de chaux pure, sans acide carbonique, 0,43; d'eau, 0,07.

On l'a trouvée à Dognaska, dans le bannat de Temeswar ; elle entre dans la composition d'une roche formée de grenats bruns et de chaux carbonatée bleue (*Stütz.*); et à Oravilza. (*Estner.*)

SUCCINITE. *Bonvoisin.*

M. le Docteur Bonvoisin a nommé ainsi un minéral d'un jaune de succin, qui est presque diaphane, qui n'est point assez dur pour rayer le verre, qui se pulvérise facilement, et qui donne un verre noirâtre au chalumeau.

On trouve ce minéral en morceaux globulaires de la grosseur d'un pois : ils sont isolés et épars dans une roche tendre et feuilletée à base de serpentine.

Ils viennent de la vallée de Viu, qui fait partie de la grande vallée de Lans en Piémont.

M. Delamétherie trouve quelqu'analogie entre l'idocrase et ce minéral ; mais celui-ci se fond plus difficilement.

FIN.

EXPLICATION DES PLANCHES.

PLANCHE I.

Fig. 1 à 10. Elles sont relatives à la cristallisation, et suffisamment expliquées dans l'Introduction, §. II (pag. 12 et suiv.).

Fig. 11. Octaèdre. L'hexagone ponctué qu'on voit dans l'intérieur, est la coupe sur laquelle on peut supposer que la moitié supérieure a tourné pour produire le cristal maclé ou hémitrope (fig. 12).

Fig. 13. Balance de Nicholson, propre à prendre la pesanteur spécifique des minéraux (expliquée Introd. pag. 27).

Fig. 14. Electromètre (expliqué Introd. pag. 34).

Fig. 15. Appareil du chalumeau (expliqué Introd. p. 36).

PLANCHE II.

Fig. 1. Exploitation des couches de sel gemme à Visachna, au sud-ouest des Carpaths, d'après Fichtel (tome 1, page 131).

1. Terre végétale. — 2. argile jaune tenace. — 3. argile jaune et grise, avec des taches et des veines mêlées de sable et d'ochre. — 4. argile d'un bleu grisâtre. — 5. sable blanc fin. — 6. argile noire, grasse, bitumineuse qui recouvre immédiatement le banc de sel. — 7. la masse de sel divisée par couches inclinées. On a percé le banc jusqu'à environ 200 mètres ; il est traversé d'espèces de filons, n° 8, d'argile bitumineuse de la même nature que celle du n° 6. Cette argile renferme de la chaux sulfatée. — A, puits par lequel on extrait le sel. — C, puits par où entrent les ouvriers au moyen de l'échelle qui y est placée. — D, puits qui reçoit les eaux pluviales et qui les conduit dans la galerie d'écoulement F. — B, puits qui reçoit les eaux pluviales et qui les conduit dans les galeries E. — E, coupe de deux galeries circulaires qui entourent les puits A et C; elles rassemblent les eaux qui suintent entre les couches d'argile et les conduisent dans la galerie d'écoulement F. — HH, espace conique creusé dans la masse de sel pour son exploitation. — aa, pièces de charpente enfoncées dans la masse de sel et qui supportent tout le boisage des puits. — bb, peaux de mouton clouées sur les pièces de bois, afin de les garantir du contact de l'eau. — cc, sacs dans lesquels on monte le sel. — dd, entailles faites pour l'extraction du sel en parallélipipèdes ee.

Fig. 2. Marais salant (*tome 1, page 137*).

AA, *jas* ou premier réservoir où l'eau de la mer est rassemblée et retenue par l'écluse *a*. — BBB, second réservoir. L'eau y entre par le canal souterrain *b* nommé *gourmas*; elle circule dans les couches BBB en suivant la route indiquée par les traces ponctuées. Ces couches sont séparées par les petites levées de terre *cccc* nommées *vettes*. — CCC, troisième réservoir appelé *les tables*. L'eau y arrive par les pertuis *dd*, après avoir parcouru le long canal *defgh*, nommé *h mort*. — DD, &c., quatrième et dernier réservoir appelé *mant*. L'eau qu'il contient se distribue dans les *aires* ou petits bassins carrés EE, &c., et c'est là que le sel se dépose. — KK, *iii*, tas de sel retiré du fond des aires et qu'on laisse égoutter.

PLANCHE III.

Fig. 1. Bâtimens de graduation de Bex, avec les changemens qui y ont été faits dernièrement par M. Fabre (*tome 1, page 143*).

A, coupe transversale. — B, coupe longitudinale. — *cc*, fagots d'épine, tant supérieurs qu'inférieurs, disposés en muraille. — *aa*, rigoles de bois qui distribuent l'eau salée sur ces fagots. — CC, plan et vue perspective de cette rigole. — *bbb*, entailles ou fentes en coin, par lesquelles sort l'eau salée en filets tres-déliés et qui présentent une grande surface à l'air. — *e*, toit couvert en tuiles relevées et à claire-voie, pour la libre circulation de l'air. — *dd*, réservoir où se rend l'eau salée concentrée, et d'où elle est reprise par des pompes pour être de nouveau versée sur les fagots.

Fig. 2. Poêles pour évaporer les eaux salées à la méthode bavaroise (*tome 1, page 141*).

I. Plan des poêles : — n° 1, poêlon ; — n° 2, poêle de graduation ; — n° 3, poêle de préparation ; — n° 4, poêle de cristallisation. — On a marqué sur le n° 2 la disposition des plaques de fer qui composent ces poêles. — *a*, banquette où l'on met égoutter le sel à mesure qu'on le retire des poêles de cristallisation. — *bbb*, cloisons en bois qui séparent les chambres. — *ccc*, rebord élevé en bois qui entoure les poêles.
II. Coupe sur la ligne CD de la chambre d'évaporation qui renferme les poêles n°s 1 et 2. — *ddd*, tuyaux de chaleur qui chauffent le poêlon et qui contribuent à chauffer les autres poêles. — *e*, foyer des poêles. — *iii*, &c. piliers de fonte portés sur les grilles *ggg* qui soutiennent le fond des poêles. — *h*, chambre en bois qui enveloppe les deux poêles.
III. Coupe sur la ligne AB de la chambre d'évaporation qui renferme les poêles n°s 3 et 4. — *a*, banquette sur laquelle on place le sel retiré de la poêle de cristallisation pour le faire égoutter. — Les autres lettres indiquent les mêmes parties que dans les figures précédentes.
IV. Détail de la manière dont sont jointes les plaques de fer qui forment les poêles. — *a*, plaques de fer. — *b*, gouttière de fer qui

embrasse les rebords de cette plaque et qui est fortement attachée
avec des barous. — *ii*, piliers de fonte qui soutiennent le fond de la
poèle.

Nota. Ces figures ont été faites d'après un mémoire peu détaillé
de M. Bossard. On ne les donne que comme une manière d'expliquer
plus clairement la construction de ces nouvelles poèles.

PLANCHE IV.

Fig. 1. Soude boratée primitive.
2. —— sexdécimale.
3. Soude carbonatée primitive.
4. —— basée.
5. Potasse nitratée primitive.
6. —— soustractive.
7. —— tribexaèdre.
8. Magnésie sulfatée triunitaire.
9. Magnésie boratée surabondante.
10. Chaux sulfatée primitive.
11. —— alongée.
12. —— équivalente.
13. Chaux carbonatée primitive.
14. —— équiaxe.
15. —— inverse.
16. —— cuboïde.
17. —— métastatique.
18. —— dodécaèdre.

Fig. 19. Chaux carb. dilatée.
20. —— bibinaire.
21. —— hypéroxyde.
22. —— analogique.
23. Baryte sulfatée primitive.
24. —— rétrécie.
25. —— trapézienne.
26. —— pantogène.
27. Strontiane sulfatée primitive.
28. —— épointée.
29. Zircon primitif.
30. — prismé.
31. — dodécaèdre.
32. Quartz dioctaèdre.
33. — rhombifère.
34. Felspath primitif.
35. — unitaire.
36. — quadridécimal.
37. — sexdécimal.
38. — hémitrope.
39. Topaze dioctaèdre.
40. — monostique.
41. — octo-sexdécimale.

PLANCHE V.

Fig. 1. Four-à-chaux pour cuire la chaux avec du bois
(*tome 1, page 224*).

aa, massif du four. — *bb*, chemise en brique de la cavité où l'on
met la chaux. — *cc*, laboratoire rempli de pierre à chaux. — *d*, foyer.
— *e*, ouvrier qui présente un fagot à la bouche du foyer. Il le tient
jusqu'à ce qu'il se délie en s'enflammant; il ferme aussi-tôt l'ouverture avec une autre boîte, et ainsi de suite. — *f*, ébraisoir, voûte qui
traverse les fondations du four. Son milieu est percé d'une ouverture
qui correspond au foyer et par laquelle tombe la braise.

Fig. 2. Four-à-chaux pour cuire la chaux avec la houille
dans la Flandre maritime, &c. (*tome 1, page 225*).

A, élévation du four. — *c*, l'une des trois voûtes qui conduisent
au cendrier. — *b*, partie du talus qui conduit en pente douce à l'ouverture supérieure du four.

B, coupe du four. — *aaa*, massif. — *bbb*, revêtement en maçonnerie. — *d*, cavité conique qui reçoit la chaux et la houille, et qui fait en même temps fonction de foyer et de laboratoire. — *c*, bouche et cendrier. — *cc*, deux des trois voûtes qui conduisent au cendrier.

C, Plan du four. — *ccc*, les trois voûtes qui conduisent au cendrier. — *ooo*, grille mobile qui soutient la masse de chaux et de houille.

FIG. 3 à 9. Taille des pierres à fusil dans les départemens de Loir-et-Cher et de l'Indre (*tome 1, page 348*).

Fig. 3, masse de fer à tête carrée pour rompre les cailloux. — Fig. 4, marteau à deux pointes pour enlever du caillou, fig. 7, les écailles, fig. 8. — Fig. 5, roulette de fer emmanchée en bois, destinée à diviser l'écaille de silex, fig. 8, et à former la pierre. — Fig. 6, ciseau d'acier non trempé, enfoncé par un de ses bouts dans une masse de bois, et destiné à porter l'écaille, fig. 8, quand on la divise avec la roulette, et la pierre quand on la façonne. — Fig. 7, bloc de silex dont on a déjà enlevé des écailles avec la masse. — Fig. 8, écaille de silex enlevée du bloc, fig. 7, et destinée à donner par sa division transversale plusieurs pierres à fusil. — Fig. 9, pierre finie, vue en dessus et de profil, et montrant ses diverses parties.

PLANCHE VI.

Fig. 1. Stilbite épointée.
2. — anamorphique.
3. Analcime triépointée.
4. Chabasie trirhomboïdale.
5. Harmotome cruciforme.
6. Axinite primitive.
7. — sousdouble.
8. Idocrase unibinaire.
9. Grenat primitif.
10. — trapézoïdal.
11. Tourmaline primitive.
12. — isogone.
13. — impaire.
14. Epidote bisunitaire.
15. — monostique.
16. — dissimilaire.
17. Cymophane annulaire.
18. Corindon octoduodécimal.
19. — additif.
20. Péridot monostique.
21. Pyroxène primitif.
22. — triunitaire.

Fig. 23. Amphibole primitif.
24. — équidifférent.
25. Grammatite bisunitaire.
26. Macle polygramme.
27. Staurotide unibinaire.
28. — obliquangle.
29. Diamant sphéroïdal.
30. Soufre primitif.
31. — prismé.
32. Arsénic sulfuré dioctaèdre.
33. Schéelin ferruginé primitif.
34. — ferruginé épointé.
35. Titane Ruthile bisunitaire géniculé.
36. — Nigrine uniternaire.
37. — Nigrine quadristénaire.
38. — Anatase.
39. Manganèse métalloïde dioctaèdre.
40. Antimoine sulfuré sexoctonal.

PLANCHE VII.

Fɪɢ. 1. Mines de houille de la montagne de Saint-Gilles, près Liége, d'après Genneté (*tome 2, page 11*).
Les lignes noires indiquent les couches de houille.

A et B sont deux grandes failles qui coupent toutes ces couches et qui les dérangent un peu de leur direction. Les unes disparoissent entièrement, d'autres, telles que 15, 25, 53, &c., se continuent dans la faille par un petit filet de houille.

Fɪɢ. 2. Coupe des houillères d'Anzin, faisant un angle de 46ᵈ avec la direction (*tome 2, page 11*).

1 à 15, couches alternatives et horizontales de craie, de marne et d'argile, d'une formation postérieure à celle des mines de houille et recouvrant ce terrein. — *a, b, c, d, e, f, g, h*, couches de houille diversement plissées. Les mêmes lettres indiquent les mêmes couches reparoissant plus loin.

Fɪɢ. 3. Coupe d'une couche de houille dérangée par une faille, indiquant la manière de traverser la faille et de rejoindre la couche (*tome 2, page 14*). ·

1, 2, 3, 4, &c., couches qui composent le terrein à houille. — 6, couche de houille. — F, faille qui interrompt et dérange la couche de houille, de manière que cette couche, et toutes celles qui l'accompagnent, se retrouvent beaucoup plus bas du côté du toit TT de la faille que du côté du mur MM. — *a, b, c*, galerie descendante pratiquée pour aller rejoindre la couche de houille du côté du toit de la faille, dans le cas où on seroit arrivé dans la faille par son mur. — *d, e, f*, galerie montante pour aller rejoindre la couche du côté du mur de la faille dans la supposition où on auroit atteint la faille par son toit.

PLANCHE VIII.

Fig. 1. Cobalt arsénical triforme.
2. — gris partiel.
3. Zinc oxidé unitaire.
4. — sulfuré transposé.
5. Fer arsénical ditétraèdre.
6. — sulfuré triglyphe.
7. — cubo-dodécaèdre.
8. — icosaèdre.
9. — triacontaèdre.
10. — pantogène.
11. — surcomposé.
12. — oligiste binoternaire.
13. — trapézien.
14. — progressif.
15. — sulfaté triunitaire.
16. Etain oxidé dioctaèdre.
17. — opposite.

Fig. 18. Etain hémitrope.
19. Plomb carbonaté sexoctonal.
20. — sulfaté bisondécimal.
21. — molybdaté triunitaire.
22. — triforme.
23. Cuivre gris dodécaèdre.
24. — équivalent.
25. — azuré uniternaire.
26. — sulfaté primitif.
27. — isonome.
28. Mercure argental triforme.
29. — sulfuré bibisalterne.
30. Argent rouge prismé.
31. — binoternaire.
32. — distique.

PLANCHE IX.

Fig. 1. Disposition des minerais dans le sein de la terre.
(*Cette figure est suffisamment expliquée , t. 2 , p. 282.*)

Fig. 2. La sonde et ses diverses parties. (*Voyez leurs
usages , &c. tome 2 , page 285.*)

Fig. 3. A, pointrolle pour entailler le rocher ; M, maillet
de fer pour frapper sur la pointrolle (*tom 2 , page 288*).

Fig. 4. Chariot de mine, nommé chien hongrois (*tome 2,
page 301*).

PLANCHE X.

Fig. 1. Coupe verticale de l'exploitation d'une mine en
masse. — Fig. 2. Coupe horizontale de la même
exploitation. (*Voyez , tome 2 , page 298 , l'explication
détaillée de cette figure.*)

PLANCHE XI.

Fig. 1. Coupe générale d'une mine , et des différens
travaux qu'on y fait. (*Voyez , tome 2 , page 286 et
suiv. , l'explication de ces divers travaux.*)

Nota. Les espaces carrés renfermés entre les galeries et les puits
ne sont pas en proportion avec ces parties, puisqu'il est dit dans le
texte que ces espaces ont environ 80 mètres de côté, tandis qu'ils
n'en ont ici que 10 ou 15, suivant l'échelle. On a été forcé de faire
cette réduction pour ne point donner à cette planche une dimension
incommode ; on a rassemblé pour le même motif un grand nombre
d'ouvrages différens qui se trouvent rarement réunis dans un si petit
espace.

Fig. 2. Plan, et figure 3, coupe du baritel à chevaux,
avec le frein et le plan d'un puits principal. On a
négligé tout ce qui ne tient qu'à la construction de
l'édifice qui renferme cette machine. (*Voyez la description du baritel, tome 2, page 302, et celle du puits
principal, page 304.*)

PLANCHE XII.

Fig. 1. Coupe longitudinale d'un crible à double bascule. (*Voyez tome 2, page 308.*)

C , canal qui amène l'eau. — A , caisse mobile supérieure. —
i i i, étages sur lesquels on met le minerai. — *b* , premier crible. —

J, conduit qui reçoit le minerai qui n'a pu traverser ce premier crible.
— B, seconde caisse. — D, conduit qui amène l'eau dans cette caisse.
— c d e, cribles qui vont en augmentant de grosseur successivement. — g h k, caisses qui reçoivent les minerais classés par ces
divers cribles. — t t, tirans qui font mouvoir les caisses. — a a, char-
nières sur lesquelles elles se meuvent.

Fig. 2. Coupe d'un bocard (*tome 2, page 308*).

a a a parties de la charpente dans laquelle jouent les pilons du bo-
cord. — A, coupe d'un de ces pilons. — Fig. 2', profil d'un de ces
pilons séparé. (Il y en a six à quinze semblables à la suite les uns des
autres.) — o o', rainure dans laquelle entrent les cames ccc de l'arbre B,
afin que le pilon soit relevé bien perpendiculairement. — r, petit
prisme de fer qui traverse la rainure et sur lequel frottent les cames.
— v v, rouleaux placés entre le pilon et les traverses a a. Ces dispo-
sitions diminuent les frottemens autant qu'il est possible. — m, partie
inférieure du pilon armée de fer. — B, arbre de la roue à eau portant les cames. — cc, cames ou avances de fer destinées à relever
les pilons; leur courbe est calculée de manière à ce que leur action
soit égale dans tous les momens. — h h', auge du bocard. — h', sol
de l'auge formé par des pierres dures, broyées et comprimées. —
n, minerai broyé. — b, canal qui amène de l'eau dans l'auge. —
d, plan incliné qui conduit le minerai broyé dans le canal e, et de-là
dans le labyrinthe. — C, caisse dans laquelle on met le minerai à
bocarder. Son fond est percé en f d'une ouverture par laquelle le
minerai sort. Il glisse le long du canal g dans l'auge. Ce canal reçoit
une secousse chaque fois que le mentonnet k, qui est fixé à un pilon,
frappe sur la tige i i. Dès que l'auge est suffisamment remplie de minerai, le pilon ne tombant plus si bas, le mentonnet k n'arrive plus
jusqu'à la tige i i, et le minerai cesse de descendre.

Fig. 3. I, plan, et II, coupe des caisses à laver, dites en tombeau (*tome 2, page 310*).

B, boîte sans rebord du côté de la table A, et sur laquelle on place
le minerai à laver. — a, canal qui amène l'eau et qui le verse par
l'ouverture b sur la table à laver. — A, table proprement dite. —
c, cloison du pied de la table, percée de trous pour la sortie de l'eau
et des matières entraînées par le lavage. — CC, canaux dans lesquels
se déposent les matières entraînées par le lavage.

Fig. 4. I, plan, et II, coupe des tables à laver fixes, dites à balais (*tome 2, page 312*).

D, canal qui amène l'eau, et dans lequel on place le minerai à
laver. — M, moulinet qui agite le minerai, en sorte que l'eau amène
par le canal P et verse par le conduit c le minerai propre à être lavé.
— A, planche triangulaire inclinée, nommée *la cour*, sur laquelle
coule l'eau chargée de minerai. La petite pièce de bois a et les petits
prismes b divisent l'eau en plusieurs filets qui forment une nape d'eau
à leur chute par le bord d. — C, canal qui amène de l'eau pure et qui
la répand sur la table par-dessous la *cour*. — B, partie de la table

sur laquelle se fait le lavage. — c, fente qu'on ouvre
par laquelle le minerai lavé se rend dans le canal F. -
la table au-delà de la fente. — G, canal qu reçoit le
a lavé dépasser la fente. — H, canal qu reçoit les s
d'une alonge que l'on met à l'extremité de la table.

FIG. 5. Tables mobiles ou de percussion (*t*
— I, coupe longitudinale, suivant la lig
II, détails et coupe de la caisse D et de
suivant la ligne XX. — III, plan.

M, machine qui sert à faire mouvoir la table A. — 1
ment garni de cames c. Ces cames, en appuyant sur le
levier c d, font tourner un peu le rouleau E ; ce mou
en avant l'extrémité f du levier g f, et par suite la pièc
sontale f h qui y est fixée. Cette pièce, en appuyant
mité h contre la traverse h de la table, pousse celle-ci. 1
la came a quitté la pièce de bois d c, la table A susp
chaines a o, revient à sa première position en frappant c
— a, rouleau destiné à changer l'inclinaison de la tabl
pour faire tourner le rouleau. — D, caisse qui renfe
à laver dans son compartiment 1. — L, cloison qui s
partiment 1 du compartiment 2. — t, ouverture infé
cloison. — R, canal qui amène l'eau dans la caisse D,
par les deux gouttières r r'. — C, cour fixe de la table. -
de bois triangulaires.

PLANCHE XIII.

FIG. 1. Grillage en plein air et en pyramie
page 327).

FIG. 2. Grillage encaissé, avec chambres pou
le soufre (tome 2, page 328).

FIG. 3. Grillage encaissé. Plusieurs caisses o
grillage construites à la suite les unes des a
page 329).

FIG. 4. Grillage dans un fourneau à réver
des chambres de sublimation pour recueil
ou l'arsénic (tome 2, page 330).

A, coupe. — B, plan des chambres de sublimation. -
duit et tuyau de cheminée particuliers pour donner iss
qui s'échappent du fourneau lorsqu'on l'ouvre. — C, ¡
du fourneau. (Le reste est suffisamment expliqué à l'er
haut.)

FIG. 5. A, coupe d'un fourneau à réverbère.
du même fourneau, tiré de Lampadiu
page 318).

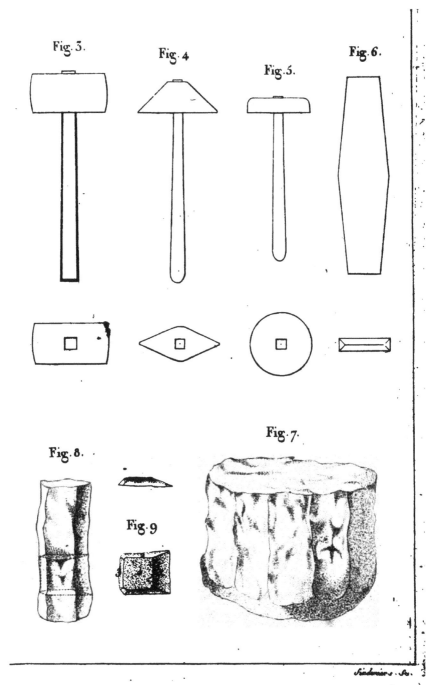

Fig. 3.

Fig. 4.

Fig. 5.

Fig. 6.

Fig. 7.

Fig. 8.

Fig. 9.

sur laquelle se fait le lavage. — *c*, fente qui ... ...
par laquelle le minéral lavé se rend dans le ... — ... ...
la table au-delà de la fente. — G, canal qui reçoit ...
a laissé dépasser la fente. — H, canal qui reçoit ...
d'une alonge que l'on met à l'extrémité de la ...

Fig. 5. Tables mobiles ou de percussion (*t. 2, p. ...*).
— I, coupe longitudinale, suivant la ligne YY. —
II, détails et coupe de la caisse D et de la ...,
suivant la ligne XX. — III, plan.

M, machine qui sert à faire mouvoir la table A. — B, ...
ment garni de cames *c*. Ces cames, en appuyant ... ...
levier *cd*, font tourner un peu le rouleau E, ce ... ...
en avant l'extrémité *f* du levier *gf*, et par suite la pièce ...
zontale *fh* qui y est fixée. Cette pièce, en appuyant ... ...
mité *h* contre la traverse *k* de la table, pousse celle-ci. Du moment ...
la came a quitté la pièce de bois *de*, la table A suspendue par ...
chaînes *ao*, revient à sa première position en frappant contre ...
— *n*, rouleau destiné à changer l'inclinaison de la table. — ...
pour faire tourner le rouleau. — D, caisse qui renferme le minéral
à laver dans son compartiment 1. — L, cloison qui sépare le compartiment 1 du compartiment 2. — *t*, ouverture inférieure de cette
cloison. — R, canal qui amène l'eau dans la caisse D, et qui la verse
par les deux gouttières *rr'*. — C, cœur fixe de la table. — *bbb* ...
de bois triangulaires.

PLANCHE XIII.

Fig. 1. Grillage en plein air et en pyramide (*tome 2,*
   page 3??).

Fig. 2. Grillage encaissé, avec chambres pour recueillir
   le soufre (*tome 2, page* 3?8).

Fig. 3. Grillage encaissé. Plusieurs caisses ou places à
   grillage construites à la suite les unes des autres (*t. 2,*
   page 3?9).

Fig. 4. Grillage dans un fourneau à réverbère, avec
   des chambres de sublimation pour recueillir le soufre
   ou l'arsénic (*tome 2, page* 3?0).

A, coupe. — B, plan des chambres de sublimation. — ... ...
duit et tuyau de cheminée particuliers pour donner issue aux ...
qui s'échappent du fourneau lorsqu'on l'ouvre. — C, plan de ...
du fourneau. (Le reste est suffisamment expliqué à l'endroit cité ...
haut.)

Fig. 5. A, coupe d'un fourneau à réverbère. — B. ...
   du même fourneau, tiré de Lampadius (*tome 2,*
   page 3?8).

PLANCHE XIV.

FIG. 1. Fourneau à manche employé pour fondre le mine ai de plomb (*tome 2, page 320 et 358*).

I, coupe suivant la ligne *x y*. — II, plan. — III, façade, la chemise étant faite. — L, laboratoire. — F, partie du fourneau qu'on peut regarder comme le foyer proprement dit. — *s s*, tuyère recevant les buses des soufflets. — *c*, chemise. — *o*, œil. — *b*, bassin de réception. — *a*, percée. — *p*, bassin de percée. — *l l l*, parois du fourneau terminées par des plans inclinés *l' l'*. — C, ouverture de la cheminée proprement dite, par laquelle on charge le fourneau de charbon et de minerai. — *z z*, ligne ponctuée qui indique la place que tient en avant le charbon en poussière que l'on y jette pour la revivification du zinc. (*Voyez* pag. 358.) — *a*, Saillie de la chemise pour recevoir la tablette de pierre *h* nommée le *siège du zinc*. — *r*, rigole qui conduit le zinc rassemblé sur cette tablette dans la petite caisse de réception *d* placée à l'extérieur du fourneau.

FIG. 2. Trompe employée à Poullaouen. (*Cette figure est suffisamment expliquée, tome 2, page 321.*)

FIG. 3. Soufflet de bois employé dans les anciennes forges (*tome 2, page 322*).

A, profil des soufflets. — B, plan des soufflets. Le soufflet *b'* est supposé ouvert pour faire voir le fond immobile et la soupape *s*. — C, détails du ressort qui presse les liteaux contre les parois de la caisse mouvante. — C, ce ressort vu en dessus. — C', profil de ce ressort. — *r r*, ressort proprement dit en fer.

FIG. 4. Pompe soufflante. (*Voyez l'usage de ces pompes, tome 2, page 323.*)

a, partie de l'arbre de la roue à aube qui fait mouvoir la pompe soufflante. — *a b*, manivelle coudée qui communique le mouvement à l'arbre de fer coudé *d f g h* au moyen du tirant *b c*. — *i i*, bielles ou tirans des pistons *p*. — *k k*, coulisses pour diriger les tiges des pistons et les maintenir perpendiculaires. — A, cylindre de fonte qui se remplit d'air. — B, cylindre qui se vide d'air. — *p*, piston en bois garni d'un rebord de cuir *v*. — *s s*, soupapes qui s'ouvrent lorsque le piston monte pour laisser entrer l'air dans le cylindre. — *t*, soupape qui se ferme lorsque le piston monte. — *t'*, soupape qui s'ouvre lorsqu'il descend. — D, tuyau qui conduit l'air des deux pompes dans le régulateur C. — *o p q r*, bassin de maçonnerie qui renferme l'eau dans laquelle est plongé le régulateur. Ce régulateur est attaché par des boulons sur des pièces de bois scellées au fond du bassin. — *n n*, niveau de l'eau dans le bassin et dans le régulateur lorsque la machine est en repos. — *m m'*, différence des niveaux lorsque la pompe est en action. — *l l'*, boule creuse, surmontée d'une tige graduée qui indique la différence du niveau de l'eau dans le bassin et dans le régulateur. — E, tuyau qui conduit l'air dans le fourneau.

M. Oreilly a fait exécuter cette machine aux forges de Preuilly, département d Indre et Loire. On a supprimé ici un corps de pompe et quelques détails de construction inutiles à notre objet. On a supposé les cylindres en fonte.

FIG. 5. Pompe soufflante hydraulique. (*Son usage et sa marche ont été indiqués tome 2, page 325.*)

a b c d, cloche de bois ou de métal qui est enlevée et abaissée par une machine à eau ou à vapeur. — *t*, tige au moyen de laquelle cette cloche est attachée à son moteur. — *e f g h i k*, espace en fonte plein d'eau, dans lequel se meut la cloche. — *r*, roulettes pour tenir la cloche perpendiculaire — *g h*, fond en fonte hermétiquement joint avec les rebords intérieurs du bassin qui tient l'eau. — *l*, soupape qui s'ouvre pour laisser entrer l'air sous la cloche lorsque celle-ci monte — B B, tuyau qui conduit dans le régulateur hydraulique l'air refoulé par la cloche lorsqu'elle descend. Il déborde un peu sur le fond *g h*, afin que l'eau, qui pourrait dans quelques cas se répandre sur ce fond, ne puisse jamais s'introduire dans ce tuyau. — *s*, soupape qui ferme l'ouverture du tuyau B dans le régulateur hydraulique. Elle s'oppose au retour de l'air de ce régulateur dans la cloche.

Cette pompe est faite d'après celles de MM. John Laurie et Baader.

FIG. 6. Fourneau de coupellé (*tome 2, page 332*).— I, coupe, suivant la ligne *x y*. — II, plan.

F, foyer à grille. — *f*, porte du foyer — *e*, communication du foyer avec le laboratoire. — L, laboratoire où se forme la coupelle. — *c c*, coupelle. — C, couvercle ou chapeau mobile de la coupelle; il est en brique. — A, grue qui sert à en enlever le chapeau. — *x*, portion d'un des soufflets qui verse son vent sur le bain de plomb d'œuvre contenu dans la coupelle — *r*, rondelle de fer placée obliquement au-devant de la buse pour disperser le vent. — *a*, canal des litharges. — *d*, ouverture par laquelle on introduit de l'eau sur le gâteau d'argent. — T, tuyau de la cheminée. — *v v*, canaux pour l'évaporation de l'humidité. — *ζ ζ*, armatures en fer.

PLANCHE XV.

FIG. 1. Partie de la machine à barils tournans dans lesquels se fait l'amalgamation (*tome 2, page 339*).

A A, barils cerclés de fer, renfermant le mélange pour l'amalgame. — *a a*, bondons qui ferment les barils; ils sont retenus par une vis à écrou. — B, hérisson qui fait mouvoir deux barils en engrenant dans le petit hérisson *b* qui est attaché sur chaque baril. — C, arbre qui porte les hérissons. Il est mis en mouvement par une roue à augets. — Au-dessous de ces barils est un bassin long, destiné à recevoir l'amalgame lorsqu'il est fait ; il y est lavé par un courant d'eau.

Fig. 2. A, B, fourneau pour la distillation de l'amalgame. — A, vue du fourneau en face. — B, plan du même fourneau. Les mêmes parties portent les mêmes lettres (tome 2, page 340).

Dans ce fourneau, l'espace renfermé en *h f g k i c d* est le laboratoire et ses dépendances. La cloche de fer *h d f* forme le laboratoire proprement dit ; elle renferme la partie supérieure du chandelier de fer *m n*, c'est-à-dire, les plateaux *p* qui portent les boules d'amalgame. L'espace *c d f y k i* est le récipient qui est divisé en deux parties. La boîte de fer *q* reçoit le mercure qui tombe directement des plateaux ; la caisse de bois *r*, qui est enfoncée dans le sol, est toujours remplie d'eau qu'un courant y amène par les tuyaux *t*. L'eau sort par le tuyau *u*. Cette caisse est destinée à rafraîchir le récipient de fer et à recueillir le mercure qui pourroit s'échapper. Le récipient du laboratoire est fermé par la plaque L. — D est la cloche de fer avec son armure en fer. — D' est cette armure. — E est la vis sans fin, les poulies, &c., destinées à enlever et à placer la cloche de fer.

Le foyer est contenu dans l'espace *a c d h f g b* ; une plaque ronde en fer *c d f g* le sépare du récipient. On voit qu'il est supérieur, et en partie environnant. — Les bouches du foyer sont les trous *o o o o* ; elles sont latérales. — La cheminée, qui n'est point représentée ici, est supérieure. — Le foyer est fermé par la porte de fer F. — G et H sont un enfoncement et un corps avancé pour la préparation du chandelier, &c.

Fig. 3. Fourneau employé dans les mines du Lyonnais pour l'affinage du cuivre. (Les mêmes lettres sont employées sur le plan, fig. 5, I, et sur les coupes pour désigner les mêmes parties.) (Tome 2, page 354.)

B, bouche d'aspiration. — F, grille du foyer. — L, laboratoire dans lequel le cuivre est placé pour être fondu. — *a b*, brasque — *m n*, bassins de réception. — *p*, ouverture par laquelle on fait tomber les scories. — S S , soufflets dont le vent est dirigé sur le bain de cuivre, — *c c*, percées par lesquelles coule le cuivre dans les bassins de réception. — C, cheminée. — *o o o*, canaux pratiqués dans l'épaisseur du fourneau pour l'évaporation de l'humidité. — Le courant chargé de calorique suit la route B F L C ; les soufflets sont ici des appendices du laboratoire.

Fig. 4. Fourneau de réverbère pour la liquation du cuivre, pris de Lampadius. (Les mêmes lettres expriment les mêmes parties sur le plan I et sur la coupe II.) (Tome 2, page 356.)

B, cendrier, et bouche d'aspiration inférieure. — F, grille du foyer. — L, laboratoire renfermant les pains de liquation *b b*. — *a a*, plaques de fonte inclinées formant le siège des pains de liquation *b b*. — *r r*, rigoles recevant le plomb argentifère et le conduisant dans les bassins de réception *d d*. — C, cheminée.

II. D d

Fig. 5. Fourneau pour la fabrication du laiton, de M. Gensanne (tome 2, page 360).

I, plan. — II, coupe. — B, bouche à air inférieure — I, son — f, conduit par lequel on jette le combustible sur la grille. L, premier laboratoire renfermant les creusets a a — R, porte par où on les fait entrer. — h, petit bassin de réception destiné à recevoir le métal qui s'écouleroit par suite d'une rupture de creuset. — t, tenaille pour mettre et retirer les creusets. — c c, ouvertures qui conduisent la chaleur du premier laboratoire dans le second. L', second laboratoire destiné à recueillir l'oxide de zinc, &c. — r r, portes de ce laboratoire. — C, cheminée du fourneau.

PLANCHE XVI.

Fig. 1. I, plan, et II, coupe du patouillet (tome 2, page 396).

R, roue à aubes, mue par l'eau et qui fait tourner l'arbre A du patouillet. — B, huche en bois dans laquelle on place le minerai à laver. — a, canal qui amène l'eau dans cette huche. — b, ouverture par où l'eau sort. — d, bras ou coudes de fer qui sont fixés à l'arbre tournant et qui remuent dans l'eau le minerai qui est dans la huche. — e, ouverture que l'on débouche pour faire écouler le minerai lavé par le canal d dans le réservoir e.

Fig. 2. I, plan; II et III, coupes d'un haut fourneau. Ce haut fourneau est construit, quant à l'intérieur, d'après les dimensions données par Garney, et qui sont considérées comme les meilleures. (Tome 2, page 377.)

H, grille en charpente destinée à servir de fondation à la maçonnerie du fourneau. — B, parois du fourneau en briques ou pierres réfractaires. — a a a, canaux pour l'évaporation de l'humidité, tant du fond que des parois du fourneau. — b b, tuyaux de fonte qui recouvrent les canaux d'évaporation inférieurs. — c, maçonnerie ou sable entre la pierre de fond du creuset et la taque. — d, pierre de fond du creuset. — C, le creuset. — d, r, s, t, les côtures du creuset — o, côté de la tuyère. — r, côté de la rustine. — v, côté du contrevent. — s, côté de la tympe. — i, tympe de fer destinée à soutenir le côté au-dessus de la dame et de la percée. — m, taquerel de fonte enveloppant extérieurement les ouvrages de la tympe. — n, pierre ou plaque de fonte inclinée, nommée dame. — n, rebord ou garde-feu pour empêcher les scories de tomber du côté de la percée. — p, percée; ouverture que l'on débouche au moment de la coulée. — q, frayeux; plaque de fonte placée de champ et qui forme l'embouchure de la percée. — L, laboratoire de ce fourneau, nommé ouvrage. — g, i, f, k, partie inférieure de ce laboratoire, nommée étalages. C'est le fondeur qui le construit particulièrement; ils forment avec le creuset ce que l'on nomme les ouvrages. — G, ouverture supérieure du haut fourneau, nommée gueulard. — K, partie supérieure du moule,

... les batailles ... mur qui entourent de fonte, ...
... ulaier de charbon, ou de scories entre les parois
... fonte. — E E, murs et contre-murs des fourneaux. —
... des ... nommées marâtres, qui supportent les ...
... empierrements de la tuyère et de la coulée. ...

§. IV, pompe soufflante à régulateur (planche 3,
p. 364).

A, l'un des deux corps de pompes. — a, ouverture inférieure par
... l'air s'introduit. — p, piston dans l'action de monter : les soupapes s s sont fermées, et la soupape s' est ouverte pour que l'air comprimé puisse entrer dans le régulateur B; — d; diaphragme mobile
chargé de poids qui compriment l'air toujours à-peu-près également,
... le chassent dans le fourneau par le conduit c b et la base b. —
... tige de fer qui glisse dans un anneau f et qui sert à maintenir le
... dans une position horizontale.

No. 3. Barre de fonte appelée *gueuse*, c'est le produit
d'une coulée.

No. 4. I, coupe, et II, plan d'un fourneau d'affinage à
la catalane, figuré par M. Picot-la-Peyrouse, d'après
ceux des forges de Vicdessos (*tome 2, page 383*).

C, creuset composé de quatre plaques de fonte principales. —
... en cuivre rouge. — a, plaque de la tuyère nommée *varme*. —
... — v, contre-vent. — k, plaque du chio. — i, trou du chio.
C, lieu du chio où se rendent les scories. — p, pierre du fond du
... — b, base. — A, mur de la tuyère. — B, second mur ou
... — D, aire de la forge.

No. 5. Martinet et ordon (ou bâti de charpente sur
lequel il est monté) des forges du Creusot, près de
Montcenis, département de la Côte-d'Or (*tome 2,
page 385*).

... enclume. — b, marteau. — d, manche du marteau. — A, arbre
... qui relève le marteau au moyen des cames e. — c, collier
... attaché au manche du marteau et sur lequel agissent les cames e.
... ressort en bois de hêtre qui renvoie le marteau lorsque celui-ci
... relevé. — h, pièce de bois oblique qui donne plus de roideur au
...

Ce marteau est mis en mouvement par une machine à vapeur. —
... extrémité du levier de la machine. — k, tiran de fonte fixé dans
... l percé vers la circonférence d'un plateau de fonte o p qui fait
... d'une manivelle. — n m, grande roue ou volant en fonte, vue
... la tranche. Elle est destinée à rendre les résistances aussi égales
... il est possible ; elle plonge dans une fosse dont on voit le commen-
... en m. — Toutes les parties sur lesquelles on a indiqué des
... de veines sont en bois, les autres sont en fonte.

2

Fig. 6. A, loupe ou renard ; — B, pièce ; — C, encri-
née ; — D, maquette (*tome 2, page 385*).

Fig. 7. A, forme primitive de la datholite ; — B, datholite sexdécimale (*Supplément, tome 2, page 397*).

Fig. 8. A, forme primitive de la diopside ; — B, diopside didodécaèdre (*Supplément, tome 2, page 398*).

FIN DE L'EXPLICATION DES PLANCHES.

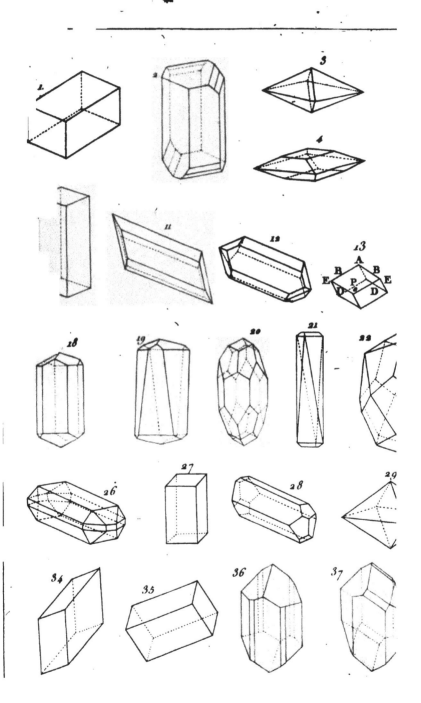

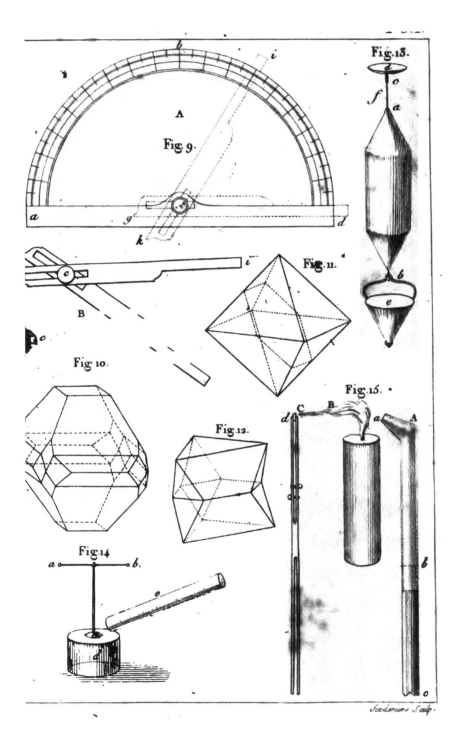

Fig. 9.

Fig. 10.

Fig. 11.

Fig. 12.

Fig. 13.

Fig. 14.

Fig. 15.

Sandesone Sculp.

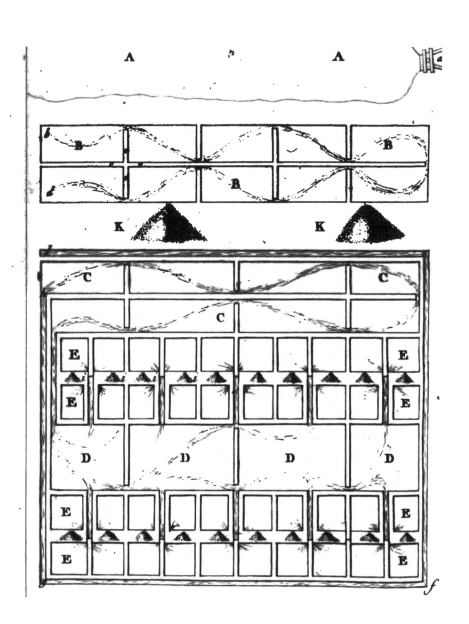

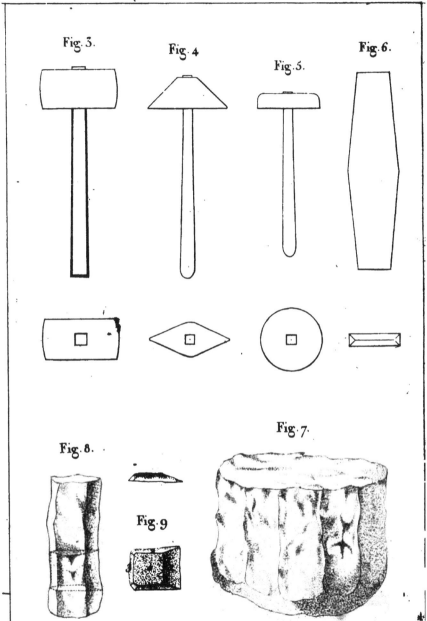

Pl. v.

Fig. 3.   Fig. 4.   Fig. 5.   Fig. 6.

Fig. 7.

Fig. 8.

Fig. 9.

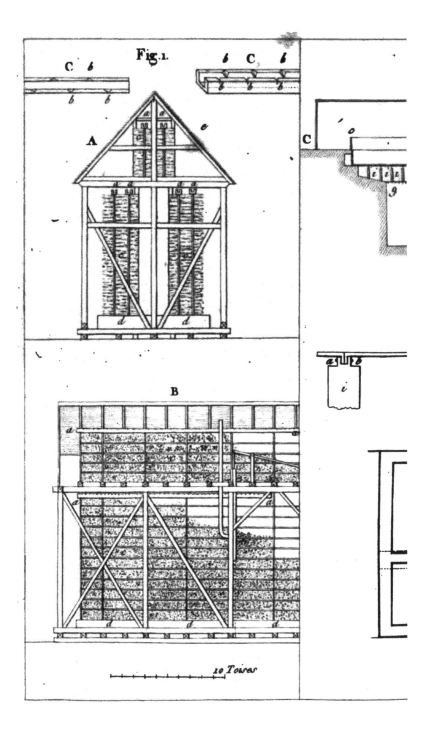

Fig.1.

C

A

B

10 Toises

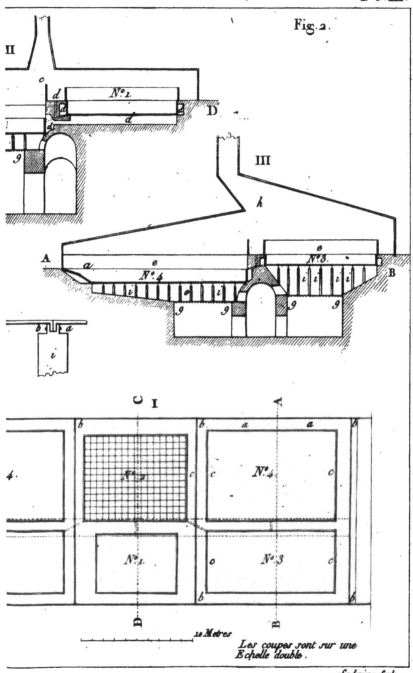

Pl. III.

Fig. 2.

II

N.º 1.

o

d

a

a

D

a

d

g

III

h

A

a

e

N.º 4.

B

e

N.º 3.

i i i i

i i i

g

g

g

g

b

a

i

C I

A

b

b

a

a

b

4.

N.º 2.

c

c

N.º 4.

c

N.º 1.

c

N.º 3.

c

b

b

D

B

10 Metres

Les coupes sont sur une
Echelle double.

Siedenier Sculp.

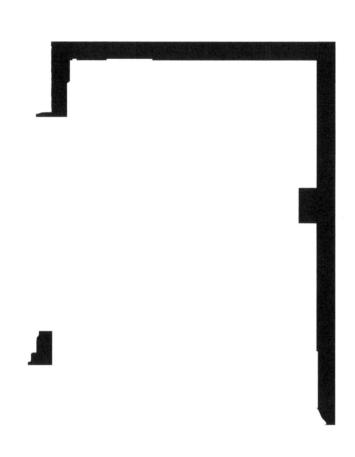

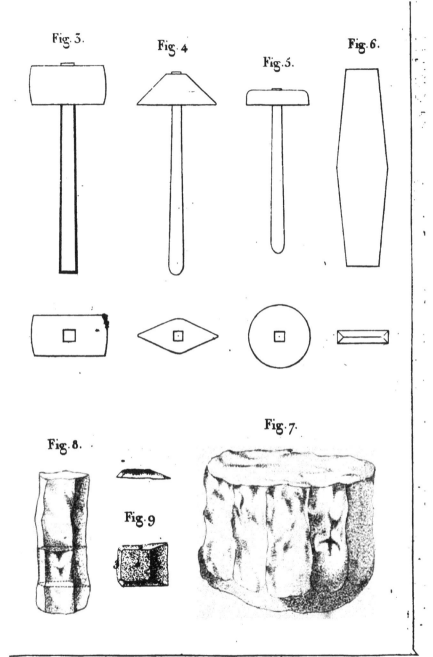

Fig. 3. Fig. 4 Fig. 5. Fig. 6.

Fig. 7.

Fig. 8.

Fig. 9

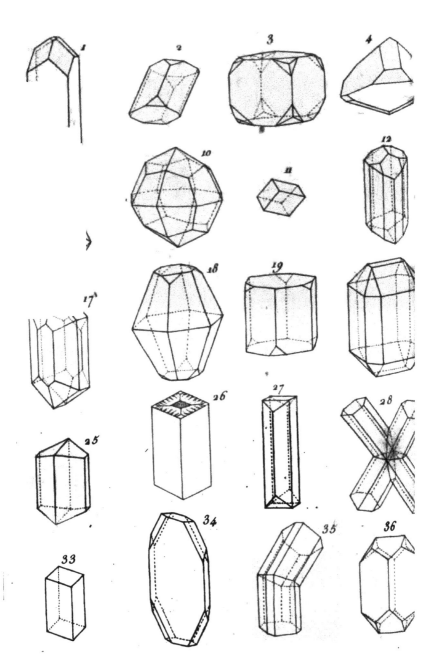

.

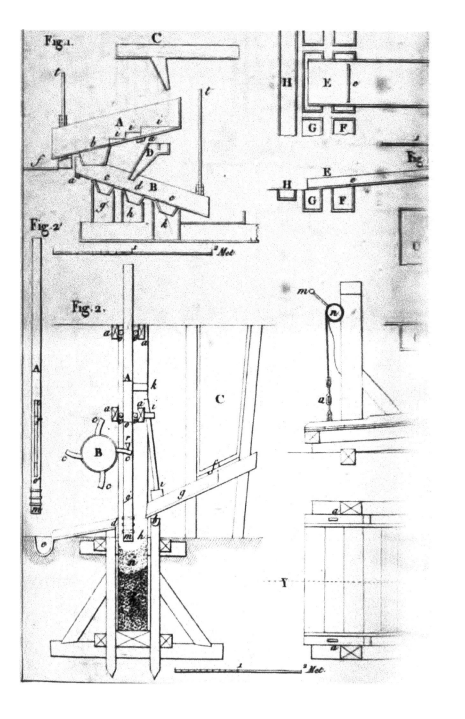

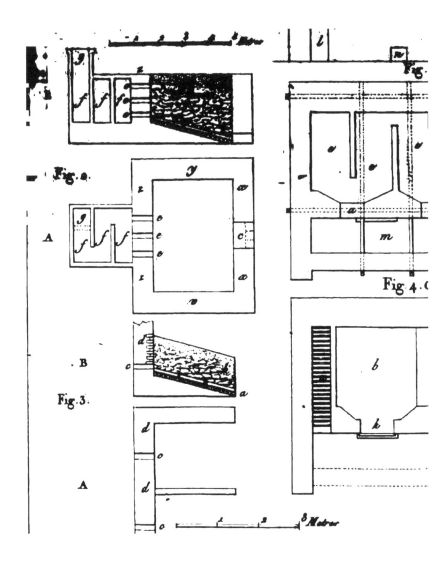

Fig. 1.

Fig. 2.

A

B

Fig. 3.

A

Fig. 4.

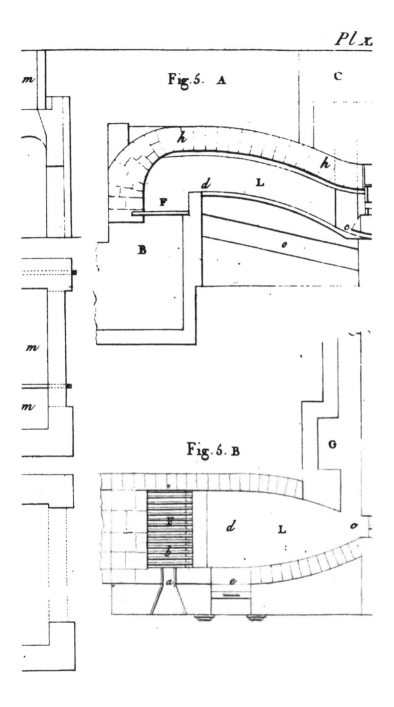

m

Fig.5. A

C

h

h

d

L

F

o

B

o

m

m

G

Fig.6. B

F

d

L

o

a

e

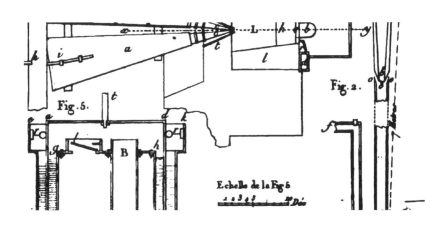

Fig .6.

Fig. 2.

Echelle de la Fig 5

B

Pl. XIV

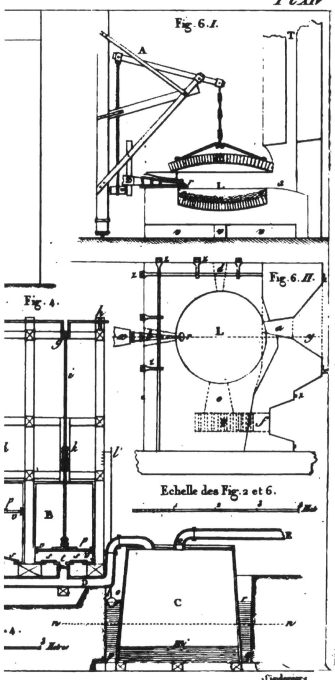

Fig. 6. I.

Fig. 6. II.

Fig. 4.

Echelle des Fig. 2 et 6.

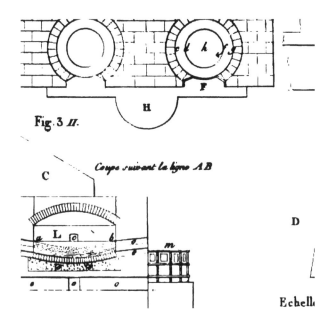

Fig. 3 *II.*

H

F

Coupe suivant la ligne AB

C

L

D

m

Echell

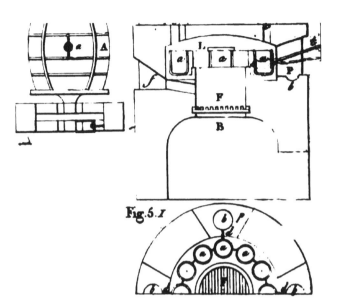

Fig.5.

"

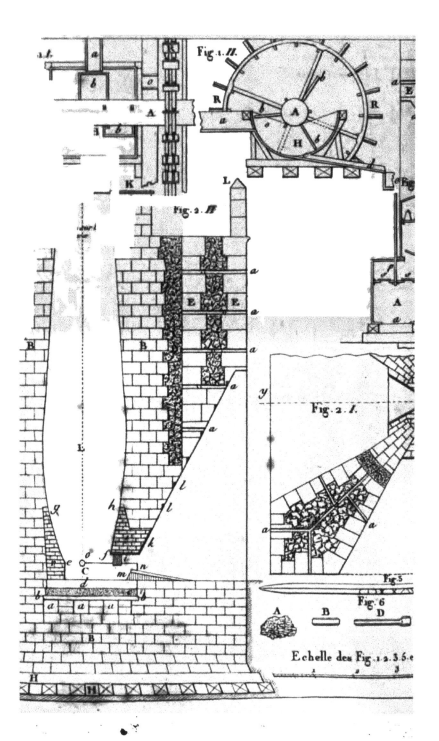

Fig. 1. *II.*

Fig. 2. *II.*

Fig. 2. *I.*

Fig. 5.

Fig. 6.

Echelle des Fig. 1. 2. 3. 5. e

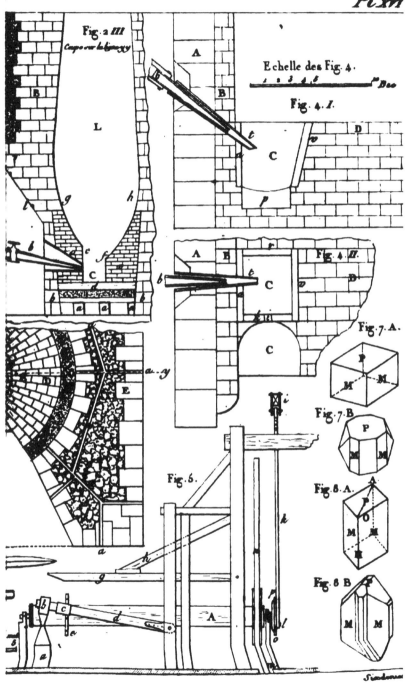

Pl. XVI

TABLE.

A

B

C

F

TABLE 469

M

P

S

T

Z

FIN DE LA TABLE.

ERRATA.

TOME PREMIER.

Page 89, ligne 9 : sen, mettez leurs.
— lig. 25 : 84,5, mettez — 845.
— 110, lig. 12 : en Perse, dans le Turquestan, mettez et dans le Turquestan.
— 115, lig. 13 : en Perse, dans les environs du Volga, mettez et dans les environs, &c.
— 119, lig. 23 : celui, mettez celle.
— 490, en marge, supprimez le mot usages.
— 491, lig. 1 : à Négrepont, dans la Crimée, séparez ces deux lieux par un tiret —.
— 554, note 2, après le mot collection, ajoutez envoyée.

TOME SECOND.

Page 11, ligne 31 : département de la Moselle, mettez département du Nord.
— 17, lig. 11 : une des méthodes, mettez la méthode.
— 223, note 4, avant-dernière ligne : cobalt, mettez cuivre.
— 301, lig. 18 et 23, fig. 5, mettez fig. 4.

Lightning Source UK Ltd.
Milton Keynes UK
UKHW021530090219
336936UK00007B/693/P